普通高等教育"十二五"规划教材

新编大学物理学教程
（上）

主　编　薛江蓉　姚建明
副主编　孔令民　王　瑞

中国水利水电出版社
www.waterpub.com.cn

内 容 提 要

本书强调物理知识介绍的系统性、内容的可读性，编写风格简单明了。每章的最前面都给出了学习建议，可以帮助读者学习；部分章的最后有"知识扩展"、"历史链接"或"实验链接"，开阔读者的视野；习题只给出了最基本的要求题目，力求少而精，针对性强，并给出复习简表。

本书可供综合大学和师范大学理工科非物理类专业 90～130 学时基础物理学课程作为教材使用，也可供其他高等学校的理工科专业选用，并可供中学物理教师进修、自学使用。

图书在版编目（ＣＩＰ）数据

新编大学物理学教程. 上 / 薛江蓉，姚建明主编
-- 北京 ：中国水利水电出版社，2010.12(2019.1重印)
普通高等教育"十二五"规划教材
ISBN 978-7-5084-8253-8

Ⅰ．①新… Ⅱ．①薛… ②姚… Ⅲ．①物理学－高等
学校－教材 Ⅳ．①O4

中国版本图书馆CIP数据核字(2010)第261165号

书 名	普通高等教育"十二五"规划教材 **新编大学物理学教程 （上）**	
作 者	主编 薛江蓉 姚建明	
出 版 发 行	中国水利水电出版社 （北京市海淀区玉渊潭南路 1 号 D 座　100038） 网址：www. waterpub. com. cn E-mail：sales@waterpub. com. cn 电话：（010）68367658（营销中心）	
经 售	北京科水图书销售中心（零售） 电话：（010）88383994、63202643、68545874 全国各地新华书店和相关出版物销售网点	
排 版	中国水利水电出版社微机排版中心	
印 刷	北京瑞斯通印务发展有限公司	
规 格	184mm×260mm　16 开本　14 印张　332 千字	
版 次	2010 年 12 月第 1 版　2019 年 1 月第 3 次印刷	
印 数	7501—9000 册	
定 价	**38.00 元**	

凡购买我社图书，如有缺页、倒页、脱页的，本社营销中心负责调换

物理学是一门古老而基础的学科，《大学物理学》更是高等学校理工科专业的重要基础课。

我国的高等教育已经进入了"全国性素质教育"阶段，学生的整体素质需要大幅度的提高，学生的能力也需要进行全方位的培养。大学不仅是学生学习知识的场所，更是锻炼自己、提高社会生存能力的训练"基地"。这就要求大学课程，特别是基础课程，在教学中要调动学生学习的主动性和积极性；教学内容要深浅合适，语言文字要贴近学生和教师，具备可读性；课堂教学和课后复习均注重培养学生的动手操作能力，具备实用性；知识介绍要跟上科技的发展，具备延展性和科学前瞻性等。

现在的各个高等院校的《大学物理学》教学，已经基本上全面采用多媒体技术。本书以编者多年教学实践中使用的多媒体课件为蓝本，编写而成。首先，注重系统性，在知识的选择上，延续物理学的正常知识体系。其次，在学习内容的处理上，概念准确、简单明了，只介绍大学生应该知道的知识。第三，在每章前都给出学习建议，包括本章学时、本章学习目的、基本学习要求等，本章的知识重点及难点一目了然。第四，注意知识点之间的连带关系，部分章结尾有"知识扩展"、"历史链接"或"实验链接"等栏目，使学生对所学知识有一个立体化的认识。第五，每章后均附有习题，其中第一题为复习表格，让学生去填空。习题的完整答案，请见与本书配套使用的《大学物理学习指导》一书。

本书适用于《大学物理学》为90～130课时的教学安排，教学内容和教学要求适合综合性大学和师范类大学理工科物理专业的本科生，也可供其他高等院校的理工科专业选用。由于本书的基础素材来源于教学多媒体课件，所以更适合于多媒体教学使用。

本书名为《新编大学物理学教程》就是旨在突出本教材的特点。本书针对《大学物理学》课程的一般设置情况分为上、下两册。上册为力学、振动波动和波动光学部分，其中丛令梅负责编写第1～3章、宿刚负责编写第4、5章、郑敏章负责编写第6、11章、张存喜负责编写第7、8章、李金玉负责编写第9、10章，薛江蓉、孔令民、王瑞负责全面审稿及拓展材料遴选，姚建明负责总体设计及练习题选定。下册为电磁学、热学和量子力学部分，其中王瑞负责编写第1、2章、程雪苹负责编写第3、4章、李鹏负责编写第5、6章、周运清负责编写第7、8章、王洁负责编写第9、12章、王红霞负责编写第10、11

章，孔令民、薛江蓉、王瑞负责全面审稿及拓展材料遴选，姚建明负责总体设计及练习题选定。

　　本书被列为学校重点资助教材，书局和出版社的专家也给予了大力的帮助。在此一并予以感谢。也特别感谢学生和老师在教材编写中所付出的辛勤努力。

　　由于编者水平有限，书中难免出现错误或不当之处，希望使用本书的教师、学生和广大读者不吝提出宝贵意见。

编者

2010 年 2 月

于浙江舟山

目录

第1章 质点运动学

物理学是研究物质运动中最普遍、最基本运动形式的基本规律的学科。其中力学是研究物质运动中最简单、最常见的运动——机械运动规律的学科。所谓机械运动是指一个物体相对于另一个物体的位置随时间发生变化；或者一个物体内部的各部分之间的相对位置随时间发生变化的运动。力学一般分为运动学和动力学两大部分。运动学就是描述物体的空间存在和它的运动，动力学则是主要针对物体运动或运动改变的原因的研究。

机械运动是自然界中物体运动的最一般的形式。机械运动的基本形式有平动和转动两种，其他更复杂的运动形式都可以看成这两种基本形式的组合。物体在平动过程中，若物体内各点的位置没有相对变化，那么各点所移动的路径完全相同，可用物体上任一点的运动来代表整个物体的运动，从而可研究物体的位置随时间而改变的情况，这就是质点运动学的研究内容。

1.1 质点运动的描述

1.1.1 质点、参考系

1. 质点

为了突出所要研究的主要问题，便于寻求规律，物理学常常把研究对象进行简化，使之抽象成理想模型。这种理想模型保留实际物体的主要特征，次要因素不予考虑或暂时不予考虑。这类理想模型被称为"物理模型"，如质点、刚体、理想气体等都是物理模型。

经典力学研究宏观物体的运动，定义质点这个物理模型后，既可很方便地处理简单的力学问题，又能在此基础上，进一步研究复杂的力学问题。

质点是指在运动中可以忽略其线度大小而看作一个点的物体，或者说，它是一个具有质量的点（与几何点的区别）。质点保留了物体的两个特征：物体的质量和物体的空间位置。

质点是经过科学抽象而形成的理想化的物理模型。把物体当作质点是有条件的、相对的，而不是无条件的、绝对的，要具体情况具体分析。在如下情况时可把运动物体当做质点处理。

（1）物体作平动。此时，物体内各点具有相同的速度和加速度，可把它当做一个质点来研究其运动，通常把物体的质心当做此质点的位置，认为物体的全部质量都集中在这点上（如汽车在很平的高速公路上，平稳而匀速地行驶等）。

（2）运动物体的尺度比它运动的空间范围小得很多。这时也可把此物体看做质点。例如，在研究地球绕太阳公转时，由于地球至太阳的平均距离约为地球半径的 10^4 倍，可以忽略地球的大小和转动，当做一个质点处理。

如果所研究的物体不能当做一个质点处理，可把运动物体看成若干个质点的集合——质点系。研究了其中每一个质点的运动后，整个物体运动情况也就清楚了。

2. 参考系

在自然界中所有的物体都在不停地运动，绝对静止不动的物体是没有的，这称为运动的绝对性。对某物体的运动进行描述，若选取不同的其他物体作为标准物，即选取的标准物不同，对该物体运动情况的描述也就不同，这就是运动描述的相对性。

为描述物体运动而选的标准物称为参考物，以参考物为标准（中心）建立的量化的、具有方向的坐标系统称为参考系。不同的参考系对同一物体运动情况的描述是不同的，因此在描述物体运动时，必须指明是对什么参考系而言。参考系的选择是任意的，在讨论地面上物体的运动时，通常选地球作为参考系。在处理具体的问题时，参考系的选取一般会有以下的"约定俗成"的原则：

（1）参考系的选取要具有"易得性"，即尽量选取常见的目标为参考物。

（2）参考系的选取要具有"简单性"，即在可能的参考系中选择关系最容易描述的。

（3）参考系的选取要具有"可转换性"，由于参考系的选择是任意的，所以被选中的参考系之间应该有某种必然的联系。

为了定量地确定质点的位置，描述其运动，要在所选择的参考系上建立一个坐标系。常见的坐标系有：直角坐标系、极坐标系、柱坐标系、球面坐标系等。

1.1.2　位置矢量、运动方程、位移

为定量描述物体运动必须先选定参考系，并在参考系上建立一个坐标系。

1. 位置矢量

确定质点 P 某一时刻在坐标系里的位置的物理量称为位置矢量，简称位矢，用 $\vec{r}$ 来

表示。例如，在如图 1.1 所示的直角坐标系中，在时刻 t，质点 P 在坐标系里的位置可用位置矢量 $\vec{r}(t)$ 表示。位置矢量是一个有向线段，其始端位于坐标系的原点 O，末端与质点 P 在时刻 t 的位置相重合。从图 1.1 看出，在时刻 t，P 点的直角坐标（x，y，z）就是位矢 $\vec{r}$ 在 Ox 轴、Oy 轴和 Oz 轴上的投影。用 $\vec{i}$、$\vec{j}$、$\vec{k}$ 分别表示沿 Ox 轴、Oy 轴和 Oz 轴的单位矢量，则位置矢量为

$$\vec{r} = x\vec{i} + y\vec{j} + z\vec{k} \tag{1-1}$$

位置矢量既有大小、又有方向，位矢 $\vec{r}$ 的大小为

$$|\vec{r}| = \sqrt{x^2 + y^2 + z^2}$$

位矢 $\vec{r}$ 的方向由它的方向余弦确定

$$\cos\alpha = \frac{x}{|\vec{r}|}, \cos\beta = \frac{y}{|\vec{r}|}, \cos\gamma = \frac{z}{|\vec{r}|}$$

式中：α、β、γ 分别为 $\vec{r}$ 与 Ox 轴、Oy 轴和 Oz 轴之间的夹角。

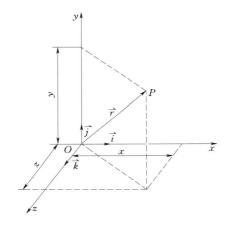

图 1.1　位置矢量

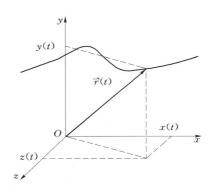

图 1.2　运动方程

2. 运动方程

质点相对参考系运动时，用来确定质点位置的位矢 $\vec{r}$、质点的直角坐标（x，y，z）等是随时间 t 而变化的（图 1.2），是 t 的单值连续函数。

用位置矢量 $\vec{r}$ 表示质点的位置时，有

$$\vec{r}(t) = x(t)\vec{i} + y(t)\vec{j} + z(t)\vec{k} \tag{1-2}$$

用直角坐标（x，y，z）表示质点的位置时，有

$$\left.\begin{array}{l} x = x(t) \\ y = y(t) \\ z = z(t) \end{array}\right\} \tag{1-3}$$

式（1-2）、式（1-3）从数学上确定了质点相对参考系的位置随时间变化的关系，称为质点运动方程。式（1-2）是质点运动方程的矢量表示式，式（1-3）是用直角坐标表示的质点运动方程。

知道质点运动方程，就可以确定质点在任意时刻的位置，从式（1-3）中消去参数 t 便得到了质点运动的轨迹方程。

应该知道，运动学的重要任务之一就是要找出各种具体运动所遵循的运动方程。并且利用质点运动方程，可以确定质点在任意时刻的速度和加速度等。

3. 位移

质点运动时，其位置将随时间变化。设一质点在如图 1.3 所示的 Oxy 平面直角坐标系中，质点从 t_1 时刻的位置 A 沿曲线运动，到 t_2 时刻到达 B，在时间间隔 Δt（从 t_1 到 t_2 时间段）内，质点的位置发生变化（从 A 点变化到 B 点），质点相对于原点 O 的位矢由 $\vec{r}_A$ 变化到 $\vec{r}_B$。在该时间间隔 Δt 内的位置矢量的增量即为质点在该时间内的位移矢量，简称位移。

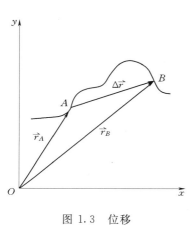

图 1.3 位移　　　　　　　　　　图 1.4 位移的分量

位移可用由 A 向 B 所作的矢量 $\overrightarrow{AB}$ 表示。位移的大小为 A 点与 B 点间的直线距离，方向由起点 A 指向末点 B。数学表达式为

$$\Delta\vec{r} = \vec{r}_B - \vec{r}_A \tag{1-4a}$$

若 A 点、B 点的位置矢量分别为

$$\vec{r}_A = x_A\vec{i} + y_A\vec{j}$$

$$\vec{r}_B = x_B\vec{i} + y_B\vec{j}$$

则　　　　　　　$$\Delta\vec{r} = \vec{r}_B - \vec{r}_A = (x_B - x_A)\vec{i} + (y_B - y_A)\vec{j} \tag{1-4b}$$

式（1-4b）表明，当质点在平面上运动时，它的位移等于在 x 轴和 y 轴上的位移的矢量和，如图 1.4 所示。

若质点在三维空间运动，在直角坐标系的位移为

$$\Delta\vec{r} = (x_B - x_A)\vec{i} + (y_B - y_A)\vec{j} + (z_B - z_A)\vec{k}$$

注意：位移是描述质点位置变化的物理量，它只表示位置变化的实际效果，并非质点所经历的路程。在图 1.3 中，曲线所示的路径是质点实际运动的轨迹，轨迹的长度为质点所经历的路程，而位移则是 $\Delta\vec{r}$。当质点经一闭合路径回到原来的起始位置时，位移为零，而路程却不为零。所以，质点的位移和路程是两个完全不同的概念。只有在 Δt 取很小的

极限情况下，位移的大小 $|\mathrm{d}\vec{r}|$ 才可视为与路程没区别。

另外，位移（即位置矢量的增量）的大小 $|\Delta\vec{r}|$ 与位置矢量大小的增量 Δr 一般不相等。设时间 Δt 内位置矢量的大小增量为 Δr，则 $\Delta r = |\vec{r}_B| - |\vec{r}_A|$。

1.1.3 速度

1. 平均速度

设一质点在平面上沿轨迹 AB 作曲线运动，如图 1.5 所示。在时刻 t，它处于 A 点，其位矢为 $\vec{r}(t)$，在时刻 $t+\Delta t$，它处于 B 点，其位矢为 $\vec{r}(t+\Delta t)$，在 Δt 时间内，质点的位移为

$$\Delta\vec{r} = \vec{r}(t+\Delta t) - \vec{r}(t)$$

质点的位移 $\Delta\vec{r}$ 与发生这个位移所经历的时间 Δt 之比，称为这段时间内质点的平均速度，用 $\overline{\vec{v}}$ 表示，即

$$\overline{\vec{v}} = \frac{\vec{r}(t+\Delta t) - \vec{r}(t)}{\Delta t} = \frac{\Delta\vec{r}}{\Delta t} \qquad (1-5)$$

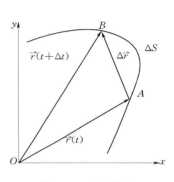

图 1.5　速度描述

而 $\Delta\vec{r} = \vec{r}(t+\Delta t) - \vec{r}(t) = \Delta x\,\vec{i} + \Delta y\,\vec{j}$，所以平均速度可写成

$$\overline{\vec{v}} = \frac{\Delta\vec{r}}{\Delta t} = \frac{\Delta x}{\Delta t}\vec{i} + \frac{\Delta y}{\Delta t}\vec{j} = \overline{v}_x\vec{i} + \overline{v}_y\vec{j}$$

注意：平均速度是矢量，其方向与位移 $\Delta\vec{r}$ 的方向相同，其大小为 $|\overline{\vec{v}}| = \left|\dfrac{\Delta\vec{r}}{\Delta t}\right|$。平均速度表示在时间 Δt 内位置矢量 $\vec{r}(t)$ 随时间的平均变化率。

平均速度只能对时间 Δt 内质点位置随时间变化的情况进行粗略地描述。

2. 瞬时速度

为了精确描述质点的运动状态，将时间 Δt 无限减小，当 $\Delta t \to 0$ 时，平均速度的极限值称为瞬时速度（简称速度），用 $\vec{v}$ 表示，即

$$\vec{v} = \lim_{\Delta t \to 0} \frac{\Delta\vec{r}}{\Delta t} = \frac{\mathrm{d}\vec{r}}{\mathrm{d}t} \qquad (1-6)$$

从式（1-6）可知，速度等于位置矢量对时间的一阶导数。只要知道质点运动方程的矢量表达式 $\vec{r} = \vec{r}(t)$，就可以求出质点的速度。

对于三维直角坐标来说，因 $\Delta\vec{r} = \Delta x\,\vec{i} + \Delta y\,\vec{j} + \Delta z\,\vec{k}$，所以速度

$$\vec{v} = \lim_{\Delta t \to 0} \frac{\Delta\vec{r}}{\Delta t} = \frac{\mathrm{d}x}{\mathrm{d}t}\vec{i} + \frac{\mathrm{d}y}{\mathrm{d}t}\vec{j} + \frac{\mathrm{d}z}{\mathrm{d}t}\vec{k} = v_x\vec{i} + v_y\vec{j} + v_z\vec{k} \qquad (1-7)$$

式中：v_x、v_y、v_z 分别为速度 $\vec{v}$ 在坐标 x 轴、y 轴、z 轴上的投影。由式（1-7）可得

$$\left.\begin{aligned} v_x &= \frac{\mathrm{d}x}{\mathrm{d}t} \\ v_y &= \frac{\mathrm{d}y}{\mathrm{d}t} \\ v_z &= \frac{\mathrm{d}z}{\mathrm{d}t} \end{aligned}\right\} \qquad (1-8)$$

即速度沿直角坐标系中某一坐标轴的投影，等于质点对应该轴的坐标对时间的一阶导数。

速度的大小为

$$v = |\vec{v}| = \sqrt{v_x^2 + v_y^2 + v_z^2}$$

速度的方向表示为

$$\cos\alpha = \frac{v_x}{|\vec{v}|}, \cos\beta = \frac{v_y}{|\vec{v}|}, \cos\gamma = \frac{v_z}{|\vec{v}|}$$

式中：α、β、γ 分别为 $\vec{v}$ 与 Ox 轴、Oy 轴和 Oz 轴之间的夹角。

注意：速度是矢量，其大小反映了 t 时刻质点运动的快慢；其方向就是 t 时刻质点运动的方向，即该时刻质点所在位置点轨迹的切线方向，指向运动的一方。

速度的大小称为速率，可用 v 或 $|\vec{v}|$ 表示，$v = \left|\dfrac{\mathrm{d}\vec{r}}{\mathrm{d}t}\right|$。一般情况下，$v \neq \left|\dfrac{\mathrm{d}\vec{r}}{\mathrm{d}t}\right|$。有些情况下，对于平面曲线运动，质点相对参考系的运动轨迹是已知的，在这种情况下，可以在自然坐标系中对质点的运动进行描述。

图 1.6　自然坐标系

自然坐标系的建立：在已知的运动轨迹上任选一固定点 O，规定 O 点起，沿轨迹的某一方向（例如向右）量得的曲线长度 s 取正值，这个方向常称为自然坐标的正向；反之为负向，s 取负值，如图 1.6 所示。这样质点在轨迹上的位置就可以用 s 唯一地确定，O 点称为自然坐标的原点，s 称为自然坐标。显然 s 和直角坐标 x、y、z 一样是代数量，其大小反映了质点与原点之间沿轨迹曲线的距离，其正负表明这个曲线距离是从轨迹原点起沿哪个方向度量的。

在图 1.5 所示的质点运动参考系中建立自然坐标系，Δs 为质点在 Δt 内从起始点 A 到点 B 自然坐标的增量。当 $\Delta t \to 0$ 时，$|\Delta\vec{r}| = \Delta s$，则 $v = |\vec{v}| = \left|\lim\limits_{\Delta t \to 0}\dfrac{\Delta\vec{r}}{\Delta t}\right| = \lim\limits_{\Delta t \to 0}\dfrac{\Delta s}{\Delta t} = \dfrac{\mathrm{d}s}{\mathrm{d}t}$，即 $v = \dfrac{\mathrm{d}s}{\mathrm{d}t}$。

【例 1.1】　设质点的运动方程为 $\begin{cases} x(t) = 2\sin 5t \\ y(t) = 2\cos 5t \end{cases}$。求：

（1）质点的轨道方程。

（2）任意时刻的位矢。

（3）任意时刻的速度矢量和速度大小。

解：（1）消去运动方程中时间，得轨道方程为

$$x^2 + y^2 = 2^2$$

（2）$\vec{r}(t) = x(t)\vec{i} + y(t)\vec{j} = 2\sin 5t\,\vec{i} + 2\cos 5t\,\vec{j}$

（3）$\vec{v} = \dfrac{\mathrm{d}\vec{r}}{\mathrm{d}t} = 10\cos 5t\,\vec{i} - 10\sin 5t\,\vec{j}$

$$v = \sqrt{v_x^2 + v_y^2} = 10\mathrm{m/s}$$

【例 1.2】　设质点的运动方程为 $\vec{r}(t) = x(t)\vec{i} + y(t)\vec{j}$，其中 $x(t) = t+2$，$y(t) = \dfrac{1}{4}t^2 + 2$。

（1）求 $t=3s$ 时的速度。

（2）作出质点的运动轨迹图。

解：（1）由题意可得速度在 x 轴、y 轴上的投影分别为

$$v_x = \frac{\mathrm{d}x}{\mathrm{d}t} = 1, v_y = \frac{\mathrm{d}y}{\mathrm{d}t} = \frac{1}{2}t$$

$t=3s$ 时速度为

$$\vec{v} = \vec{i} + 1.5\vec{j}$$

速度 $\vec{v}$ 与 x 轴之间的夹角：

$$\theta = \text{acrtan}\frac{1.5}{1} = 56.3°$$

（2）运动方程：

$$x(t) = t + 2$$

$$y(t) = \frac{1}{4}t^2 + 2$$

运动方程消去参数 t 可得轨迹方程为

$$y = \frac{1}{4}x^2 - x + 3$$

质点的运动轨迹图如图 1.7 所示。

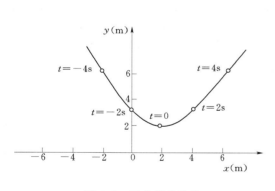

图 1.7　质点运动轨迹

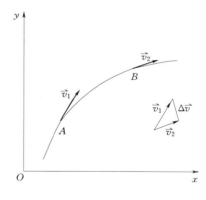

图 1.8　加速度

1.1.4　加速度

质点运动时，它的速度大小和方向都可能随时间变化，加速度是描述速度变化快慢的物理量。

1. 平均加速度

质点速度增量 $\Delta\vec{v}$（图 1.8）与其所经历的时间 Δt 之比，称为这段时间内质点的平均加速度，用 $\vec{a}$ 表示，即

$$\vec{a} = \frac{\vec{v}(t+\Delta t) - \vec{v}(t)}{\Delta t} = \frac{\Delta\vec{v}}{\Delta t} \tag{1-9}$$

注意：平均加速度是矢量，其方向与速度增量 $\Delta\vec{v}$ 的方向相同，其大小为 $|\vec{a}|=\left|\dfrac{\Delta\vec{v}}{\Delta t}\right|$。平均加速度表示在时间 Δt 内速度 $\vec{v}(t)$ 随时间的平均变化率。

平均加速度只能对时间 Δt 内质点速度随时间变化的情况进行粗略地描述。

2. 瞬时加速度

为了精确描述质点速度的变化，将时间 Δt 无限减小，当 $\Delta t\rightarrow 0$ 时，平均加速度的极限值称为瞬时加速度（简称加速度），用 $\vec{a}$ 表示，即

$$\vec{a}=\lim_{\Delta t\to 0}\frac{\Delta\vec{v}}{\Delta t}=\frac{\mathrm{d}\vec{v}}{\mathrm{d}t} \tag{1-10}$$

因 $\vec{v}=\dfrac{\mathrm{d}\vec{r}}{\mathrm{d}t}$，加速度也可表示为

$$\vec{a}=\frac{\mathrm{d}^2\vec{r}}{\mathrm{d}t^2} \tag{1-11}$$

所以加速度等于速度对时间的一阶导数，或位置矢量对时间的二阶导数。只要知道质点的 $\vec{v}=\vec{v}(t)$ 或 $\vec{r}=\vec{r}(t)$，就可以求出质点的加速度。

根据加速度定义可得

$$\vec{a}=\frac{\mathrm{d}\vec{v}}{\mathrm{d}t}=\frac{\mathrm{d}v_x}{\mathrm{d}t}\vec{i}+\frac{\mathrm{d}v_y}{\mathrm{d}t}\vec{j}+\frac{\mathrm{d}v_z}{\mathrm{d}t}\vec{k} \tag{1-12}$$

$$\vec{a}=\frac{\mathrm{d}^2\vec{r}}{\mathrm{d}t^2}=\frac{\mathrm{d}^2 x}{\mathrm{d}t^2}\vec{i}+\frac{\mathrm{d}^2 y}{\mathrm{d}t^2}\vec{j}+\frac{\mathrm{d}^2 z}{\mathrm{d}t^2}\vec{k} \tag{1-13}$$

用 a_x、a_y、a_z 分别表示加速度 $\vec{a}$ 在坐标 x 轴、y 轴、z 轴上的投影，则有

$$\vec{a}=a_x\vec{i}+a_y\vec{j}+a_z\vec{k} \tag{1-14}$$

比较式（1-12）、式（1-13）、式（1-14），可得

$$\left.\begin{aligned} a_x&=\frac{\mathrm{d}v_x}{\mathrm{d}t}=\frac{\mathrm{d}^2 x}{\mathrm{d}t^2}\\ a_y&=\frac{\mathrm{d}v_y}{\mathrm{d}t}=\frac{\mathrm{d}^2 y}{\mathrm{d}t^2}\\ a_z&=\frac{\mathrm{d}v_z}{\mathrm{d}t}=\frac{\mathrm{d}^2 z}{\mathrm{d}t^2} \end{aligned}\right\} \tag{1-15}$$

即加速度沿直角坐标系中某一坐标轴的投影，等于速度沿同一直角坐标轴的投影对时间的一阶导数，或质点对应该轴的坐标对时间的二阶导数。

加速度的大小为

$$|\vec{a}|=\sqrt{a_x^2+a_y^2+a_z^2}$$

加速度的方向表示为

$$\cos\alpha=\frac{a_x}{|\vec{a}|},\cos\beta=\frac{a_y}{|\vec{a}|},\cos\gamma=\frac{a_z}{|\vec{a}|}$$

式中：α、β、γ 为 $\vec{a}$ 与 Ox 轴、Oy 轴、Oz 轴之间的夹角。

注意：加速度是矢量，加速度的大小可用 a 或 $|\vec{a}|$ 表示，$a=\left|\dfrac{\mathrm{d}\vec{v}}{\mathrm{d}t}\right|$。一般情况下，$a$

$\neq \left| \dfrac{\mathrm{d}v}{\mathrm{d}t} \right|$。加速度 $\vec{a}$ 既反映了速度方向的变化，也反映了速度数值的变化。所以质点作曲线运动时，任一时刻质点的加速度方向并不与速度方向相同，即加速度方向不沿着曲线的切线方向。在曲线运动中，加速度的方向指向曲线的凹侧。

【例 1.3】　一质点在 xy 平面内运动，其运动方程为 $x=R\cos\omega t$ 和 $y=R\sin\omega t$，其中 R 和 ω 为正值常量。求质点的运动轨道以及任一时刻它的位矢、速度和加速度。

解：对 x，y 两个函数分别取平方，然后相加，就可以消去 t 而得轨道方程
$$x^2 + y^2 = R^2$$
这是一个圆心在原点，半径为 R 的圆方程（图 1.9）。它表明质点沿此圆周运动。质点在任一时刻的位矢表示为
$$\vec{r} = x\vec{i} + y\vec{j} = R\cos\omega t\,\vec{i} + R\sin\omega t\,\vec{j}$$
此位矢的大小为
$$r = \sqrt{x^2 + y^2} = R$$
以 θ 表示此位矢和 x 轴的夹角，则
$$\tan\theta = \frac{y}{x} = \frac{\sin\omega t}{\cos\omega t} = \tan\omega t$$

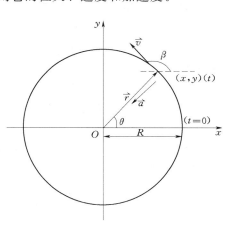

图 1.9　例 1.3 图

因而
$$\theta = \omega t$$
质点在任一时刻的速度可由位矢表示式求出，即
$$\vec{v} = \frac{\mathrm{d}\vec{r}}{\mathrm{d}t} = -R\omega\sin\omega t\,\vec{i} + R\omega\cos\omega t\,\vec{j}$$
它沿两个坐标轴的投影分别为
$$v_x = -R\omega\sin\omega t,\quad v_y = R\omega\cos\omega t$$
速率为
$$v = \sqrt{v_x^2 + v_y^2} = R\omega$$
由于 v 是常量，表明质点作匀速圆周运动。

以 β 表示速度方向与 x 轴的夹角，则
$$\tan\beta = \frac{v_y}{v_x} = -\frac{\cos\omega t}{\sin\omega t} = -\cot\omega t$$
从而有
$$\beta = \omega t + \frac{\pi}{2} = \theta + \frac{\pi}{2}$$
这说明，速度在任何时刻总与位矢垂直，即沿着圆的切线方向。质点在任一时刻的加速度为
$$\vec{a} = \frac{\mathrm{d}\vec{v}}{\mathrm{d}t} = -R\omega^2\cos\omega t\,\vec{i} - R\omega^2\sin\omega t\,\vec{j}$$
而
$$a_x = -R\omega^2\cos\omega t,\quad a_y = -R\omega^2\sin\omega t$$
加速度的大小为
$$a = \sqrt{a_x^2 + a_y^2} = R\omega^2$$

又由上面的位矢表示式还可得

$$\vec{a} = -\omega^2(R\cos\omega t\ \vec{i} + R\sin\omega t\ \vec{j}) = -\omega^2\ \vec{r}$$

这一负号表示在任一时刻质点的加速度的方向总和位矢的方向相反，也就是说匀速率圆周运动的加速度总是沿着半径指向圆心的。

由此例可以看出，如果知道了质点的运动方程，就可以根据速度和加速度的定义用求导数的方法求出质点在任何时刻（或经过任意位置时）的速度和加速度。然而，在许多实际问题中，往往可以先求质点的加速度，而且要求在此基础上求出质点在各时刻的速度和位置。求解这类问题需要用积分的方法，下面以加速度为恒矢量时的质点运动为例来说明这种方法。

1.2 加速度为恒矢量时的质点运动

一般情况下，质点运动时的加速度随时间变化，但在有些情况下，质点的加速度可看成恒定的，即加速度的大小和方向都不随时间而改变。

1.2.1 加速度为恒矢量时质点的运动方程

已知一质点作平面运动，其加速度 $\vec{a}$ 为恒矢量，设 $t=0$ 时，质点的初始速度为 $\vec{v}_0$，求质点的运动方程。

根据题意并由加速度定义 $\vec{a} = \dfrac{\mathrm{d}\vec{v}}{\mathrm{d}t}$，可得

$$\vec{a}\,\mathrm{d}t = \mathrm{d}\vec{v}$$

两边积分

$$\int_0^t \vec{a}\,\mathrm{d}t = \int_{\vec{v}_0}^{\vec{v}} \mathrm{d}\vec{v}$$

解得

$$\vec{v} = \vec{v}_0 + \vec{a}t \qquad (1-16)$$

式（1-16）是当加速度 $\vec{a}$ 为恒矢量时，$\vec{v}$ 的矢量表达式。

当加速度 $\vec{a}$ 为恒矢量，其在坐标 x 轴、y 轴上的分加速度 $\vec{a}_x$、$\vec{a}_y$ 也是恒定的，也就是说 a_x、a_y 是常数。$t=0$ 时，质点的初始速度 $\vec{v}_0$ 在 x 轴、y 轴上的投影分别为 v_{0x} 和 v_{0y}，那么 $\vec{v}$ 在 x 轴、y 轴上的投影式为

$$\left.\begin{array}{l} v_x = v_{0x} + a_x t \\ v_y = v_{0y} + a_y t \end{array}\right\} \qquad (1-17)$$

经过上述讨论，得到当 $\vec{a}$ 为恒矢量时的速度方程，下面讨论该情况下的质点运动方程。

设 $t=0$ 时，质点的位置矢量为 $\vec{r}_0$，其对应坐标为 (x_0, y_0)，由速度的定义 $\vec{v} = \dfrac{\mathrm{d}\vec{r}}{\mathrm{d}t}$，可得

$$\vec{v}\,\mathrm{d}t = \mathrm{d}\vec{r}$$

两边积分

$$\int_0^t \vec{v}\,\mathrm{d}t = \int_{\vec{r}_0}^{\vec{r}} \mathrm{d}\vec{r}$$

由 $\vec{v} = \vec{v}_0 + \vec{a}t$ 得

$$\int_{\vec{r}_0}^{\vec{r}} \mathrm{d}\vec{r} = \vec{v}_0 \int_0^t \mathrm{d}t + \vec{a} \int_0^t t\mathrm{d}t$$

解得

$$\vec{r} - \vec{r}_0 = \vec{v}_0 t + \frac{1}{2}\vec{a}t^2 \tag{1-18}$$

式 (1-18) 是当加速度 $\vec{a}$ 为恒矢量时, 质点曲线运动的运动方程的矢量表达式。其在各坐标轴上的投影表达式为

$$\left.\begin{aligned} x - x_0 &= v_{0x}t + \frac{1}{2}a_x t^2 \\ y - y_0 &= v_{0y}t + \frac{1}{2}a_y t^2 \end{aligned}\right\} \tag{1-19}$$

式 (1-18) 和式 (1-19) 如图 1.10 所示。消去式 (1-19) 中的 t, 得到质点在平面上运动的轨迹方程。上述是讨论已知质点的初始条件 $\vec{r}_0$ 和 $\vec{v}_0$, 以及质点的加速度 $\vec{a}$ 来求质点的曲线运动方程, 即是已知运动状态来求运动方程的问题。

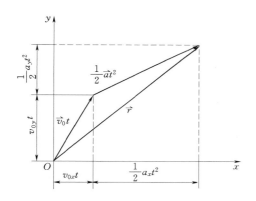

图 1.10 加速度为恒矢量的运动 (图中 $\vec{r}_0 = 0$)

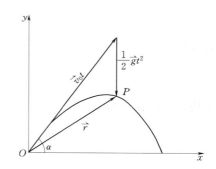

图 1.11 斜抛运动的位矢

1.2.2 斜抛运动

设有一抛体在地球表面附近, 以初速度 $\vec{v}_0$ 沿与水平面上 x 轴的正向成 α 角抛出, 取如图 1.11 所示平面直角坐标系 Oxy, 则该物体以恒定加速度 $\vec{a} = \vec{g}$ 作斜抛运动。设在 $t = 0$ 时, 该物体位于原点 O, 其位矢 $\vec{r}_0 = 0$。于是由曲线运动方程矢量式 (1-18), 有

$$\vec{r} = \vec{v}_0 t + \frac{1}{2}\vec{g}t^2 \tag{1-20}$$

上述斜抛运动可看成由沿着与 Ox 轴成 α 角的匀速直线运动和沿 Oy 轴的匀加速直线运动这两个互不影响的运动叠加而成, 即是运动叠加原理的例子。现来求该斜抛运动的轨迹方程。

【例 1.4】 已知: $t = 0$ 时, 抛体的初位置为 $\begin{cases} x_0 = 0 \\ y_0 = 0 \end{cases}$, 初速度为 $\begin{cases} v_{0x} = v_0\cos\alpha \\ v_{0y} = v_0\sin\alpha \end{cases}$, 加

速度为 $\begin{cases} a_x = 0 \\ a_y = -g \end{cases}$。求：抛体运动的轨迹方程。

解： 根据已知条件可得

x 方向：
$$a_x = \frac{\mathrm{d}v_x}{\mathrm{d}t} = 0$$

所以
$$v_x = v_0\cos\alpha, x = v_0\cos\alpha \cdot t \tag{1}$$

y 方向：
$$a_y = \frac{\mathrm{d}v_y}{\mathrm{d}t} = -g$$

根据初始条件，对上式积分，得
$$\int_0^t -g\,\mathrm{d}t = \int_{v_{0y}}^{v_y}\mathrm{d}v_y$$

则
$$v_y = v_{0y} - gt = v_0\sin\alpha - gt$$

又根据 $v_y = \frac{\mathrm{d}y}{\mathrm{d}t}$，并对其积分可得
$$\int_0^t v_y\,\mathrm{d}t = \int_0^y \mathrm{d}y$$

将 $v_y = v_0\sin\alpha - gt$ 代入上式得
$$y = v_0\sin\alpha \cdot t - \frac{1}{2}gt^2 \tag{2}$$

联立式（1）、式（2）消去参数 t，可得轨迹方程
$$y = x\tan\alpha - \frac{g}{2v_0^2\cos^2\alpha}x^2$$

上述讨论是在忽略空气阻力的情况下，抛体的运动轨迹，如图 1.12 所示。

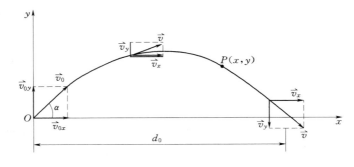

图 1.12　抛体的运动轨迹

思考： 若考虑空气阻力的情况下，抛体运动轨迹会发生怎样的变化？

1.3　圆　周　运　动

上节已讨论了斜抛运动，这节将研究另一种曲线运动——圆周运动。

1.3.1　圆周运动的速度

如图 1.13 所示，质点在圆周上点 A 的速度为 $\vec{v}$，其数值为 $|\vec{v}| = v$，方向与点 A 处

圆的切线方向相同。在点 A 处圆的切线方向上取一单位矢量为 $\vec{\tau}$，$\vec{\tau}$ 称为切向单位矢量。则点 A 的速度 $\vec{v}$ 可写成

$$\vec{v} = v\vec{\tau} = \frac{\mathrm{d}s}{\mathrm{d}t}\vec{\tau} \qquad (1-21)$$

式中：v 为速度 $\vec{v}$ 的值；$\vec{\tau}$ 为速度 $\vec{v}$ 的方向。

1.3.2 圆周运动的切向加速度和法向加速度

一般情况下，质点作圆周运动时，速度的大小和方向都会改变。设质点在以 O 点为圆心、以 r 为半径的圆周上运动，如图 1.14（a）所示。设时刻 t，质点位于 P 点，速度为 $\vec{v}_P$；时刻 $t+\Delta t$，质点位于 Q 点，速度为 $\vec{v}_Q$。

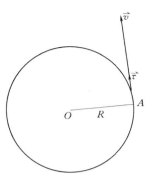

图 1.13 切向单位矢量 $\vec{\tau}$

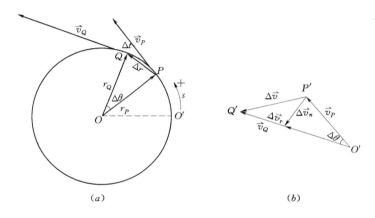

图 1.14 切向加速度和法向加速度

在时间 Δt 内，质点速度增量为 $\Delta\vec{v}$ 如图 1.14（b）所示，显然有

$$\Delta\vec{v} = \vec{v}_Q - \vec{v}_P$$

在速度矢量三角形 $O'P'Q'$ 中，作矢量 $\overrightarrow{O'E}$ 并使其大小等于 $|\vec{v}_P|$，方向与 $\vec{v}_Q$ 方向相同，再作矢量 $\overrightarrow{P'E}$ 和 $\overrightarrow{EQ'}$，令 $\overrightarrow{P'E} = \Delta\vec{v}_n$，$\overrightarrow{EQ'} = \Delta\vec{v}_\tau$。那么速度增量 $\Delta\vec{v}$ 分解为 $\Delta\vec{v}_n$ 和 $\Delta\vec{v}_\tau$ 两部分，即

$$\Delta\vec{v} = \Delta\vec{v}_n + \Delta\vec{v}_\tau \qquad (1-22)$$

式（1-22）中 $\Delta\vec{v}_n$ 只反映质点速度方向的变化，而 $\Delta\vec{v}_\tau$ 只反映质点速度大小的变化。根据加速度的定义可知

$$\vec{a} = \lim_{\Delta t \to 0} \frac{\Delta\vec{v}}{\Delta t} = \lim_{\Delta t \to 0} \frac{\Delta\vec{v}_n}{\Delta t} + \lim_{\Delta t \to 0} \frac{\Delta\vec{v}_\tau}{\Delta t}$$

令 $\vec{a}_n = \lim\limits_{\Delta t \to 0} \dfrac{\Delta\vec{v}_n}{\Delta t}$，$\vec{a}_\tau = \lim\limits_{\Delta t \to 0} \dfrac{\Delta\vec{v}_\tau}{\Delta t}$，则有

$$\vec{a} = \vec{a}_n + \vec{a}_\tau \qquad (1-23)$$

$\vec{a}_n$ 的方向与 $\Delta t \to 0$ 时 $\Delta\vec{v}_n$ 的极限方向一致。由图 1.14（b）可知，$\Delta t \to 0$ 时 $\Delta\vec{v}_n$ 的极限方向与 $\vec{v}_P$ 垂直，因此质点位于 P 点时，$\vec{a}_n$ 的方向沿着该处轨迹曲线的法线，在圆周运

动中总是沿着半径 OP 并指向圆心。加速度沿着法线的这个分量 $\vec{a}_n$ 称为法向加速度，法向加速度只反应速度方向的变化。

由于等腰三角形 OPQ 与 $O'P'E$ 相似，故有

$$\frac{|\Delta \vec{v}_n|}{v_P} = \frac{|\Delta \vec{r}|}{r_P}$$

上式两端同除以 Δt，并考虑到 $\Delta t \to 0$ 时 $\left|\dfrac{\Delta \vec{r}}{\Delta s}\right| \to 1$，同时注意到 P 点可以是圆周上任意一点，故省去 v_P 和 r_P 脚标可得

$$|\vec{a}_n| = \lim_{\Delta t \to 0} \frac{|\Delta \vec{v}_n|}{\Delta t} = \frac{v}{r} \lim_{\Delta t \to 0} \frac{|\Delta s|}{\Delta t} = \frac{v^2}{r}$$

规定平面曲线在各点的法线正方向都指向曲线凹的一面。对圆来说，各点的正法线正方向均指向圆心。若用 $\vec{n}$ 表示沿法线正方向的单位矢量，则法向加速度可表示为

$$\vec{a}_n = a_n \vec{n} = \frac{v^2}{r} \vec{n} \tag{1-24}$$

式中：a_n 为加速度 $\vec{a}$ 沿法线方向的投影，其大小等于 $\dfrac{v^2}{r}$，恒为正，故 $\vec{a}_n$ 的方向始终与 $\vec{n}$ 相同。

$\vec{a}_\tau$ 的方向与 $\Delta t \to 0$ 时 $\Delta \vec{v}_\tau$ 的极限方向一致。$\Delta t \to 0$ 时，$\Delta \vec{v}_\tau$ 的极限方向将沿着 P 点处圆周的切线，把加速度沿着切线的这个分量 $\vec{a}_\tau$ 称为切向加速度。切向加速度只反应速度大小的变化。

$\vec{a}_\tau$ 的大小为

$$|\vec{a}_\tau| = \lim_{\Delta t \to 0} \frac{|\Delta \vec{v}_\tau|}{\Delta t} = \lim_{\Delta t \to 0} \frac{|\Delta v|}{\Delta t} = \frac{\mathrm{d}v}{\mathrm{d}t}$$

用 $\vec{\tau}$ 表示沿切线正方向的单位矢量，则切向加速度可表示为

$$\vec{a}_\tau = a_\tau \vec{\tau} = \frac{\mathrm{d}v}{\mathrm{d}t} \vec{\tau} \tag{1-25}$$

式中：a_τ 为加速度 $\vec{a}$ 沿切线方向的投影。$a_\tau = \dfrac{\mathrm{d}v}{\mathrm{d}t}$，$a_\tau > 0$，表明 $\vec{a}_\tau$ 与 $\vec{\tau}$ 方向相同；$a_\tau < 0$，表明 $\vec{a}_\tau$ 与 $\vec{\tau}$ 方向相反。

经上述讨论可得，质点在圆周运动中的加速度为

$$\vec{a} = a_n \vec{n} + a_\tau \vec{\tau} = \frac{v^2}{r} \vec{n} + \frac{\mathrm{d}v}{\mathrm{d}t} \vec{\tau} \tag{1-26}$$

即质点在圆周运动中的加速度等于质点法向加速度和切向加速度的矢量和，如图 1.15 所示。

加速度的大小为

$$|\vec{a}| = \sqrt{a_n^2 + a_\tau^2} = \sqrt{\left(\frac{v^2}{r}\right)^2 + \left(\frac{\mathrm{d}v}{\mathrm{d}t}\right)^2} \tag{1-27}$$

加速度方向可由式（1-28）确定：

$$\tan\theta = \frac{a_n}{a_\tau} \tag{1-28}$$

式中：θ 为 $\vec{a}$ 与 $\vec{\tau}$ 之间的夹角，如图 1.15 所示。

当 $\vec{v}$ 与 $\vec{a}$ 同向时，质点的运动是加速的，这时 $\vec{v}$ 与 $\vec{a}$ 之间的夹角 θ 为锐角；$\vec{v}$ 与 $\vec{a}$

反向时，质点的运动是减速的，这时 $\vec{v}$ 与 $\vec{a}$ 之间的夹角 θ 为钝角。

【例 1.5】 已知圆周运动：$r = 25\text{m}$，$s = t^3 + 2t^2$。求：$t = 2\text{s}$ 时质点的切向加速度、法向加速度和加速度的大小。

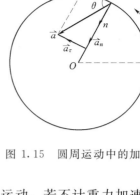

解： $v = \dfrac{\mathrm{d}s}{\mathrm{d}t} = 3t^2 + 4t, a_n = \dfrac{v^2}{r} = \dfrac{(3t^2 + 4t)^2}{r}$

$$a_\tau = \frac{\mathrm{d}v}{\mathrm{d}t} = 6t + 4, a_n(2) = 16\text{m/s}^2$$

$$a_\tau(2) = 16\text{m/s}^2, a = \sqrt{a_\tau^2 + a_n^2} = 16\sqrt{2}\text{m/s}^2$$

【例 1.6】 如图 1.16 一超音速歼击机在高空 A 时的水平速率为 1940km/h，沿近似于圆弧的曲线俯冲到点 B，其速率为 2192km/h，所经历的时间为 3s，设圆弧 AB 的半径约为 3.5km，且飞机从 A 到 B 的俯冲过程可视为匀变速率圆周运动，若不计重力加速度的影响，求：

图 1.15　圆周运动中的加速度

（1）飞机在点 B 的加速度。

（2）飞机由点 A 到点 B 所经历的路程。

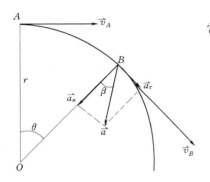

图 1.16　例 1.6 图

解：（1）因飞机作匀变速率运动，所以 a_τ 和 α 为常量。

$$a_\tau = \frac{\mathrm{d}v}{\mathrm{d}t}$$

分离变量有

$$\int_{v_A}^{v_B} \mathrm{d}v = \int_0^t a_\tau \mathrm{d}t$$

$$a_\tau = \frac{v_B - v_A}{t} = 23.3\text{m/s}^2$$

在点 B 的法向加速度

$$a_n = \frac{v_B^2}{r} = 106\text{m/s}^2$$

在点 B 的加速度

$$a = \sqrt{a_\tau^2 + a_n^2} = 109\text{m/s}^2$$

$\vec{a}$ 与法向之间夹角 β 为

$$\beta = \arctan \frac{a_\tau}{a_n} = 12.4°$$

（2）在时间 t 内矢径 $\vec{r}$ 所转过的角度 θ 为

$$\theta = \omega_A t + \frac{1}{2}\alpha t^2$$

飞机经过的路程为

$$s = r\theta = v_A t + \frac{1}{2}a_\tau t^2$$

代入数据得

$$s = 1722\text{m}$$

1.3.3 圆周运动的极坐标系描述

研究质点平面曲线运动时，有时选用平面极坐标系较为方便，如图 1.17 所示。在参照系内选一固定点 O 作为平面极坐标系的原点（常称为极点），在质点运动的平面内作一通过极点的射线 OO' 作为极轴，连接极点 O 和质点所在位置的直线 r 称为极径，极径总是取正值。极径与极轴之间的夹角 θ 称为角坐标。通常规定从极轴沿逆时针方向量得的 θ 为正，反之为负。这样质点的位置就可以用平面极坐标 (r, θ) 来确定。

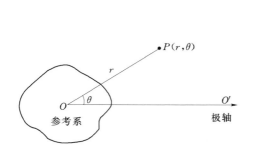

图 1.17　平面极坐标系　　　　　　图 1.18　角量和线量

如图 1.18 所示，一质点绕 O 点作半径为 r 的圆周运动，选圆心 O 为极点，Ox 作为极轴，质点沿圆周运动时极径 r 是常量，任意时刻 t 质点的位置可用角坐标 θ 完全确定，θ 将是时间 t 的函数，表示为

$$\theta = \theta(t) \tag{1-29}$$

式（1-29）为质点作圆周运动时以角坐标表示的运动方程。

在时间间隔 Δt 内，作圆周运动的质点其角坐标的变化为 $\Delta \theta$，称为质点在该时间内的角位移。

$$\Delta \theta = \theta(t + \Delta t) - \theta(t)$$

定义：角坐标 $\theta(t)$ 随时间的变化率即 $\mathrm{d}\theta/\mathrm{d}t$，称为角速度，用符号 ω 表示，则有

$$\omega = \frac{\mathrm{d}\theta}{\mathrm{d}t} \tag{1-30}$$

通常用弧度（rad）来量度 θ，所以角速度 ω 的单位名称为弧度每秒，符号为 rad/s。

定义：角速度 $\omega(t)$ 随时间的变化率即 $\mathrm{d}\omega/\mathrm{d}t$，称为角加速度，用符号 α 表示，则有

$$\alpha = \frac{\mathrm{d}\omega}{\mathrm{d}t} \tag{1-31}$$

又根据式（1-30）可得

$$\alpha = \frac{\mathrm{d}\omega}{\mathrm{d}t} = \frac{\mathrm{d}^2\theta}{\mathrm{d}t^2} \tag{1-32}$$

角加速度 α 的单位名称为弧度每二次方秒，符号为 rad/s²。

所以，可以用角坐标 θ、角位移 $\Delta\theta$、角速度 ω、角加速度 α 等角量对质点的圆周运动进行描述。

1.3.4　线量与角量的关系

质点作圆周运动时，既可以用线量描述，也可以用角量描述。显然，线量和角量之间存在某种关系。从图 1.18 可知

$$\Delta s = r\Delta\theta \tag{1-33}$$

因而

$$v = \lim_{\Delta t \to 0} \frac{\Delta s}{\Delta t} = \lim_{\Delta t \to 0} r\frac{\Delta\theta}{\Delta t} = r\omega \tag{1-34}$$

再根据切向加速度和法向加速度的定义，可得：

$$a_\tau = \frac{\mathrm{d}v}{\mathrm{d}t} = r\frac{\mathrm{d}\omega}{\mathrm{d}t} = r\alpha \tag{1-35}$$

$$a_n = \frac{v^2}{r} = r\omega^2 \tag{1-36}$$

式（1-33）、式（1-34）、式（1-35）和式（1-36）是描述圆周运动的线量和角量之间的关系，在分析各种力学问题时经常用到。

当质点以角加速度 α 作匀变速圆周运动时，角坐标 θ、角位移 $\Delta\theta$、角速度 ω、角加速度 α 和时间 t 之间的关系与匀变速直线运动中相应线量间的关系完全相似，即

$$\theta = \theta_0 + \omega_0 t + \frac{1}{2}\alpha t^2 \tag{1-37}$$

$$\omega = \omega_0 + \alpha t \tag{1-38}$$

$$\omega^2 = \omega_0^2 + 2\alpha(\theta - \theta_0) \tag{1-39}$$

1.4　相 对 运 动

前面所研究的问题都是相对已选定的参考系进行的，参考系的选择在运动学中是任意的。在研究力学问题时常常需要从不同的参考系来描述同一物体的运动。在不同的参考系中，对同一质点位移的描述、速度的描述和加速度的描述都可能不同，那么同一质点位移的不同描述、速度的不同描述以及加速度的不同描述之间的关系如何？这是本节所要讨论的主要问题。下面先来讨论在牛顿力学范围内，两个相对运动的不同参考系中，同一质点运动时间和运动距离的测量情况。

1.4.1　时间与空间

在图 1.19 中，小车以较低的速度 $\vec{v}$ 沿水平轨道先后通过点 A 和点 B。如站在地面的人测得小车通过点 A 和点 B 的时间为 $\Delta t = t_B - t_A$；而站在车上的人测得小车通过点 A 和点 B 的时间为 $\Delta t' = t'_B - t'_A$，且两者是相等的，即 $\Delta t = \Delta t'$，也就是说，在两个作相对直线运动的参考系（地面和小车）中，时间的测量是绝对的，与参考系无关。

同样，在地面上的人和在车上的人测量 AB 两点之间的距离是一样的，都等于 $\overline{AB}$。也就是说，两个作相对运动的参考系中，长度的测量也是绝对的，与参考系无关。在人们的日常生活和一般科技活动中，上述关于时间和空间量度的结论是毋庸置疑的。时间和长度的绝对性是经典力学的基础。以后将介绍，当相对运动的速度接近光速时，时间和空

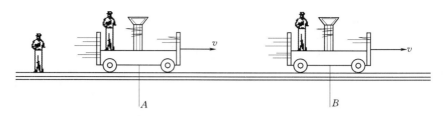

图 1.19　在低速运动时，时间和空间的测量是绝对的

间的测量将依赖于相对运动的速度。只是由于经典力学所涉及物体的运动速度远小于光速，即 $v \ll c$，所以在牛顿力学范围内，时间与空间的测量才可以视为与参考系的选取无关。然而，在牛顿力学范围内，运动质点的位移、速度和运动轨迹则与参考系的选择有关。下面来讨论这方面的问题。

1.4.2　相对运动

在图 1.20 中，xOy 表示固定在水平地面上的坐标系（以 E 代表此坐标系，在工程上常把这样的坐标系称为绝对坐标系），其 x 轴与一条平直马路平行。设有一辆平板车 V 沿马路行进，图中 $x'O'y'$ 表示固定在这个行进的平板车上的坐标系。

在 Δt 时间内，车在地面上由 V_1 移到 V_2 位置，其位移为 $\Delta \vec{r}_{VE}$。设在同一 Δt 时间内，一个小球 S 在车内由 A 点移到 B 点、其位移为 $\Delta \vec{r}_{SV}$。在这同一时间内，在地面上观测，小球是从 A_0 点移到 B 点的，相应的位移是 $\Delta \vec{r}_{SE}$（在这三个位移符号中，下标的前一字母表示运动的物体，后一字母表示参考系）。

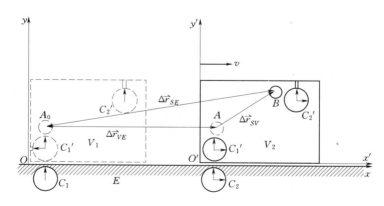

图 1.20　相对运动

很明显，同一小球在同一时间内的位移，相对于地面和车这两个参考系来说，是不相同的。这两个位移和车厢对于地面的位移有下述关系

$$\Delta \vec{r}_{SE} = \Delta \vec{r}_{SV} + \Delta \vec{r}_{VE} \tag{1-40}$$

以 Δt 除此式，并令 $\Delta t \to 0$，可以得到相应的速度之间的关系，即

$$\vec{v}_{SE} = \vec{v}_{SV} + \vec{v}_{VE} \tag{1-41}$$

以 $\vec{v}$ 表示质点相对于参考系 xOy（即绝对坐标系）的速度，$\vec{v}$ 常称为绝对速度；以 $\vec{v}'$ 表示质点相对于运动参考系 $x'O'y'$ 的速度，$\vec{v}'$ 常称为相对速度；以 $\vec{u}$ 表示参考系 $x'O'y'$

相对于参考系 xOy 平动的速度，$\vec{u}$ 常称为牵连速度。则式（1-41）可以一般地表示为

$$\vec{v} = \vec{v}' + \vec{u} \tag{1-42}$$

同一质点相对于两个相对做平动的参考系的速度之间的这一关系称为伽利略速度变换。

如果质点运动速度是随时间变化的，则求式（1-42）对 t 的导数，就可得到相应的加速度之间的关系。以 $\vec{a}$ 表示质点相对于参考系 xOy 的加速度，以 $\vec{a}'$ 表示质点相对于参考系 $x'O'y'$ 的加速度，以 $\vec{a}_0$ 表示参考系 $x'O'y'$ 相对于参考系 xOy 平动的加速度，则由式（1-42）可得

$$\frac{\mathrm{d}\vec{v}}{\mathrm{d}t} = \frac{\mathrm{d}\vec{v}'}{\mathrm{d}t} + \frac{\mathrm{d}\vec{u}}{\mathrm{d}t}$$

即

$$\vec{a} = \vec{a}' + \vec{a}_0 \tag{1-43}$$

这就是同一质点在两个相对作平动的参考系中加速度之间的关系。

如果两个参考系相对做匀速直线运动，即 $\vec{u}$ 为常量，则

$$\vec{a}_0 = \frac{\mathrm{d}\vec{u}}{\mathrm{d}t} = 0$$

于是有

$$\vec{a} = \vec{a}'$$

这就是说，在相对做匀速直线运动的参考系中观察同一质点的运动时，所测得的加速度是相同的。

【例 1.7】 如图 1.21 所示，一实验者 A 在以 10m/s 的速率沿水平轨道前进的平板车上控制一台射弹器，此射弹器以与车前进的反方向呈 60° 斜向上射出一弹丸。此时站在地面上的另一实验者 B 看到弹丸铅直向上运动，求弹丸上升的高度。

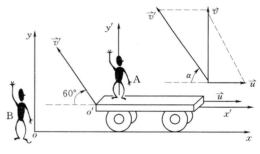

图 1.21 例 1.7 图

解：地面参考系为 S 系。平板车参考系为 S' 系。

速度变换

$$\vec{v} = \vec{v}' + \vec{u}$$

则

$$\begin{cases} v_x = u + v'_x \\ v_y = v'_y \end{cases}$$

因为 $v_x = 0$，所以

$$v'_x = -u = -10\text{m/s}$$
$$v'_y = v'_x \tan\alpha$$
$$v_y = v'_y = v'_x \tan\alpha$$
$$v_y = 17.3\text{m/s}$$

弹丸上升高度：

$$y = \frac{v_y^2}{2g} = 15.3\text{m}$$

身边的小实验：研究抛体运动规律

实验目的： 研究斜抛运动规律和研究平抛、竖直上抛运动规律。

实验器材： 木制学生尺（或 20cm 长的平整木片）不同长度的橡皮筋若干根，小铁夹，废弃天线底座，量角器等。

实验原理： 用弹出的橡皮筋模拟抛体，研究作斜抛物体射程与抛射角和初速度的关系。

实验方法：

（1）用木制学生尺（不要用塑料尺，因为当橡皮筋拉紧时塑料尺容易弯曲）当作"枪"，把橡皮筋套在尺上，橡皮筋就成了待发的"子弹"，发射时用大拇指的指甲将橡皮筋一端往上推，使它一端脱离。橡皮筋就向尺的另一端飞去，成了飞出"枪口"的"子弹"。

（2）为了能改变和控制抛射角，还得制一个能改变射角的"枪架"，利用鞭状天线的底座作为调整角度支架，将学生尺夹在天线底座的窄缝中，沿着天线底座的小孔在木尺上钻上一个小孔，用螺丝穿过小孔，并用螺母固定，固定时应注意松紧适宜。让鞭状天线底座的安装螺丝穿过小铁夹的小孔，如孔较大时可安上适当的垫圈，在铁夹下方拧上螺母固定。

（3）将自制的"枪架"夹在桌子的边缘就可以做实验。

实验一： 研究射程与抛射角关系；用量角器量取不同夹角，用同一根橡皮筋分别射出，量取不同水平射程，列表看一看，在什么角度范围内射程最远。

实验二： 研究射程与初速的关系；用量角器取一定夹角，固定不变。选用不同长度的橡皮筋分别射出，量取每次的水平射程，列表，看一看，当在相同的抛射角情况下初速度与射程的关系。该装置同样能研究平抛运动、竖直上抛运动规律。如何实验就请你自己设计了。

习　　题

1.1　请填写复习简表。

项　目	质点运动的描述	加速度为恒矢量时的质点运动	圆周运动	相对运动
主要内容				
主要公式				
重点难点				
自我提示				

1.2　一质点沿 x 轴作直线运动，其运动方程为 $x=t^3-40t$。试求：

（1）$t=2.0$s 时 v_2 的大小和加速度 a_2 的数值。

（2）在 $t=2.0$s 时，该质点向哪个方向作什么运动？

1.3　一质点沿 x 轴运动，其加速度 a 与位置坐标 x 的关系为 $a=2+6x^2$（SI），如果质点在原点处的速度为零，试求其在任意位置处的速度。

1.4 有一质点沿 x 轴作直线运动，t 时刻的坐标为 $x = 4.5t^2 - 2t^3$（SI）。试求：

（1）第 2s 内的平均速度。

（2）第 2s 末的瞬时速度。

（3）第 2s 内的路程。

1.5 一质点沿半径为 R 的圆周运动，质点所经过的弧长与时间的关系为 $S = bt + \frac{1}{2}ct^2$，其中 b、c 是大于零的常量，求从 $t = 0$ 开始到切向加速度与法向加速度大小相等时所经历的时间。

1.6 由楼窗口以水平初速度 $\vec{v}_0$ 射出一发子弹，取枪口为原点，沿 $\vec{v}_0$ 方向为 x 轴，竖直向下为 y 轴，并取发射时刻 t 为 0，试求：

（1）子弹在任一时刻 t 的位置坐标及轨迹方程。

（2）子弹在 t 时刻的速度，切向加速度和法向加速度。

1.7 （1）对于在 xy 平面内，以原点 O 为圆心作匀速圆周运动的质点，试用半径 r、角速度 ω 和单位矢量 $\vec{i}$、$\vec{j}$ 表示其 t 时刻的位置矢量。已知在 $t = 0$ 时，$y = 0$，$x = r$，角速度 ω 如图 1.22 所示。

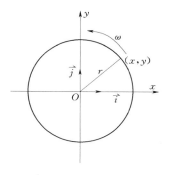

图 1.22 题 1.7 图

（2）由（1）导出速度 $\vec{v}$ 与加速度 $\vec{a}$ 的矢量表示式。

（3）试证加速度指向圆心。

1.8 一男孩乘坐一铁路平板车，在平直铁路上匀加速行驶，其加速度 a，他向车前进的斜上方抛出一球，设抛球过程对车的加速度 a 的影响可忽略，如果他不必移动在车中的位置就能接住球，则抛出的方向与竖直方向的夹角应为多大？

1.9 一敞顶电梯以恒定速率 $v = 10\text{m/s}$ 上升。当电梯离地面 $h = 10\text{m}$ 时，一小孩竖直向上抛出一球。球相对于电梯初速率 $v_0 = 20\text{m/s}$。试问：

（1）从地面算起，球能达到的最大高度为多大？

（2）抛出后经过多长时间再回到电梯上？

第2章 牛顿运动定律

　　第 1 章讨论了质点运动学，即如何描述一个质点的运动。本章将讨论质点动力学。动力学的基本定律是牛顿三定律。以牛顿三定律为基础的力学体系称为牛顿力学或经典力学。本章将概括地阐述牛顿定律的内容及其在质点运动方面的初步应用。

2.1　牛　顿　定　律

2.1.1　牛顿第一定律

　　牛顿第一定律为：任何质点都保持静止或匀速直线运动状态，直到其他物体对它作用的力迫使它改变这种状态为止。

　　牛顿第一定律引进了惯性和力两个重要概念。该定律表明，当质点不受力作用时都具有保持静止或匀速直线运动状态不变的性质，这种性质称为惯性，其大小用质量量度。该定律还表明，力是一个物体对另一个物体的作用，这种作用能迫使物体改变其运动状态。这就是说，牛顿第一定律指出了作用于质点的力是质点运动状态改变的原因。

　　牛顿第一定律是从大量实验事实中概括总结出来的，但它不能直接用实验来验证，因为自然界中不受力作用的物体事实上是不存在的。我们确信牛顿第一定律正确，是因为从它导出的其他结果都和实验事实相符合。从长期实践和实验中总结归纳出一些基本规律（常称为原理、公理、基本假说或定律等），虽不能用实验等方法直接验证其正确性，但以它们为基础导出的定理等都与实践和实验相符合，因此人们公认这些基本规律的正确，并以此为基础研究其他有关问题，甚至建立新的学科。

　　实验表明，若质点保持其运动状态不变，这时作用在质点上所有力的合力必定为零。因此，在实际应用中，牛顿第一定律可以陈述为：任何质点，只要其他物体作用于它的所有力的合力为零，则该质点就保持其静止或匀速直线运动状态不变。

质点处于静止或匀速直线运动状态，统称为质点处于平衡状态。根据牛顿第一定律的上述陈述，质点处于平衡状态的条件为：作用于质点上所有力的合力等于零。

牛顿第一定律的数学形式表示为

$$\vec{F} = 0 \text{ 时}, \vec{v} = \text{恒矢量} \tag{2-1}$$

2.1.2　牛顿第二定律

牛顿第一定律给出了质点的平衡条件，牛顿第二定律则研究质点在不等于零的合力作用下，其运动状态如何变化的问题。

物体在运动时总具有速度，物体的质量 m 与其运动速度 $\vec{v}$ 的乘积称为物体的动量，用 $\vec{p}$ 表示，即

$$\vec{p} = m\vec{v} \tag{2-2}$$

动量 $\vec{p}$ 显然也是一个矢量，其方向与速度 $\vec{v}$ 的方向相同，与速度可表示物体运动状态一样，动量也是表述物体运动状态的量，但动量较之速度其涵义更为广泛，意义更为重要。当外力作用于物体时，其动量要发生改变。

牛顿第二定律为，动量为 $\vec{p}$ 的物体，在合外力 $\vec{F}(= \sum \vec{F_i})$ 的作用下，其动量随时间的变化率应当等于作用于物体的合外力，即

$$\vec{F} = \frac{\mathrm{d}\vec{p}}{\mathrm{d}t} = \frac{\mathrm{d}(m\vec{v})}{\mathrm{d}t} \tag{2-3}$$

式（2-3）是牛顿第二定律的数学表达式。牛顿第二定律阐明了作用于物体的合外力与物体动量变化的关系。

当物体在低速情况下运动时，即物体的运动速度 v 远小于光速 c（$v \ll c$）时，物体的质量可以视为是不依赖于速度的常量。式（2-3）可写为

$$\vec{F} = \sum_i \vec{F_i} = m \frac{\mathrm{d}\vec{v}}{\mathrm{d}t} = m\vec{a} \tag{2-4}$$

应当指出，若运动物体的速度 v 接近于光速 c 时，物体的质量就依赖于其速度，即 $m(v)$。

牛顿第二定律是牛顿力学的核心，应用它解决问题时必须注意以下几点：

（1）牛顿第二定律只适用于质点的运动。物体作平动时，物体上各质点的运动情况完全相同，所以物体的运动可看做是质点的运动，此时这个质点的质量就是整个物体的质量。以后如不特别指明，在论及物体的平动时，都是把物体当做质点来处理的。

（2）牛顿第二定律所表示的合外力与加速度之间的关系是瞬时关系，也就是说，加速度只在外力有作用时才产生，外力改变了，加速度也随之改变。

（3）力的叠加原理。当几个外力同时作用于物体时，其合外力所产生的加速度 $\vec{a}$ 与每个外力 $\vec{F_i}$ 所产生加速度 $\vec{a_i}$ 的矢量和是一样的，这就是力的叠加原理。式（2-4）是牛顿第二定律的矢量式，它在直角坐标系 Ox 轴、Oy 轴和 Oz 轴上的投影式分别为

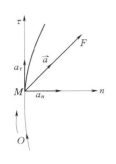

$$\left.\begin{aligned} F_x &= \sum_i F_{ix} = ma_x \\ F_y &= \sum_i F_{iy} = ma_y \\ F_z &= \sum_i F_{iz} = ma_z \end{aligned}\right\} \qquad (2-5)$$

研究质点平面曲线运动时，常采用自然坐标，把方程（2-4）投影到轨迹的切线和法线方向，如图 2.1 所示，可得

图 2.1　自然坐标描述

$$\left.\begin{aligned} F_\tau &= \sum_i F_{i\tau} = ma_\tau \\ F_n &= \sum_i F_{in} = ma_n \end{aligned}\right\} \qquad (2-6)$$

应当指出，牛顿第一、第二定律本身只适用于质点，或可视为质点的物体。

2.1.3　牛顿第三定律

牛顿第一定律指出物体只有在外力作用下才改变其运动状态，牛顿第二定律给出物体的加速度与作用于物体的力和物体质量之间的数量关系，牛顿第三定律则说明力具有物体间相互作用的性质。两个物体之间的作用力 $\vec{F}$ 和反作用力 $\vec{F'}$，沿同一直线，大小相等，方向相反，分别作用在两个物体上，这就是牛顿第三定律，其数学表达式为

$$\vec{F} = -\vec{F'} \qquad (2-7)$$

正确理解牛顿第三定律，对分析物体受力情况是很重要的，分析物体受力情况时必须注意以下两点：

（1）作用力和反作用力是矛盾的两个方面，它们互以对方为自己存在的条件，同时产生，同时消灭，任何一方都不能孤立地存在。

（2）作用力和反作用力是分别作用在两个物体上的，因此它们不能相互抵消。

此外，作用力和反作用力总是属于同种性质的力。例如作用力是万有引力，那么反作用力也一定是万有引力。

2.2　物理量的单位和量纲

应用物理定律例如牛顿定律，进行数量计算时，各物理量必须使用正确的单位，由于各物理量之间都由一定的物理规律联系着，所以它们的单位也就有一定的联系。因此，在确定各物理量的单位时，总是根据它们之间的相互联系选定少数几个物理量作为基本量，并人为地规定它们的单位，这样的单位称为基本单位。其他的物理量都可以根据一定的关系从基本量导出，这些物理量称为导出量。导出量的单位都是基本单位的组合，称为导出单位。基本单位和由它们组成的导出单位构成一套单位制。由于基本单位的选择不同，就组成了不同的单位制。物理量的单位制有很多种，这不仅给工农业生产、人民生活带来诸多不便，而且也不规范。1984 年 2 月 27 日，我国国务院颁布实行以国际单位制（SI）为

基础的法定单位制。本书采用以国际单位制为基础的我国法定单位制。

国际单位制规定，力学的基本量是长度、质量和时间，并规定：长度的基本单位名称为"米"。单位符号为 m；质量的基本单位名称为"千克"，单位符号为 kg，时间的基本单位名称为"秒"，单位符号为 s，其他力学物理量都是导出量。

按照上述基本量和基本单位的规定，速度的单位名称为"米每秒"，符号为 m/s；角速度的单位名称为"弧度每秒"，符号为 rad/s；加速度的单位名称为"米每二次方秒"，符号为 m/s²；角加速度的单位名称为"弧度每二次方秒"，符号为 rad/s²；力的单位名称为"牛顿"，简称"牛"，符号为 N，$1N = 1kg \cdot m/s^2$。

在物理学中，导出量与基本量之间的关系可以用量纲来表示。用 L、M 和 T 分别表示长度、质量和时间三个基本量的量纲，其他力学量 Q 的量纲与基本量量纲之间的关系可按下列形式表达出来

$$\dim Q = L^p M^q T^s$$

例如，速度的量纲是 LT^{-1}，角速度的量纲是 T^{-1}，加速度的量纲是 LT^{-2}，角加速度的量纲是 T^{-2}，力的量纲是 MLT^{-2} 等。

由于只有量纲相同的物理量才能相加减和用等号连接，所以只要考察等式两端各项量纲是否相同，就可初步校验等式的正确性。这种方法在求解问题和科学实验中经常用到。要学会在求证、解题过程中使用量纲来检查所得结果。

2.3　几 种 常 见 的 力

本节主要介绍力学中常见的力，即万有引力、弹性力和摩擦力等。

2.3.1　万有引力

宇宙之中，小到微观粒子，大到天体，任何有质量的物体与物体之间都存在着一种相互吸引的力，所有这些力都遵循同一规律，这种相互吸引的力称为万有引力。

万有引力定律可表述为：在两个相距为 r，质量分别为 m_1、m_2 的质点间有万有引力，其方向沿着它们的连线，其大小与它们的质量乘积成正比，与它们之间距离 r 的二次方成反比，即

$$F = G \frac{m_1 m_2}{r^2} \tag{2-8a}$$

式中：G 为常数，称为引力常量。引力常量最早是由英国物理学家卡文迪许于 1798 年由实验测出的，在一般计算时取

$$G = 6.67 \times 10^{-11} (N \cdot m)/kg^2$$

用矢量形式表示，万有引力定律可写成

$$\vec{F} = -G \frac{m_1 m_2}{r^2} \vec{e}_r \tag{2-8b}$$

如以由 m_1 指向 m_2 的有向线段为 m_2 的位矢 $\vec{r}$，那么式（2-8b）中 $\vec{e}_r$ 为沿位矢方向的单位矢量，它等于 $\vec{r}/r$。而式（2-8b）中的负号则表示 m_1 施于 m_2 的万有引力的方向

始终与沿位矢的单位矢量 $\vec{e_r}$ 的方向相反。

应该注意，万有引力定律中的 $\vec{F}$ 是两个质点之间的引力。若欲求两个物体间的引力，则必须把每个物体分成很多小部分，把每个小部分看成是一个质点，然后计算所有这些质点间的相互作用力。从数学上讲，这个计算通常是一个积分问题。计算表明，对于两个密度均匀的球体，或者球的密度只是两球心距离 r 的函数 $\rho(r)$，它们之间的引力可以直接用式（2-8a）计算，这时 r 表示两球球心间的距离。也就是说，这两球体之间的引力与把球的质量当作集中于球心（即把球当作质点来处理）的引力是一样的。

习惯上，常把地球对其表面附近尺寸不大的物体的万有引力称为该物体的重力，其大小也就是物体的重量。设地球为均质球体，质量为 M，半径为 R，按式（2-8a），一个处于地球表面附近、质量为 m 的物体的重量 P 为

$$P = G\frac{Mm}{R^2} \qquad\qquad (2-9)$$

重力的方向铅直向下。

若令式（2-9）中 $G\dfrac{M}{R^2}=g$（g 称为重力加速度），则有

$$P = mg \qquad\qquad (2-10)$$

将引力常量 G、地球质量 M、地球半径 R 的量值代入式 $g=G\dfrac{M}{R^2}$，可得

$$g = 9.8\mathrm{m/s^2}$$

事实上，由于地球并不是一个质量均匀分布的球体，还由于地球的自转，使得地球表面不同地方的重力加速度 g 的值略有差异，不过在一般工程问题中这种差异常可忽略不计。

2.3.2　弹性力

当两物体相互接触而挤压时，它们要发生形变，物体形变时欲恢复其原来的形状，物体间会有作用力产生，这种物体因形变而产生欲使其恢复原来形状的力称为弹性力。常见的弹性力有：弹簧被拉伸或压缩时产生的弹簧弹性力；绳索被拉紧时所产生的张力；重物放在支承面上产生的正压力（作用在支承面上）和支持力（作用在物体上）等。

2.3.3　摩擦力

1. 静摩擦力

当两物体相互接触，彼此之间保持相对静止，但却有相对滑动的趋势时，两物体接触面间出现的相互作用的摩擦力，称为静摩擦力。

静摩擦力的作用线在两物体的接触面内，更确切地说，在两物体接触处的公切面内。静摩擦力的方向按以下方法确定：某物体受到的静摩擦力的方向总是与该物体相对滑动趋势的方向相反。假定静摩擦力消失，物体相对运动的方向即为相对滑动趋势方向。

静摩擦力的大小需要根据受力情况来确定。例如，把物体放在一水平面上，有一外力 $\vec{F}$ 沿水平面作用在物体上，若外力 $\vec{F}$ 较小，物体尚未滑动，这时静摩擦力 $\vec{F}_{f0}$ 与外力 $\vec{F}$ 在数值上相等，方向则与 $\vec{F}$ 相反。静摩擦力 $\vec{F}_{f0}$ 随着 $\vec{F}$ 的增大而增大，直到 $\vec{F}$ 增大到某一定

数值时，物体相对平面即将滑动。这时静摩擦力达到最大值，称为最大静摩擦力 $\vec{F}_{f0m}$。由此可见，静摩擦力大小的变化范围是 $0 \leqslant F_{f0} \leqslant F_{f0m}$。实验表明，最大静摩擦力的值与物体的正压力 F_N 成正比，即

$$F_{f0m} = \mu_0 F_N$$

式中：μ_0 为静摩擦系数。静摩擦系数与两接触物体的材料性质以及接触面的情况有关，而与接触面的大小无关。

2. 滑动摩擦力

当物体在平面上滑动时，仍受摩擦力作用，这个摩擦力称为滑动摩擦力 F_f，其方向总是与物体相对平面的运动方向相反，其大小也是与物体的正压力 F_N 成正比，即

$$F_f = \mu F_N$$

式中：μ 为滑动摩擦系数。μ 与两接触物体的材料性质、接触表面的情况、温度、干湿度等有关，还与两接触物体的相对速度有关。在相对速度不太大时，为计算简单起见，可以认为滑动摩擦系数 μ 略小于静摩擦系数 μ_0；在一般计算时，除非特别指明，可认为它们是相等的。

2.3.4 物理学中四种最基本的相互作用

万有引力相互作用是迄今认识到的四种基本相互作用之一，其他三种相互作用是电磁相互作用、弱相互作用和强相互作用。电磁相互作用从本质上来说是运动电荷间产生的；弱相互作用是产生于放射性衰变过程和其他一些"基本"粒子衰变等过程之中的；强相互作用则能使像质子、中子这样一些粒子集合在一起。弱相互作用和强相互作用是微观粒子间的相互作用。现在常遇到的力，如重力、摩擦力、弹性力、库仑力、安培力、分子力、原子力、核力等，都可归结为这四种基本相互作用。然而这四种相互作用的范围即力程是不一样的。万有引力作用和电磁作用的作用范围，原则上讲是不限制的，即可达无限远；强相互作用范围为 10^{-15} m；而弱相互作用的有效作用范围仅为 10^{-18} m。这四种力的强度相差也很大，如以距源 10^{-15} m 处强相互作用的力强度为 1，则其他力的相对强度分别为：电磁力是 10^{-2}，弱相互作用力是 10^{-13}，万有引力仅是 10^{-38}。由此可见，万有引力的强度是这四种相互作用中强度最弱的一种，而且相差悬殊。因此，通常在论及电磁力时，如不特别指明，万有引力所产生的影响可以略去不计。

2.4 牛 顿 定 律 的 应 用

牛顿定律解题基本思路：

（1）认物体——确定研究对象，对多个物体进行隔离。

（2）分析力——分析受力情况，画受力图。

（3）看运动——确定物体运动状态，轨道、加速度等。

（4）列方程——建立坐标系，力和加速度对坐标投影，写出分量形式；利用其它的约束条件列补充方程。

（5）解方程——先用文字符号求解，后带入数据计算结果。

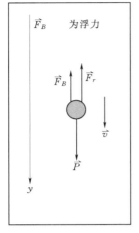

图 2.2　例 2.1 图

【例 2.1】　一质量 m，半径 r 的球体在水中静止释放沉入水底，已知阻力 $F_r = 6\pi r\eta v$，η 为黏滞系数，求 $v(t)$。

解：如图 2.2 所示，球体在水中受到重力 $\vec{P}$、浮力 $\vec{F}_B$ 和黏滞阻力 $\vec{F}_r$ 的作用，浮力 $\vec{F}_B$ 的大小等于物体所排除的流体的重量，即 $F_B = m'g$。黏滞阻力的大小为 $F_r = 6\pi\eta rv$，重力 $\vec{P}$ 与浮力 $\vec{F}_B$ 的合力称为驱动力 $\vec{F}_0$，其大小为 $F_0 = P - F_B = (m - m')g$，其方向与球体的运动方向相同，为一恒力。由牛顿第二定律，可得出球体的运动方程为

$$mg - F_B - 6\pi\eta rv = ma \tag{1}$$

令 $F_0 = mg - F_B, b = 6\pi\eta r$。式（1）可写成

$$F_0 - bv = m\frac{\mathrm{d}v}{\mathrm{d}t}$$

因此有

$$\frac{\mathrm{d}v}{\mathrm{d}t} = -\frac{b}{m}\left(v - \frac{F_0}{b}\right) \tag{2}$$

由于球体是由静止释放，即 $t = 0$ 时，$v_0 = 0$，故其速度是随时间的增加而增加的；当 $v = F_0/b$ 时，球体的速度才达到极限值。式（2）取分离变量并积分，得

$$\int_0^v \frac{\mathrm{d}v}{v - (F_0/b)} = -\frac{b}{m}\int_0^t \mathrm{d}t$$

于是有

$$v = \frac{F_0}{b}\left[1 - \mathrm{e}^{-(b/m)t}\right]$$

若球体在水面上是具有竖直向下的速率 v_0，且在水中的重力与浮力相等，即 $F_B = P$。则球体在水中仅受阻力 $F_r = -bv$ 的作用。则式（1）可写成

$$m\frac{\mathrm{d}v}{\mathrm{d}t} = -bv$$

由题意可设 $t = 0$ 时，$v = v_0$，上式取分离变量并积分，得

$$\int_{v_0}^v \frac{\mathrm{d}v}{v} = -\frac{b}{m}\int_0^t \mathrm{d}t$$

则

$$v = v_0\mathrm{e}^{-(b/m)t}$$

【例 2.2】　（1）如图 2.3（a）所示滑轮和绳子的质量均不计，滑轮与绳间的摩擦力以及滑轮与轴间的摩擦力均不计，且 $m_1 > m_2$。求重物释放后，物体的加速度和绳的张力。

解：以地面为参考系，画受力图、选取坐标如图 2.3（b）所示。

以 m_1 作为研究对象

$$m_1 g - F_T = m_1 a \tag{1}$$

以 m_2 作为研究对象

$$-m_2 g + F_T = m_2 a \tag{2}$$

联立式（1）、式（2）解得

$$a = \frac{m_1 - m_2}{m_1 + m_2}g, F_T = \frac{2m_1 m_2}{m_1 + m_2}g$$

（2）若将此装置置于电梯顶部，如图 2.3（c）所示，当电梯以加速度 $\vec{a}$ 相对地面向上运动时，求两物体相对电梯的加速度和绳的张力。

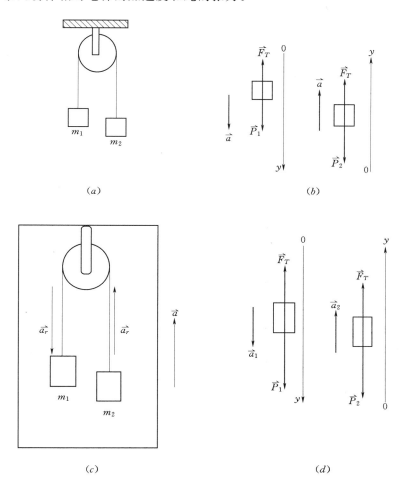

图 2.3　例 2.2 图

解： 必以地面为参考系，设两物体相对于地面的加速度分别为 $\vec{a}_1$、$\vec{a}_2$，且相对电梯的加速度为 $\vec{a}_r$，$\vec{F}_T$ 为绳的张力，受力图如图 2.3（d）所示，由牛顿第二定律，有：

对物体 m_1 $\qquad\qquad\qquad m_1 g - F_T = m_1 a_1$ $\qquad\qquad\qquad$ （1）

对物体 m_2 $\qquad\qquad\qquad -m_2 g + F_T = m_2 a_2$ $\qquad\qquad\qquad$ （2）

另由伽利略变换可知

$$a_1 = a_r - a \qquad\qquad （3）$$

$$a_2 = a_r + a \qquad\qquad （4）$$

联立式（1）～式（4）解得

$$a_r = \frac{m_1 - m_2}{m_1 + m_2}(g + a)$$

$$F_T = \frac{2 m_1 m_2}{m_1 + m_2}(g + a)$$

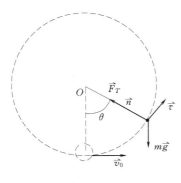

图 2.4 例 2.3 图

【例 2.3】 如图 2.4 长为 l 的轻绳，一端系质量为 m 的小球，另一端系于定点 O，$t = 0$ 时小球位于最低位置，并具有水平速度 $\vec{v_0}$，求小球在任意位置的速率及绳的张力。

解：由题意知，在 $t = 0$ 时，小球位于最低点，速率为 v_0，在时刻 t 时，小球位于点 A，轻绳与铅直线成 θ 角，速率为 v，此时小球受重力 $\vec{P}$ 和绳的拉力 $\vec{F_T}$ 作用。由于绳的质量不计，故绳的张力就等于绳对小球的拉力。由牛顿第二定律，小球的运动方程为

$$\vec{F_T} + m\vec{g} = m\vec{a} \tag{1}$$

为列出小球运动方程的分量式，选取自然坐标系，并以过点 A 与速度 $\vec{v}$ 同向的轴线为 $\vec{\tau}$ 轴，过点 A 指向圆心 O 的轴为 $\vec{n}$ 轴，那么式（1）在两轴上的运动方程分量式分别为

$$F_T - mg\cos\theta = ma_n$$

$$- mg\sin\theta = ma_\tau$$

由变速圆周运动知，a_n 为法向加速度，$a_n = v^2/l$，a_τ 为切向加速度，$a_\tau = \mathrm{d}v/\mathrm{d}t$。这样以上两式为

$$F_T - mg\cos\theta = \frac{mv^2}{l} \tag{2}$$

$$- mg\sin\theta = m\frac{\mathrm{d}v}{\mathrm{d}t} \tag{3}$$

其中

$$\frac{\mathrm{d}v}{\mathrm{d}t} = \frac{\mathrm{d}v}{\mathrm{d}\theta}\frac{\mathrm{d}\theta}{\mathrm{d}t} = \frac{v}{l}\frac{\mathrm{d}v}{\mathrm{d}\theta}$$

于是式（3）可写成

$$v\mathrm{d}v = - gl\sin\theta\mathrm{d}\theta$$

上式积分，并注意初始条件有

$$\int_{v_0}^{v} v\mathrm{d}v = - gl\int_{0}^{\theta}\sin\theta\mathrm{d}\theta$$

得

$$v = \sqrt{v_0^2 + 2gl(\cos\theta - 1)} \tag{4}$$

把式（4）代入式（2），得

$$F_T = m\left(\frac{v_0^2}{l} - 2g + 3g\cos\theta\right) \tag{5}$$

【例 2.4】 设空气对抛体的阻力与抛体的速度成正比，即 $\vec{F_r} = - k\vec{v}$，k 为比例系数，抛体的质量为 m、初速为 $\vec{v_0}$、抛射角为 α。求抛体运动的轨迹方程。

解：取如图 2.5 所示的 Oxy 平面坐标系。抛体在点 A 受到重力 $\vec{P}$ 和空气阻力 $\vec{F_r}$ 的作用，由牛顿第二定律的分量式，可得

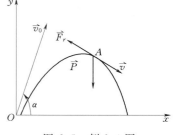

图 2.5 例 2.4 图

$$\begin{cases} ma_x = m\,\dfrac{\mathrm{d}v_x}{\mathrm{d}t} = -kv_x \\[2mm] ma_y = m\,\dfrac{\mathrm{d}v_y}{\mathrm{d}t} = -mg - kv_y \end{cases}$$

则有

$$\begin{cases} \dfrac{\mathrm{d}v_x}{v_x} = -\dfrac{k}{m}\mathrm{d}t \\[3mm] \dfrac{k\mathrm{d}v_y}{mg + kv_y} = -\dfrac{k}{m}\mathrm{d}t \end{cases}$$

对上两式分别积分，并考虑起始条件，$t = 0$ 时，$v_{0x} = v_0\cos\alpha$，$v_{0y} = v_0\sin\alpha$，得

$$\begin{cases} v_x = v_0\cos\alpha\, \mathrm{e}^{-kt/m} \\[3mm] v_y = \left(v_0\sin\alpha + \dfrac{mg}{k}\right)\mathrm{e}^{-kt/m} - \dfrac{mg}{k} \end{cases}$$

由于 $\mathrm{d}x = v_x\mathrm{d}t$，$\mathrm{d}y = v_y\mathrm{d}t$，将上两式代入后取积分，得

$$x = \frac{m}{k}(v_0\cos\alpha)(1 - \mathrm{e}^{-kt/m}) \tag{1}$$

$$y = \frac{m}{k}\left(v_0\sin\alpha + \frac{mg}{k}\right)(1 - \mathrm{e}^{-kt/m}) - \frac{mg}{k}t \tag{2}$$

消去式（1）和式（2）中的 t，可得抛体的轨迹方程为

$$y = \left(\tan\alpha + \frac{mg}{kv_0\cos\alpha}\right)x + \frac{m^2g}{k^2}\ln\left(1 - \frac{k}{mv_0\cos\alpha}x\right)$$

2.5　牛顿定律的适用范围

2.5.1　惯性系

前面已经指出，在运动学中，研究质点的运动时，按研究问题的方便，参考系可以任意选择，但在动力学中，应用牛顿定律研究问题时，参考系的选择就要慎重了，因为牛顿定律并不是对任意参考系都适用。用下面的例子可说明这个问题。

在相对地面以加速度 $\vec{a}$ 运动着的车厢里，有一静止的物体，对静止在车厢中的观察者来说，物体的加速度为零；但对地球上的观察者来说，物体的加速度是 $\vec{a}$，如果牛顿定律以地球为参考系是适用的，则由此可以得出质点受到不为零的合力 $\vec{F}(= m\vec{a})$ 作用的结论；如果牛顿定律在以车厢为参考系时亦适用，则由此可以得出物体所受合力为零，即 $\vec{F} = 0$ 的结论。两种结论显然矛盾，这说明牛顿定律不能同时适用于上述两种参考系。也就是说，应用牛顿定律研究动力学问题时，参考系是不能任意选择的。

牛顿定律适用的参考系，称为惯性系；否则，就称为非惯性系。显然相对已知惯性系作匀速直线运动的参考系，牛顿定律也都适用。故凡是相对惯性系作匀速直线运动的参考系也都是惯性系，而相对惯性系作变速运动的参考系不是惯性系。一个参考系是否是惯性系，只能依靠实验确定。如果在所选参考系中，应用牛顿定律和从它得到的推论，所得结果在人们要求的精确度范围内与实践或实验相符合，那么就认为这个参考系是惯性系。

地球这个参考系能否看做是惯性系呢？生活实践和实验表明，地球可视为惯性系，但考虑到地球的自转和公转，所以地球又不是一个严格的惯性系。然而，一般在研究地面上物体的运动时，由于地球对太阳的向心加速度和地面上的物体对地心的向心加速度都比较小，所以，地球仍可近似地看成是惯性系。显然，在地面上作变速运动的物体，如曲线运动的列车、旋转中的涡轮机叶轮等都不能看做惯性系。

2.5.2　牛顿定律的适用范围

牛顿定律像其他一切物理定律一样，也有它一定的适用范围。

从 19 世纪末到 20 世纪初，物理学的研究领域开始从宏观世界深入到微观世界，由低速运动扩展到高速（与光速比拟）运动。在高速和微观领域里，实验发现了许多新的现象，这些现象用牛顿力学中的概念无法解释，从而显示了牛顿力学的局限性。

物理学的发展表明：牛顿力学只适用于解决宏观物体的低速运动问题，而不适用于处理高速运动问题，物体的高速运动遵循相对论力学的规律；牛顿力学只适用于宏观物体，而一般不适用于微观粒子，微观粒子的运动遵循量子力学的规律。这就是说，牛顿力学只适用于宏观物体的低速运动，一般不适用于微观粒子和高速领域。

应该指出，目前遇到的工程实际问题，绝大多数都属于宏观、低速的范围，因此，牛顿力学仍然是一般技术科学的理论基础和解决工程实际问题的重要依据和工具。

历史链接：经典力学的建立

恩格斯指出："新兴自然科学的第一个时期——在无机界的领域内——是以牛顿告结束的。这是一个掌握已有材料的时期，它在数学、力学和天文学、静力学和动力学的领域中获得了伟大的成就，这特别是归功于开普勒和伽利略，牛顿就是从他们两人那里得出自己的结论的。"

十五六世纪，由于航海事业的发展，需要精确测定船只坐标，从而大大推动了对天象的观测。随着天象资料的积累，人们提出了许多托勒密体系无法回答的新课题。伟大的波兰天文学家哥白尼用自制的各种仪器对天象进行了长期的观测，并对观测的资料进行分析、整理，于 1543 年出版了《天体运行论》，提出了"日心地动说"的体系，推翻了统治天文学领域 1000 多年的托勒密体系，揭开了新型自然科学发展的序幕。继哥白尼之后，丹麦天文学家第谷·布拉赫对观测仪器做了改进，并对大气折射效应进行了修正，他用了毕生的精力，连续 20 年系统地精确地观测了行星的运动，取得了大量的数据，编制了恒星表，被人誉为"星学之王"。但可惜的是，他信奉托勒密的体系，而不愿去读哥白尼的著作，因此，他没有能从中引出正确的结论来。在哥白尼和第谷工作的基础上，揭开行星运行之谜的是伟大的德国天文学家开普勒。

开普勒没有被托勒密的体系所束缚，他是从整理和研究第谷所观测的行星运行和恒星位置的数据中，首先研究火星的运行转道，经过无数次的探索，终于发现：火星运行的轨道是一个椭圆。1609 年，他发表了《新天文学》一书和《论火星的运行》一文，将对火星的发现推广到所有行星，这就是以他的名字命名的开普勒第一、第二定律（轨道定律、面积定律），随后又发现了开普勒第三定律（周期定律）。值得指出的是，开普勒的工作给人们以深刻的启示：科学不能停留在单纯的观测数据中，而必须对观测到的数据进行细致的分析，才能找到事物运动的内部规律。还要指出的是，开普勒并没有以发现这三个定律为满足，他还企图用力的作用来解释它们，牛顿正是沿着这个思路而创立他的天体动力学理论的。

对亚里士多德关于重的物体比轻的物体下落得快以及力是维持物体运动的原因等错误观点的否定和纠正是经典力学产生的重要标志。1586 年比利时的力学家西蒙·斯台文出版了一本《论力学》的著作，其中关于落体实验是这样记叙的："反对亚里士多德的实验是这样的：让我们拿两只铅球，其中一只比另一只重 10 倍，把它们从 30 英尺的高度同时丢下来，落在一块木板或者什么可以发出清晰响声的东西上面，那么，我们会看出轻球并不需要比重球多 10 倍的时间，而是同时落到木板上，因此，它们发出的声音听上去就像是一个声音一样。"1589 年，伽利略进一步研究了落体问题。他在研究过程中创立了运动学的基本概念，并把观察实验、数学推算和逻辑论证有机地结合起来，做了著名的斜面实验，揭示了力和运动的本质联系，得到了落体定律和惯性定律，他还发现摆的等时定律以及抛物体的运动规律。伽利略的这些发现，不仅在物理学史上而且在整个科学史上都占有极其重要的地位。不仅在于他纠正了统治近 2000 年的亚里士多德的错误观点，更重要的是他创立了对物理现象进行实验研究并把实验方法与数学方法、逻辑论证相结合的科学方法。物理学的发展历史生动地说明，伽利略创立的物理学的研究方法有力地促进了物理学的发展。伽利略还用自制的望远镜观察了太阳的黑子、月面的凹凸、金星的盈亏、木星的卫星等，为"日心说"提供了丰富的资料，巩固了它的科学基础。由于伽利略在物理理论和物理学研究方法上的杰出贡献，被人们誉为经典物理学的奠基人。惠更斯继承了伽利略的研究工作，导出了单摆的周期公式和向心加速度的数学表达式。他对完全弹性碰撞作了详尽的研究，得到在完全弹性碰撞的情况下，动量和机械能是守恒的结论。碰撞问题的研究，为作用和反作用定律的建立准备了条件。

17 世纪初，英国新兴资产阶级占据统治地位，十分重视科学技术的发展，到 1650 年左右，伦敦成了欧洲科学技术的中心，涌现了玻意耳、胡克、牛顿、哈雷和瓦特等许多著名的科学家，出现了讨论各种科学问题的科学团体。

经典力学的理论体系是以牛顿运动三定律为基础的。牛顿系统地总结了伽利略、开普勒和惠更斯等人的工作，得到了万有引力定律和牛顿运动三定律，于 1687 年出版了《自然哲学数学原理》。这是牛顿的一部代表作，也是力学的一部经典著作。牛顿在这部书中，从力学的基本概念（质量、动量、惯性、力等）和基本定律（牛顿运动三定律）出发，运用微积分这一锐利的数学工具，建立了经典力学的完整而严密的体系，把天体力学和地面上的物体的力学统一起来，这是物理学史上第一次大的综合。所以，牛顿的《自然哲学数学原理》的出版，标志着经典力学体系的建立。牛顿从事自然科学研究工作时，是站在自发的唯物主义立场上的，这是他取得重大成就的思想基础。重视实验，重视归纳，这是牛顿的科学方法论的核心，也是他取得重大成就的关键。牛顿的世界观的根本缺陷在于它的形而上学和经验主义，他轻视哲学指导，提出了"神的第一次推动"的唯心主义观点，这是一个严重的教训。

牛顿力学体系的建立，对全部自然科学的发展作出了不可磨灭的贡献。由于力学的巨大成就，使得当时的许多自然科学家和哲学家认为可以用力学来解释一切自然现象。牛顿说："自然界的一切现象，全可以根据力学的原理，用相似的推理，——演绎出来。"惠更斯进一步说："在真正的哲学里，所有自然现象的原因都可以用力学的术语来陈述。"这样，就逐步形成了把一切运动归结为机械决定论的自然观。

习　　题

2.1　请填写复习简表。

项　目	牛顿定律	物理量的单位和量纲	几种常见的力	牛顿定律的应用
主要内容				
主要公式				
重点难点				
自我提示				

2.2　一行车用钢丝绳吊起质量为 550kg 的机器部件，求在以下两种情况下，钢丝绳所受的拉力：

（1）部件以 0.49m/s^2 的加速度上升。

（2）部件以 0.49m/s^2 的加速度下降。

2.3　质量为 m 的雨滴下降时，因受空气阻力，在落地前已是匀速运动，其速率为 $v=5\text{m/s}$。设空气阻力大小与雨滴速率的平方成正比，问：当雨滴下降速率为 $v=4\text{m/s}$ 时，其加速度 a 多大？

2.4　质量为 m 的子弹以速度 v_0 水平射入沙土中，设子弹所受阻力与速度反向，大小与速度成正比，比例系数为 K，忽略子弹的重力，求：

（1）子弹射入沙土后，速度随时间变化的函数式。

（2）子弹进入沙土的最大深度。

2.5　一人在平地上拉一个质量为 M 的木箱匀速前进，如图 2.6 所示。木箱与地面间的摩擦系数 $\mu=0.6$。设此人前进时，肩上绳的支撑点距地面高度为 $h=1.5\text{m}$，不计箱高，问绳长 l 为多长时最省力？

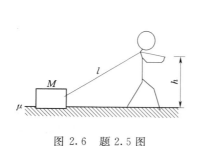

图 2.6　题 2.5 图

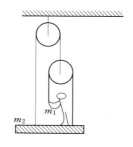

图 2.7　题 2.6 图

2.6　一质量为 60kg 的人，站在质量为 30kg 的底板上，用绳和滑轮连接如图 2.7 所示。设滑轮、绳的质量及轴处的摩擦可以忽略不计，绳子不可伸长。欲使人和底板能以 1m/s^2 的加速度上升，人对绳子的拉力 T_2 多大？人对底板的压力多大？（取 $g=10\text{m/s}^2$）

2.7　已知一质量为 m 的质点在 x 轴上运动，质点只受到指向原点的引力的作用，引力大小与质点离原点的距离 x 的平方成反比，即 $f = -k/x^2$，k 是比例常数。设质点在 $x = A$ 时的速度为零，求质点在 $x = A/4$ 处的速度的大小。

2.8　表面光滑的直圆锥体，顶角为 2θ，底面固定在水平面上，如图 2.8 所示。质量为 m 的小球系在绳的一端，绳的另一端系在圆锥的顶点。绳长为 l，且不能伸长，质量不计，今使小球在圆锥面上以角速度 ω 绕 OH 轴匀速转动，求：

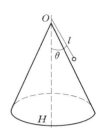

（1）锥面对小球的支持力 N 和细绳的张力 T。

（2）当 ω 增大到某一值 ω_c 时小球将离开锥面，这时 ω_c 及 T 又各是多少？

图 2.8　题 2.8 图

2.9　一水平放置的飞轮可绕通过中心的竖直轴转动，飞轮的辐条上装有一个小滑块，它可在辐条上无摩擦地滑动。一轻弹簧一端固定在飞轮转轴上，另一端与滑块连接。当飞轮以角速度 ω 旋转时，弹簧的长度为原长的 f 倍，已知 $\omega = \omega_0$ 时，$f = f_0$，求 ω 与 f 的函数关系。

第 3 章 冲 量 和 动 量

学习建议

1. 课堂讲授为 4 学时左右。

2. 牛顿运动定律的力是瞬时力，而力的作用在空间和时间域中是需要过程的，本章则探讨力在时间域的积累效果。

3. 学习基本要求。

(1) 理解动量、冲量概念，掌握动量定理和动量守恒定律。

(2) 熟练应用动量定理和动量守恒定律解题。

(3) 理解质心的概念和质心运动定理。

(4) 理解角动量概念，掌握质点在平面内运动情况下的角动量守恒问题以及质点系的角动量定理。

第 2 章讲解了牛顿第二定律，它表示了力和受力物体的加速度的关系，那是一个瞬时关系。实际上，力对物体的作用总要延续一段或长或短的时间，在这段时间内，力的作用将积累起来产生一个总效果。本章首先介绍表示力的时间积累效应的规律——动量定理，接着把这一定理应用于质点系，并导出了一条重要的守恒定律——动量守恒定律。

3.1　质点和质点系的动量定理

3.1.1　冲量、质点的动量定理

力学中，把力和力作用时间的乘积称为力的冲量，力的冲量是矢量。质点受变力 $\vec{F}$ 作用时，可把力的作用时间分成许多微小间隔 Δt，在每个微小间隔内，力 $\vec{F}$ 均可近似看做恒力，力 $\vec{F}$ 与微小作用时间 Δt 的乘积 $\vec{F} \cdot \Delta t$ 称为该力的元冲量。

在第 2 章里曾经介绍过，牛顿第二定律可以表示为

$$\vec{F} = \frac{\mathrm{d}(m\vec{v})}{\mathrm{d}t}$$

式中：$\vec{F}$ 为质点受到的合力。把上式改写为

$$\vec{F}\mathrm{d}t = \mathrm{d}(m\vec{v}) \tag{3-1}$$

式中：$\vec{F}\mathrm{d}t$ 为合力 $\vec{F}$ 的元冲量。

式（3-1）称为质点动量定理的微分形式，可以表述为：质点动量的微分等于作用在质点上合力的元冲量。这个定理说明，质点动量的变化，只有在冲量的作用下才有可能，也就是说，要使质点动量发生变化，仅有力的作用是不够的，力还必须累积作用一定的时间。

设质点在变力 $\vec{F}$ 作用下沿一曲线轨迹运动，在 t_1 时刻速度为 $\vec{v}_1$，动量为 $m\vec{v}_1$，t_2 时刻速度为 $\vec{v}_2$，动量为 $m\vec{v}_2$，如图 3.1 所示。将式（3-1）在时间 $t_2 - t_1$ 内积分可得

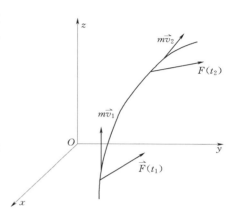

$$m\vec{v}_2 - m\vec{v}_1 = \int_{t_1}^{t_2} \vec{F}\mathrm{d}t \qquad (3-2)$$

式中：$\int_{t_1}^{t_2} \vec{F}\mathrm{d}t$ 为变力 $\vec{F}$ 在时间 $t_2 - t_1$ 内所有元冲量的矢量和，称为力 $\vec{F}$ 在时间 $t_2 - t_1$ 内的冲量。$\int_{t_1}^{t_2} \vec{F}\mathrm{d}t$ 常用 $\vec{I}$ 表示，即

$$\vec{I} = \int_{t_1}^{t_2} \vec{F}\mathrm{d}t \qquad (3-3)$$

图 3.1　动量的增量

式（3-2）表明：某段时间内质点动量的增量，等于作用在质点上的合力在同一时间内的冲量，这就是质点动量定理的积分形式。

式（3-2）在直角坐标系各轴上的投影为

$$\left. \begin{array}{l} I_x = \int_{t_1}^{t_2} F_x \mathrm{d}t = mv_{2x} - mv_{1x} \\[2mm] I_y = \int_{t_1}^{t_2} F_y \mathrm{d}t = mv_{2y} - mv_{1y} \\[2mm] I_z = \int_{t_1}^{t_2} F_z \mathrm{d}t = mv_{2z} - mv_{1z} \end{array} \right\} \qquad (3-4)$$

式（3-4）表明：某一段时间内，质点动量沿某一坐标轴投影的增量，等于作用在质点上的合力沿该坐标轴的投影在同一时间内的冲量。

如果作用在质点上的合力为一恒力 $\vec{F}$，则该力在作用时间 $t_2 - t_1$ 内的冲量为

$$\vec{I} = \int_{t_1}^{t_2} \vec{F}\mathrm{d}t = \vec{F}(t_2 - t_1) \qquad (3-5)$$

可见恒力的冲量等于力与其作用时间的乘积，方向与恒力的方向相同。在此情况下，式（3-2）变为

$$m\vec{v}_2 - m\vec{v}_1 = \vec{F}(t_2 - t_1) \qquad (3-6)$$

质点动量定理表明，质点在某一段时间内所受的合外力的冲量等于质点在同一时间内的动量的增量。某段时间内动量的增量取决于力在这段时间内的积累。值得注意的是，要产生同样的效果，即同样的动量增量，力大力小都可以：力大，时间可短些；力小，时间需长些。只要力的时间积累即冲量一样，就产生同样的动量增量。

动量定理常用于碰撞过程。碰撞一般泛指物体间相互作用时间很短的过程。在这一过程中，相互作用力往往很大而且随时间改变，这种力称为冲力。因为冲力很大，所以由于碰撞而引起的质点的动量的改变基本上就由冲力在整个碰撞过程中的冲量来决定。为了对冲力的大小有个估计，通常引入平均冲力的概念。它是冲力对碰撞时间的平均。以 $\overline{F}$ 表示平均冲力，则

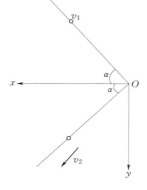

图 3.2　例 3.1 图

$$\overline{F} = \frac{\int_{t_1}^{t_2} \vec{F} \mathrm{d}t}{t_2 - t_1} \qquad (3-7)$$

【例 3.1】　一质量为 0.05kg、速率为 10m/s 的钢球，以与钢板法线呈 $45°$ 的方向撞击在钢板上，并以相同的速率和角度弹回来。设碰撞时间为 0.05s。求在此时间内钢板所受到的平均冲力。

解：由题意知 $v_1 = v_2 = v = 10\mathrm{m/s}$，按图 3.2 所选定的坐标，$\vec{v}_1$ 和 $\vec{v}_2$ 均在平面内，故 $\vec{v}_1$ 在 Ox 和 Oy 轴上的分量为 $v_{1x} = -v\cos\alpha, v_{1y} = v\sin\alpha, \vec{v}_2$ 在 Ox 轴和 Oy 轴上的分量为 $v_{2x} = v\cos\alpha, v_{2y} = v\sin\alpha$。由动量定理的投影式（3-4），可得在碰撞过程中球所受的冲量为

$$\overline{F}_x \Delta t = mv_{2x} - mv_{1x} = mv\cos\alpha - (-mv\cos\alpha) = 2mv\cos\alpha$$
$$\overline{F}_y \Delta t = mv_{2y} - mv_{1y} = mv\sin\alpha - mv\sin\alpha = 0$$

因此，球所受的平均冲力为

$$\overline{F} = \overline{F}_x = \frac{2mv\cos\alpha}{\Delta t} = 14.1\mathrm{N}$$

如令 $\overline{F'}$ 为球对钢板作用的平均冲力，则由牛顿第三定律有 $\overline{F} = \overline{F'}$，即球对钢板作用的平均冲力与钢板对球作用的平均冲力大小相等，方向相反，故有

$$\overline{F'} = \overline{F} = \frac{2mv\cos\alpha}{\Delta t} = 14.1\mathrm{N}$$

方向沿 Ox 轴反向。

【例 3.2】　已知 $m = 10\mathrm{kg}$，$F = 30 + 40t$ 且力的方向不变，求：

（1）在 0～2s 内，力的冲量为多少？

（2）若 $v_0 = 10\mathrm{m/s}$，与力方向相同，求 v 为多少？

解：（1）由冲量的定义知

$$I = \int_{t_1}^{t_2} F\mathrm{d}t = \int_0^2 (30 + 40t)\mathrm{d}t = 140\mathrm{N \cdot s}$$

（2）$\qquad I = mv - mv_0$

$$v = \frac{I + mv_0}{m} = 24\mathrm{m/s}$$

3.1.2　质点系动量定理

上面讨论了质点的动量定理，然而在许多问题中还需研究由一些质点构成的质点系的

动量变化与作用在质点系上的力之间的关系。

如图 3.3 所示，在系统 S 内有两个质点 1 和 2，它们的质量分别为 m_1 和 m_2。

系统外的质点对它们作用的力称为外力，系统内质点间的相互作用力则称为内力。设作用在质点上的外力分别是 $\vec{F}_1$ 和 $\vec{F}_2$，而两质点相互作用的内力分别为 $\vec{F}_{12}$ 和 $\vec{F}_{21}$。根据质点的动量定理，在 $\Delta t = t_2 - t_1$ 时间内，两质点所受力的冲量和动量分别为

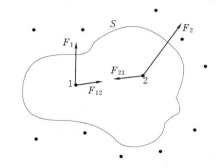

图 3.3　质点系的内力和外力

$$\int_{t_1}^{t_2} (\vec{F}_1 + \vec{F}_{12}) \mathrm{d}t = m_1 \vec{v}_1 - m_1 \vec{v}_{10}$$

和

$$\int_{t_1}^{t_2} (\vec{F}_2 + \vec{F}_{21}) \mathrm{d}t = m_2 \vec{v}_2 - m_2 \vec{v}_{20}$$

将上两式相加，有

$$\int_{t_1}^{t_2} (\vec{F}_1 + \vec{F}_2) \mathrm{d}t + \int_{t_1}^{t_2} (\vec{F}_{12} + \vec{F}_{21}) \mathrm{d}t = (m_1 \vec{v}_1 + m_2 \vec{v}_2) - (m_1 \vec{v}_{10} + m_2 \vec{v}_{20}) \quad (3-8)$$

由牛顿第三定律知 $\vec{F}_{12} = -\vec{F}_{21}$，所以系统内两质点间的内力之和 $\vec{F}_{12} + \vec{F}_{21} = 0$，故式（3-8）为

$$\int_{t_1}^{t_2} (\vec{F}_1 + \vec{F}_2) \mathrm{d}t = (m_1 \vec{v}_1 + m_2 \vec{v}_2) - (m_1 \vec{v}_{10} + m_2 \vec{v}_{20})$$

上式表明，作用于两质点组成系统的合外力的冲量等于系统内两质点动量之和的增量，亦即系统的动量增量。

上述结论容易推广到由 n 个质点所组成的系统。如果系统内含有 n 个质点，那么式（3-8）可改写成

$$\int_{t_1}^{t_2} \left(\sum_{i=1}^{n} \vec{F}_i^{ex} \right) \mathrm{d}t + \int_{t_1}^{t_2} \left(\sum_{i=1}^{n} \vec{F}_i^{int} \right) \mathrm{d}t = \sum_{i=1}^{n} m_i \vec{v}_i - \sum_{i=1}^{n} m_i \vec{v}_{i0}$$

考虑到内力总是成对出现，且大小相等、方向相反，故其矢量和必为零，即 $\sum_{i=1}^{n} \vec{F}_i^{int} = 0$，设作用于系统的合外力用 $\vec{F}^{ex}$ 表示，且系统的初动量和末动量各为 $\vec{p}_0$ 和 $\vec{p}$，那么上式可改写为

$$\int_{t_1}^{t_2} \vec{F}^{ex} \mathrm{d}t = \sum_{i=1}^{n} m_i \vec{v}_i - \sum_{i=1}^{n} m_i \vec{v}_{i0} \quad (3-9\text{a})$$

或

$$\vec{I} = \vec{p} - \vec{p}_0 \quad (3-9\text{b})$$

式（3-9a）、式（3-9b）表明，作用于系统的合外力的冲量等于系统动量的增量，这就是质点系的动量定理。

需要强调指出：作用于系统的合外力是作用于系统内每一质点的外力的矢量和。只有外力才对系统的动量变化有贡献，而系统的内力（系统内各质点间的相互作用）是不能改变整个系统的动量，这是牛顿第三定律的直接结果。利用这个道理来研究几个物体组成的

系统的动力学问题就可化繁为简。对于在无限小的时间间隔内，质点系的动量定理可写成

$$\vec{F}^{ex} \mathrm{d}t = \mathrm{d}\vec{p}$$

或

$$\vec{F}^{ex} = \frac{\mathrm{d}\vec{p}}{\mathrm{d}t} \tag{3-9c}$$

式（3-9c）表明，作用于质点系的合外力等于质点系的动量随时间的变化率。

在人造地球卫星的定轨和运行过程中，常常需要纠正同步卫星的运行轨道。近来，采用一种叫做离子推进器的系统所产生的推力，使卫星能保持在适当的方位上。其基本原理就是质点系的动量定理。

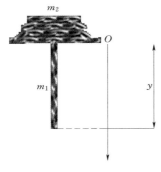

图 3.4　例 3.3 图

【例 3.3】　一柔软链条长为 l，单位长度的质量为 λ，链条放在桌上，桌上有一小孔，链条一端由小孔稍伸下，其余部分堆在小孔周围。由于某种扰动，链条因自身重量开始落下。求链条下落速度与落下距离之间的关系。设链与各处的摩擦均略去不计，且认为链条软得可以自由伸开。

解：如图 3.4 所示，选桌面上一点为坐标原点 O，竖直向下的轴为 Oy 轴正向。在某时刻 t，链下垂部分的长度为 y。此时在桌面上尚有长为 $l-y$ 的链条。如选择链条为一系统，那么此系统含有竖直悬挂的链条和桌面上的链条两部分，它们之间作用的力为内力。由于链与各处的摩擦略去不计，故下垂部分链条所受的重力 $\vec{P_1} = m_1\vec{g}$，桌面上链条所受的重力 $\vec{P_2} = m_2\vec{g}$。所受的支持力 $\vec{F_N} = -m_2\vec{g}$，所以作用于系统的外力为 $\vec{F}^{ex} = m_1\vec{g}$，其中 $m_1 = \lambda y$。在无限小时间间隔 $\mathrm{d}t$ 内，外力 $\vec{F}^{ex}$ 在 Oy 轴上的冲量应为 $F^{ex}\mathrm{d}t$，所以，由质点系的动量定理可得

$$F^{ex}\mathrm{d}t = \lambda y g\, \mathrm{d}t = \mathrm{d}p \tag{1}$$

式中：$\mathrm{d}p$ 为系统（即整个链条）的动量增量。考虑到桌面上那部分链条处于静止状态，其速度恒为零，因此，整个链条中只有下垂部分的动量在改变。

在时刻 t，链条下垂为 y，下落速度为 v，因此这部分链条的动量为

$$p = m_1 v = \lambda y v$$

随着链条下落，链条下垂部分的长度及速度均在增加。在时间 $\mathrm{d}t$ 里，下垂部分链条动量的增量为

$$\mathrm{d}p = \lambda \mathrm{d}(yv)$$

把它代入式（1）有

$$\lambda y g\, \mathrm{d}t = \lambda \mathrm{d}(yv)$$

即

$$yg = \frac{\mathrm{d}(yv)}{\mathrm{d}t}$$

等式两边各乘以 $y\mathrm{d}y$，上式为

$$gy^2\mathrm{d}y = y\frac{\mathrm{d}y}{\mathrm{d}t}\mathrm{d}(yv) = yv\mathrm{d}(yv) \tag{2}$$

已知在开始时，链条尚未下落，其下落速度当然也为零，即 $(yv)_{y=0} = 0$。于是式

（2）积分为

$$g \int_0^y y^2 \mathrm{d}y = \int_0^{yv} yv \mathrm{d}(yv)$$

得

$$\frac{1}{3}gy^3 = \frac{1}{2}(yv)^2$$

有

$$v = \left(\frac{2}{3}gy\right)^{1/2}$$

这就是链条下落速度与落下距离之间的关系。

3.2 动 量 守 恒 定 律

从式（3-9b）可以看出，当系统所受合外力为零。即 $\vec{F}^{ex}=0$ 时，系统的总动量的增量亦为零，即 $\vec{p}-\vec{p}_0=0$。这时系统的总动量保持不变，即

$$\vec{p} = \sum_{i=1}^n m_i \vec{v}_i = 恒矢量 \qquad (3-10a)$$

这就是动量守恒定律，它的表述为：当系统所受合外力为零时，系统的总动量将保持不变。式（3-10a）是动量守恒定律的矢量式，在直角坐标系投影式为

$$\left.\begin{array}{l} p_x = \sum m_i v_{ix} = C_1 (F_x^{ex}=0) \\ p_y = \sum m_i v_{iy} = C_2 (F_y^{ex}=0) \\ p_z = \sum m_i v_{iz} = C_3 (F_z^{ex}=0) \end{array}\right\} \qquad (3-10b)$$

式中：C_1、C_2、C_3 均为恒量。

在应用动量守恒定律时应该注意以下几点：

（1）在动量守恒定律中，系统的动量是守恒量或不变量。由于动量是矢量，故系统的总动量不变是指系统内各物体动量的矢量和不变，而不是指其中某一个物体的动量不变。此外，各物体的动量还必须都应相对于同一惯性参考系。

（2）系统的动量守恒是有条件的，这个条件就是系统所受的合外力必须为零。然而，有时系统所受的合外力虽不为零，但与系统的内力相比较，外力远小于内力。这时可以略去外力对系统的作用，认为系统的动量是守恒的。像碰撞、打击、爆炸等这类问题一般都可以这样来处理，这是因为参与碰撞的物体的相互作用时间很短，相互作用内力很大，而一般的外力（如空气阻力、摩擦力或重力）与内力比较可忽略不计，所以在碰撞过程的前后可认为参与碰撞的物体系统的总动量保持不变。

（3）如果系统所受外力的矢量和并不为零，但合外力在某个坐标轴上的分矢量为零，此时系统的总动量虽不守恒，但在该坐标抽的分动量则是守恒的。这一点对处理某些问题是很有用的。

（4）动量守恒定律是物理学最普遍、最基本的定律之一。动量守恒定律虽然是从表述宏观物体运动规律的牛顿运动定律导出的，但近代的科学实验和理论分析都表明，在自然界中，大到天体间的相互作用，小到质子、中子、电子等微观粒子间的相互作用都遵守动量守恒定律；而在原子、原子核等微观领域中，牛顿运动定律却是不适用的。因此，动量

守恒定律比牛顿运动定律更加基本，它与能量守恒定律一样，是自然界中最普遍、最基本的定律之一。

最后还应指出，动量定理和动量守恒定律只在惯性系中才成立，因此运用它们来求解问题时，要选定一惯性系作为参考系。

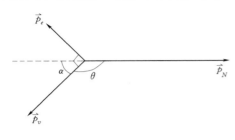

图 3.5　例 3.4 图

【例 3.4】　设有一静止的原子核，衰变辐射出一个电子和一个中微子后成为一个新的原子核。已知电子和中微子的运动方向互相垂直，且电子动量为 1.2×10^{-22}（kg·m）/s，中微子的动量为 6.4×10^{-23}（kg·m）/s。问新的原子核的动量的值和方向如何？

解： $\vec{p}_e$、$\vec{p}_v$ 和 $\vec{p}_N$ 分别代表电子、中微子和新原子核的动量，如图 3.5 所示。

由于 $\sum \vec{F}_{外} \ll \sum \vec{F}_{内}$，所以粒子系统在衰变前后动量守恒，即

$$\vec{p} = \sum_{i=1}^{n} m_i \vec{v}_i = 恒矢量$$

故

$$\vec{p}_e + \vec{p}_v + \vec{p}_N = 0$$

又因为 $\vec{p}_e \perp \vec{p}_v$，所以

$$p_N = (p_e^2 + p_v^2)^{1/2}$$

代入数据计算得

$$p_N = 1.36 \times 10^{-22} (\text{kg·m})/\text{s}$$

$$\alpha = \arctan \frac{p_e}{p_v} = 61.9°$$

【例 3.5】　一枚返回式火箭以 $2.5 \times 10^3 \text{m/s}$ 的速率相对地面沿水平方向飞行。设空气阻力不计。现由控制系统使火箭分离为两部分，前方部分是质量为 100kg 的仪器舱，后方部分是质量为 200kg 的火箭容器，如图 3.6 所示。若仪器舱相对火箭容器的水平速率为 $1.0 \times 10^3 \text{m/s}$。求仪器舱和火箭容器相对地面的速度。

解： 以地面为惯性系 $S(Oxyz)$，以火箭容器为惯性系 $S'(O'x'y'z')$，$\vec{v}_1$ 和 $\vec{v}_2$ 为火箭分离后，仪器舱和火箭容器相对惯性系 S 的速度，$\vec{v}'$ 为分离后仪器舱相对火箭容器的速度。令 $v = 2.5 \times 10^3 \text{m/s}$，$v' = 1.0 \times 10^3 \text{m/s}$，$m_1 = 100\text{kg}$，$m_2 = 200\text{kg}$，由相对运动的速度公式，有

$$\vec{v}_1 = \vec{v}_2 + \vec{v}'$$

因 $\vec{v}_1$、$\vec{v}_2$ 和 $\vec{v}'$ 在同一水平方向上，则

$$v_1 = v_2 + v'$$

在火箭分离前后，其只受到铅直方向的重力作用，所以沿水平方向动量守恒

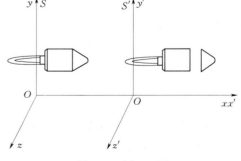

图 3.6　例 3.5 图

$$(m_1 + m_2)v = m_1 v_1 + m_2 v_2$$

解上两式得

$$v_2 = v - \frac{m_1}{m_1 + m_2} v' = 2.17 \times 10^3 \,(\text{m/s})$$

$$v_1 = v_2 + v' = 3.17 \times 10^3 \,(\text{m/s})$$

身边的小实验：气垫导轨实验

在水平气垫导轨上研究两个滑块相互作用的过程中系统动量的变化情况，以及能量的变化情况。实验仪器如图 3.7 所示。

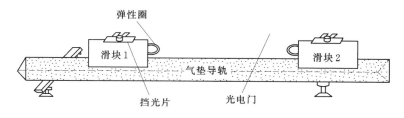

图 3.7　实验仪器示意

根据动量守恒应有 $m_1 v_1 + m_2 v_2 = m_1 v'_1 + m_2 v'_2$，利用天平测量滑块的质量，利用光电门测量挡光片的遮光时间，计算滑块 m_1、m_2 相互作用前后的速度 v_1、v_2、v'_1、v'_2，则可以验证动量守恒。并计算系统相互作用前后的总动能 $E_K = \frac{1}{2} m_1 v_1^2 + \frac{1}{2} m_2 v_2^2$、$E'_K = \frac{1}{2} m_1 v'^2_1 + \frac{1}{2} m_2 v'^2_2$，以及能量的变化量 $\frac{\Delta E_K}{E_K}$，并分析相互作用过程中的能量变化规律。

为了研究接触面的性质以及相互作用前物体运动情况对动量以及能量的变化有无影响，应根据接触面性质、运动情况的不同组合分别加以验证。

习　　题

3.1　填写复习表格。

项　　目	质点和质点系的动量定理	动量守恒定律
主要内容		
主要公式		
重点难点		
自我提示		

3.2　一枪身质量 $m_1 = 6\text{kg}$ 的枪，射出质量 $m_2 = 0.05\text{kg}$，速率 $v = 300\text{m/s}$ 的子弹。

(1) 计算枪身的反冲速度。

（2）该枪托在士兵的肩上，士兵用 0.05s 的时间阻止枪身后退，计算枪身作用在士兵身上的平均冲力。

3.3 质量为 m，速率为 v 的小球，以入射角 α 斜向与墙壁相碰，又以原速率沿反射角 α 方向从墙壁弹回（图 3.8）。设碰撞时间为 Δt，求墙壁受到的平均冲力。

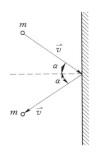 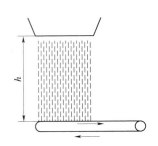

图 3.8　题 3.3 图　　　　　　　　图 3.9　题 3.4 图

3.4 如图 3.9 所示，传送带以 3m/s 的速率水平向右运动，砂子从高 $h = 0.8m$ 处落到传送带上，即随之一起运动。求传送带给砂子的作用力的方向。（g 取 10m/s²）

3.5 质量为 M 的木块在光滑的固定斜面上，由 A 点从静止开始下滑，当经过路程 l 运动到 B 点时，木块被一颗水平飞来的子弹射中，子弹立即陷入木块内（图 3.10）。设子弹的质量为 m，速度为 $\vec{v}$，求子弹射中木块后，子弹与木块的共同速度。

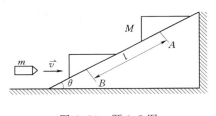 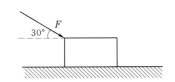

图 3.10　题 3.5 图　　　　　　　　图 3.11　题 3.6 图

3.6 质量为 1kg 的物体，它与水平桌面间的摩擦系数 $\mu = 0.2$。现对物体施以 $F = 10t$（SI）的力（t 表示时刻），力的方向保持一定，如图 3.11 所示。如 $t = 0$ 时物体静止，则 $t = 3s$ 时它的速度大小 v 为多少？

3.7 如图 3.12 所示，有两个长方形的物体 A 和 B 紧靠着静止放在光滑的水平桌面上，已知 $m_A = 2kg$，$m_B = 3kg$。现有一质量 $m = 100g$ 的子弹以速率 $v_0 = 800m/s$ 水平射入长方体 A，经 $t = 0.01s$，又射入长方体 B，最后停留在长方体 B 内未射出。设子弹射入 A 时所受的摩擦力为 $F = 3 \times 10^3 N$，求：

（1）子弹在射入 A 的过程中，B 受到 A 的作用力的大小。

（2）当子弹留在 B 中时，A 和 B 的速度大小。

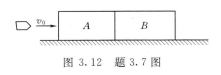

图 3.12　题 3.7 图

3.8 质量为 $M = 1.5kg$ 的物体，用一根长为 $l = 1.25m$ 的细绳悬挂在天花板上。今有一质量为 $m = 10g$ 的子弹以 $v_0 = 500m/s$ 的水平速度射穿物体，刚穿出物体时子弹的速度大小 $v = 30m/s$，设穿透时间极短（图 3.13）。求：

（1）子弹刚穿出时绳中张力的大小。

（2）子弹在穿透过程中所受的冲量。

3.9 有一水平运动的皮带将砂子从一处运到另一处，砂子经一竖直的静止漏斗落到皮带上，皮带以恒定的速率 v 水平地运动。忽略机件各部位的摩擦及皮带另一端的其他影响，试问：

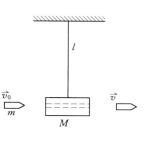

图 3.13 题 3.8 图

（1）若每秒有质量为 $q_m = \mathrm{d}M/\mathrm{d}t$ 的砂子落到皮带上，要维持皮带以恒定速率 v 运动，需要多大的功率？

（2）若 $q_m = 20\mathrm{kg/s}$，$v = 1.5\mathrm{m/s}$，水平牵引力多大？所需功率多大？

第 4 章　功　　　和　　　能

学习建议

　　1. 课堂讲授为 4 学时左右。

　　2. 本章与前一章属于并行的内容，前一章探讨力在时间域的积累效果；本章则探讨力在空间域的积累效果。

　　3. 学习基本要求：

　　（1）掌握功的概念，能计算变力的功，理解保守力作功的特点及势能的概念，会计算万有引力、重力和弹性力的势能。

　　（2）掌握动能定理、功能原理和机械能守恒定律，掌握运用守恒定律分析问题的思想和方法。

　　（3）了解完全弹性碰撞和完全非弹性碰撞的特点。

　　在很多实际情况中，一个质点受的力随它的位置而改变，而且力和位置的关系事先可以知道。分析这种情况下质点的运动时，常常考虑在质点的位置发生一定变化的过程中，力对它的作用总起来会产生什么效果，也就是要研究力的空间（或沿一段路径）积累效果。力的空间积累用力的功来表示。本章介绍功和功率的定义及其计算方法，建立质点及质点系动能定理，介绍保守力作功的特点，引入势能概念，研究机械能守恒定律，简要介绍能量守恒定律。

4.1　功

4.1.1　功的定义

　　如图 4.1 所示，恒力 $\vec{F}$ 作用在沿直线运动的质点 M 上，质点 M 从 a 点运动到 b 点的过程中，力 $\vec{F}$ 作用点的位移为 $\vec{s}$，力与位移之间的夹角为 θ，则力 $\vec{F}$ 在位移 $\vec{s}$ 上的功 W 为

$$W = Fs\cos\theta \qquad (4-1)$$

根据矢量标积的定义，式（4-1）可写为

$$W = \vec{F} \cdot \vec{s} \qquad (4-2)$$

即作用在沿直线运动质点上的恒力 $\vec{F}$，在力作

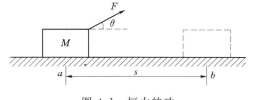

图 4.1　恒力的功

用点位移 $\vec{s}$ 上所作的功,等于力 $\vec{F}$ 和位移 $\vec{s}$ 的标积。

上面讨论的是作用在沿直线运动质点上恒力的功,如果当作用在沿曲线运动质点上的力为变力时,则要采用微积分的思想和方法,计算质点沿任意曲线运动过程中变力的功。

设作曲线运动的质点 M 上作用有变力 $\vec{F}$,今考虑质点沿曲线轨迹由 a 运动到 b 一段,如图 4.2(a)所示。在计算变力 $\vec{F}$ 在路程 ab 上所作的功时,可把 ab 分割成许多微小路程 $\mathrm{d}s$,与 $\mathrm{d}s$ 相应的微小位移为 $\mathrm{d}\vec{r}$ 。$\mathrm{d}s$ 足够小,每一段微小路程均可近似地看成直线,且与相应的微小位移(即位移元)$\mathrm{d}\vec{r}$ 的大小相等;每一段微小路程上,力 $\vec{F}$ 的大小和方向可近似地看作恒力。根据恒力功的计算方法,力 $\vec{F}$ 在位移元 $\mathrm{d}\vec{r}$ 上的功为

$$\mathrm{d}W = F\,|\,\mathrm{d}\vec{r}\,|\cos\theta = F\cos\theta\,|\,\mathrm{d}\vec{r}\,| \tag{4-3a}$$

式中:$\mathrm{d}W$ 为力 $\vec{F}$ 在位移元 $\mathrm{d}\vec{r}$ 上的元功;θ 为力 $\vec{F}$ 在位移元 $\mathrm{d}\vec{r}$ 之间的夹角。

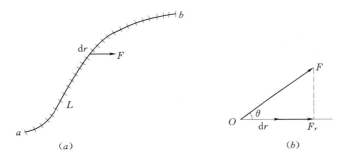

图 4.2 变力的功

从式(4-3a)可知,功是力在位移方向上的分量与该位移大小的乘积。

根据矢量标积的定义,式(4-3a)可写为

$$\mathrm{d}W = \vec{F} \cdot \mathrm{d}\vec{r} \tag{4-3b}$$

力 $\vec{F}$ 在路程 ab 上所作的功 W 等于力 $\vec{F}$ 在路程 ab 的各段上所有元功的和,即

$$W = \int_{a(L)}^{b} \vec{F} \cdot \mathrm{d}\vec{r} \tag{4-4}$$

在直坐标系中,$\vec{F}$ 和 $\mathrm{d}\vec{r}$ 可分别写成

$$\vec{F} = F_x\vec{i} + F_y\vec{j} + F_z\vec{k}$$

$$\mathrm{d}\vec{r} = \mathrm{d}x\vec{i} + \mathrm{d}y\vec{j} + \mathrm{d}z\vec{k}$$

则
$$\mathrm{d}W = F_x\mathrm{d}x + F_y\mathrm{d}y + F_z\mathrm{d}z \tag{4-5}$$

$$W = \int_{a(L)}^{b} (F_x\mathrm{d}x + F_y\mathrm{d}y + F_z\mathrm{d}z) \tag{4-6}$$

式(4-4)、式(4-6)中的积分是沿曲线路径 ab 进行的线积分。一般说来,线积分的值与积分路径有关。

在自然坐标系中,力 $\vec{F}$ 写成 $\vec{F} = F_\tau\vec{\tau} + F_n\vec{n}$,因 $|\,\mathrm{d}\vec{r}\,| = \mathrm{d}s$,则

$$\mathrm{d}W = F\,|\,\mathrm{d}\vec{r}\,|\cos\theta = F\mathrm{d}s\cos\theta = F\cos\theta\mathrm{d}s = F_\tau\mathrm{d}s \tag{4-7}$$

$$W = \int_{a(L)}^{b} F_{\tau} \mathrm{d}s \qquad (4-8)$$

式中：F_{τ} 为力在切线方向上的投影，如图 4.2（b）所示。法线方向的分力 $\vec{F}_n = F_n \vec{n}$ 不作功。

若质点同时受到几个力 $\vec{F}_1$、$\vec{F}_2$、$\cdots$、$\vec{F}_n$ 的作用，且在这些力作用下由 a 点沿任意曲线运动到 b 点。则作用在质点上的合力为 $\vec{F} = \vec{F}_1 + \vec{F}_2 + \cdots + \vec{F}_n$，由式（4-4）可知，合力的功为

$$W = \int_{a(L)}^{b} \vec{F} \cdot \mathrm{d}\vec{r} = \int_{a(L)}^{b} (\vec{F}_1 + \vec{F}_2 + \cdots + \vec{F}_n) \cdot \mathrm{d}\vec{r}$$

$$= \int_{a(L)}^{b} \vec{F}_1 \cdot \mathrm{d}\vec{r} + \int_{a(L)}^{b} \vec{F}_2 \cdot \mathrm{d}\vec{r} + \cdots + \int_{a(L)}^{b} \vec{F}_n \cdot \mathrm{d}\vec{r}$$

$$= W_1 + W_2 + \cdots + W_n$$

式中：W_1、W_2、$\cdots$、W_n 分别为 $\vec{F}_1$、$\vec{F}_2$、$\cdots$、$\vec{F}_n$ 在这一过程中对质点所作的功。这就是说，合力对质点所作的功，等于每个分力所作的功的代数和。

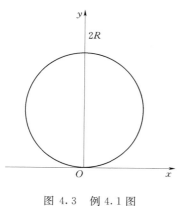

图 4.3　例 4.1 图

【例 4.1】 一质点在如图 4.3 所示坐标平面内作圆周运动，有一力 $\vec{F} = F_0(x\vec{i} + y\vec{j})$ 作用在质点上，在该质点从坐标原点运动到（0，2R）位置过程中，求力的功。

解：由功的定义知

$$\mathrm{d}W = \vec{F} \cdot \mathrm{d}\vec{r}$$

$$\mathrm{d}W_x = F_x \mathrm{d}x, \mathrm{d}W_y = F_y \mathrm{d}y$$

$$W = \int \mathrm{d}W_x + \int \mathrm{d}W_y$$

$$W = \int_{x_a}^{x_b} F_x \cdot \mathrm{d}x + \int_{y_a}^{y_b} F_y \cdot \mathrm{d}y$$

$$W = \int_0^0 F_0 x \cdot \mathrm{d}x + \int_0^{2R} F_0 y \cdot \mathrm{d}y$$

$$W = \int_0^{2R} F_0 y \cdot \mathrm{d}y = 2F_0 R^2$$

【例 4.2】 一质量为 m 的小球竖直落入水中，刚接触水面时其速率为 v_0，如图 4.4 所示。设此球在水中所受的浮力与重力相等，水的阻力为 $F_r = -bv$，b 为一常量。求阻力对球作的功与时间的函数关系。

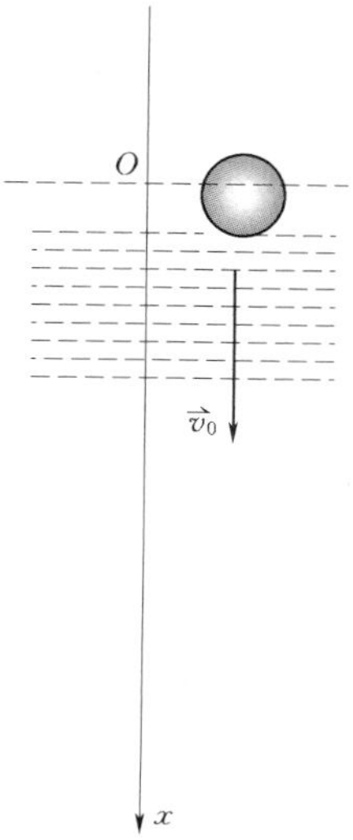

解：由于阻力随球的速率而变化，故阻力作功是属变力作功问题。取水面某点为坐标原点 O，竖直向下的轴为 Ox 轴正向。由功的定义可知，水的阻力作的功为

$$W = \int \vec{F} \cdot \mathrm{d}\vec{r} = \int -bv \mathrm{d}x = -\int bv \frac{\mathrm{d}x}{\mathrm{d}t} \mathrm{d}t$$

即

$$W = -b \int v^2 \mathrm{d}t \qquad (1)$$

由［例 2.1］结论可知，仅在阻力作用下，物体下落速度与时间

图 4.4　例 4.2 图

的关系为

$$v = v_0 e^{-\frac{b}{m}t} \tag{2}$$

式中：m 为球的质量。将式（2）代入式（1），有

$$W = -bv_0^2 \int e^{-\frac{2b}{m}t} dt$$

如设小球刚落入水面时为计时起点，即 $t_0 = 0$。那么上式的积分为

$$W = -bv_0^2 \int_0^t e^{-\frac{2b}{m}t} dt$$

即

$$W = \frac{1}{2} mv_0^2 (e^{-\frac{2b}{m}t} - 1)$$

4.1.2 几种常见力的功

1. 万有引力的功

如图 4.5 所示，有两个质量为 m 和 m' 的质点，其中质点 m' 固定不动。m 经任一路径由点 A 运动到点 B。取 m' 的位置为坐标原点，则 A、B 两点对 m' 的距离分别为 $\vec{r}_A$ 和 $\vec{r}_B$。设在某一时刻质点 m 距质点 m' 的距离为 r，其位矢为 $\vec{r}$，这时质点 m 受到质点 m' 的万有引力为

$$\vec{F} = -G \frac{m'm}{r^2} \vec{e}_r$$

式中：$\vec{e}_r$ 为沿位矢为 $\vec{r}$ 的单位矢量。当 m 沿路径移动位移元 $d\vec{r}$ 时，万有引力作的功为

$$dW = \vec{F} \cdot d\vec{r} = -G \frac{m'm}{r^2} \vec{e}_r \cdot d\vec{r}$$

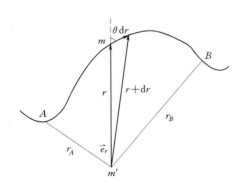

图 4.5　万有引力作的功

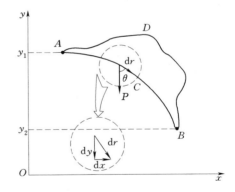

图 4.6　重力的功

在图 4.6 中可以看出

$$\vec{e}_r \cdot d\vec{r} = |\vec{e}_r| |d\vec{r}| \cos\theta = |d\vec{r}| \cos\theta = dr$$

所以

$$dW = -G \frac{m'm}{r^2} \vec{e}_r \cdot d\vec{r} = -G \frac{m'm}{r^2} dr$$

则质点 m 从点 A 沿任一路径到达点 B 的过程中，万有引力作的功为

$$W = \int_A^B dW = -Gm'm \int_{r_A}^{r_B} \frac{1}{r^2} dr$$

则
$$W = Gm'm\left(\frac{1}{r_B} - \frac{1}{r_A}\right) \tag{4-9}$$

式（4-9）表明，当质点的质量 m' 和 m 均给定时，万有引力作的功只取决于质点 m 的起始和终了的位置，而与所经过的路径无关。这是万有引力作功的一个重要特点。

2. 重力的功

如图 4.6 所示，设一个质量为 m 的质点，在重力作用下从点 A 沿 ACB 路径至点 B，点 A 和点 B 距地面的高度分别为 y_1 和 y_2。因为质点运动的路径为一曲线，所以重力和质点运动方向之间的夹角是不断变化的。把路径 ACB 可分成许多位移元，在位移元 $d\vec{r}$ 中，重力 $\vec{P}$ 所作的功为

$$dW = \vec{P} \cdot d\vec{r}$$

若质点在平面内运动，按图 4.7 所选坐标，并取地面上某一点为坐标原点 O，有

$$d\vec{r} = dx\vec{i} + dy\vec{j}$$

且 $\vec{P} = -mg\vec{j}$，则

$$dW = -mg\vec{j} \cdot (dx\vec{i} + dy\vec{j}) = -mg\,dy$$

质点从点 A 移至点 B 这一过程中，重力作的总功为

$$W = -mg\int_{y_1}^{y_2} dy = -mg(y_2 - y_1)$$

即
$$W = -(mgy_2 - mgy_1) \tag{4-10}$$

若从点 A 沿 ADB 路径至点 B，显然结果是一样的。上述结果表明，重力作功只与质点的起始和终了位置有关，而与所经过的路径无关。这是重力作功的一个重要特点。

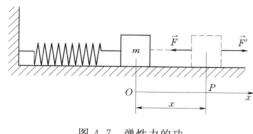

图 4.7　弹性力的功

3. 弹性力的功

图 4.7 所示是一放置在光滑平面上的弹簧，弹簧的一端固定，另一端与一质量为 m 的物体相连接，当弹簧在水平方向不受外力作用时，它将不发生形变，此时物体位于点 O（即位于 $x = 0$ 处），这个位置称为平衡位置。现以平衡位置 O 为坐标原点，向右为 Ox 轴正向。

若物体受到沿 Ox 轴正向的外力 $\vec{F'}$ 作用，弹簧将沿 Ox 轴正向被拉长，弹簧的伸长量即其位移为 x。根据胡克定律，在弹性限度内，弹簧的弹性力 $\vec{F}$ 与弹簧的伸长量 x 之间的关系为

$$\vec{F} = -kx\vec{i}$$

式中：k 为弹簧的劲度系数，在弹簧被拉长的过程中，弹性力是变力，但弹簧位移为 dx 时的弹性力 $\vec{F}$ 可近似看成是不变的。于是，弹簧位移为 dx 时，弹性力作的元功为

$$dW = -kx\vec{i} \cdot dx\vec{i} = -kx\,dx$$

这样，弹簧的伸长量由 x_1 变到 x_2 时，弹性力所作的功就等于各个元功之和，数值上等于

图 4.8 所示梯形的面积，由积分计算可得

$$W = \int \mathrm{d}W = - k \int_{x_1}^{x_2} x \mathrm{d}x$$

$$W = - \left(\frac{1}{2} k x_2^2 - \frac{1}{2} k x_1^2 \right) \qquad (4-11)$$

从式（4-11）可以看出，对在弹性限度内具有给定劲度系数的弹簧来说，弹性力所作的功只由弹簧起始和终了的位置（x_1 和 x_2）决定，而与弹性形变的过程无关。这一特点与重力作功和万有引力作功的特点是相同的。

从上述对重力、万有引力和弹性力作功的讨论中可以看出，它们所作的功只与物体（或弹簧）的始、末位置有关，而与路径无关。这是它们作功的一个共同特点，具有这种特点的力称为保守力。除了上面所讲的重力、万有引力和弹性力是保守力外，电荷间相互作用的库仑力和原子间相互作用的分子力也是保守力。

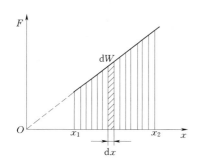

图 4.8　弹性力作的元功

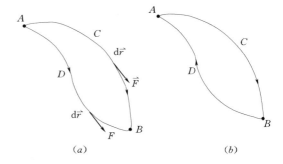

图 4.9　保守力作的功

保守力也可以用另一种方式来定义：一质点相对于另一质点沿闭合路径移动一周时，它们之间的保守力作的功必然是零。如图 4.9 所示，设一物体在保守力作用下自点 A 沿 ACB 路径至点 B 或自点 A 沿 ADB 路径至点 B，根据保守力作功与路径无关的特点，有

$$W_{ACB} = W_{ADB} = \int_{ACB} \vec{F} \cdot \mathrm{d}\vec{r} = \int_{ADB} \vec{F} \cdot \mathrm{d}\vec{r} \qquad (4-12)$$

如果物体沿如图 4.9（b）所示的 $ACBDA$ 闭合路径运动一周时，保守力对物体作的功为

$$W = \oint_l \vec{F} \cdot \mathrm{d}\vec{r} = \int_{ACB} \vec{F} \cdot \mathrm{d}\vec{r} + \int_{BDA} \vec{F} \cdot \mathrm{d}\vec{r}$$

因为

$$\int_{BDA} \vec{F} \cdot \mathrm{d}\vec{r} = - \int_{ADB} \vec{F} \cdot \mathrm{d}\vec{r}$$

所以，上式为

$$W = \oint_l \vec{F} \cdot \mathrm{d}\vec{r} = \int_{ACB} \vec{F} \cdot \mathrm{d}\vec{r} - \int_{ADB} \vec{F} \cdot \mathrm{d}\vec{r} = 0$$

式中符号 $\oint$ 表示沿闭合路径一周进行积分的意思。保守力上述两种定义是完全等价的。

上面主要讨论保守力，并不是所有的力都是保守力，如摩擦力，下面来讨论摩擦力的功。

4. 摩擦力的功

一质量为 M 的质点，在固定的粗糙水平面上，由起始位置 M_1 沿任意曲线路径移动到位置 M_2 所经路径的长度为 s ，如图 4.10 所示。作用于质点的摩擦力 $\vec{F}$ 在这个过程中所作的功为

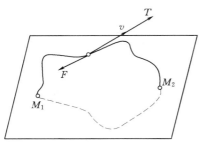

图 4.10 摩擦力作功

$$W = \int_{M_1(L)}^{M_2} F\cos\alpha \, ds$$

由于摩擦力 $\vec{F}$ 方向始终与质点速度的方向相反，而力的大小为 $F = \mu mg$ ，滑动摩擦系数 μ 为常数，则有

$$W = -\mu mgs$$

上式表明，摩擦力的功，不仅与始、末位置有关，而且与质点所行经的路径有关，质点从某位置沿任意闭合路径一周再回到原位置时，摩擦力所作的总功并不为零。这种作功与路径有关的力称为非保守力。摩擦力就是一种非保守力。

4.1.3 功率

在生产实践中，重要的是要知道功对时间的变化率。功随时间的变化率称为功率，用 P 表示，则有

$$P = \frac{dW}{dt} \tag{4-13}$$

根据式 $dW = \vec{F} \cdot d\vec{r}$ ，则

$$P = \frac{\vec{F}d\vec{r}}{dt} = \vec{F}\vec{v} = Fv\cos\theta \tag{4-14}$$

这就是说，功率等于力在物体运动方向上的分量与物体速度的乘积。若 W 为给定时间 t 内所作的功，那么，在此时间内的平均功率 $\overline{P} = \frac{W}{t}$ 。

【例 4.3】 一质量 2kg 的物体，在变力 $\vec{F} = 12t\vec{i}$ 作用下，由静止出发沿 x 轴作直线运动，求：

（1）前 2s 的功。

（2）第 1s、第 2s 末的功率。

解：（1）由于 $a = \frac{dv}{dt} = \frac{F}{m} = 6t$

$$\int_0^v dv = \int_0^t 6t dt$$

所以 $v = 3t^2$

$$W = \int_{x_1}^{x_2} F_x dx = \int_{x_1}^{x_2} 12t dx = \int_0^2 12t \cdot v dt$$

$$W = \int_0^2 12t \cdot 3t^2 dt = 144\text{J}$$

（2）由功率计算公式

$$v = 3t^2, F = 12t$$

$$P = \vec{F} \cdot \vec{v} = Fv = 12t \times 3t^2 = 36t^3$$

$$P_1 = 36\,\mathrm{W}$$

$$P_2 = 36 \times 2^3 = 288\,\mathrm{W}$$

4.2 动 能 定 理

上面从力对空间累积作用出发，讨论了力对物体作功的定义及其数学表述。而力对物体作功，则会使物体的运动状态发生变化。它们之间的关系如何呢？

4.2.1 质点动能定理

如图 4.11 所示，一质量为 m 的质点在合外力 $\vec{F}$ 作用下，自点 A 沿曲线移动到点 B，它在点 A 和点 B 的速率分别为 $\vec{v}_1$ 和 $\vec{v}_2$。设作用在位移元 $\mathrm{d}\vec{r}$ 上的合外力 $\vec{F}$ 与 $\mathrm{d}\vec{r}$ 之间的夹角为 θ。由式（4-3）得，合外力 $\vec{F}$ 对质点所作的元功为

$$\mathrm{d}W = \vec{F} \cdot \mathrm{d}\vec{r} = F\cos\theta \,|\mathrm{d}\vec{r}|$$

由牛顿第二定律及切向加速度的投影 a_τ 的概念，有

$$F\cos\theta = ma_\tau = m\frac{\mathrm{d}v}{\mathrm{d}t}$$

则

$$\mathrm{d}W = m\frac{\mathrm{d}v}{\mathrm{d}t}|\mathrm{d}\vec{r}| = mv\,\mathrm{d}v$$

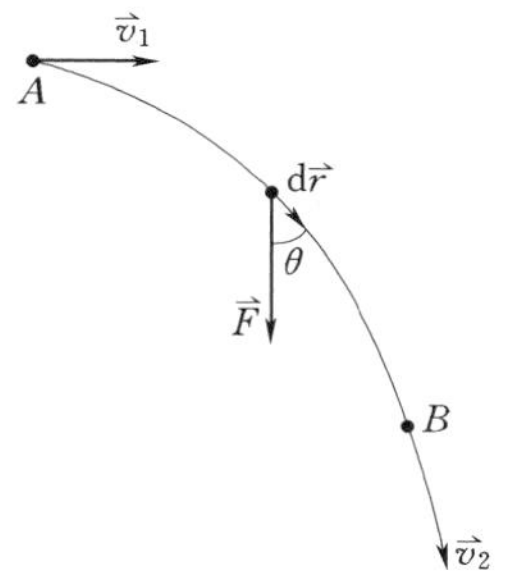

于是，质点自点 A 移至点 B 这一过程中，合外力所作的总功为

图 4.11　力对物体作功

$$W = \int_{v_1}^{v_2} mv\,\mathrm{d}v$$

积分得

$$W = \frac{1}{2}mv_2^2 - \frac{1}{2}mv_1^2 \qquad (4-15)$$

式（4-15）表明：作用于质点的合外力在某一路程中对质点所作的功，等于质点在同一路程的始、末两个状态动能的增量。

质点动能定理说明了作功与质点运动状态变化（动能变化）的关系，指出了质点动能的任何改变都是作用于质点的合力对质点作功所引起的，作用于质点的合力在某一过程中所作的功，在量值上等于质点在同一过程中动能的增量。也就是说，功是动能改变的量度。质点动能定理还说明了作用于质点的合力在某一过程中对质点所作的功，只与运动质点在该过程的始、末两状态的动能有关，而与质点在运动过程中动能变化的细节无关。只要知道质点在某过程的始、末两状态的动能，就知道了作用于质点的合力在该过程中对质点所作的功。

与牛顿第二定律一样，动能定理也适用于惯性系。此外，在不同的惯性系中，质点的位移和速度是不同的，因此，功和动能依赖于惯性系的选取。

【例 4.4】　一质量为 1.0kg 的小球系在长为 1.0m 细绳下端，绳的上端固定在天花板上如图 4.12 所示。起初把绳子放在与竖直线成 30°处，然后放手使小球沿圆弧下落。试求绳与竖直线成 10°时小球的速率。

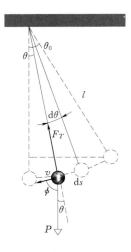

图 4.12　例 4.4 图

解： 设小球的质量为 m，细绳长为 l，在起始时刻细绳与竖直线的夹角为 θ_0，小球的速率 v_0。在某一时刻细绳与竖直线的夹角为 θ，小球的速率为 v，小球受到绳的拉力 $\vec{F}_T$ 和重力 $\vec{P}$ 的作用。则在合外力作用下，小球在圆弧上有无限小位移 $\mathrm{d}\vec{s}$ 时，合外力 $\vec{F}$ 作的功为

$$\mathrm{d}W = \vec{F} \cdot \mathrm{d}\vec{s} = \vec{F}_T \cdot \mathrm{d}\vec{s} + \vec{P} \cdot \mathrm{d}\vec{s} \tag{1}$$

由于 $\vec{F}_T$ 的方向始终与小球运动方向垂直，故 $\vec{F}_T \cdot \mathrm{d}\vec{s} = 0$，而

$$\vec{P} \cdot \mathrm{d}\vec{s} = P\cos\varphi\,\mathrm{d}s$$

式中：φ 为 $\vec{P}$ 与 $\mathrm{d}\vec{s}$ 之间的夹角。由于 $\varphi + \theta = \dfrac{\pi}{2}$，故

$$\vec{P} \cdot \mathrm{d}\vec{s} = P\sin\theta\,\mathrm{d}s$$

由图 4.12 可得：$\mathrm{d}s = -l\,\mathrm{d}\theta$。则

$$\mathrm{d}W = \vec{P} \cdot \mathrm{d}\vec{s} = -mgl\sin\theta\,\mathrm{d}\theta$$

在摆角由 θ_0 改变为 θ 的过程中，合外力所作的功为

$$W = -\int_{\theta_0}^{\theta} lmg\sin\theta\,\mathrm{d}\theta = mgl(\cos\theta - \cos\theta_0) \tag{2}$$

由动能定理得

$$W = mgl(\cos\theta - \cos\theta_0) = \frac{1}{2}mv^2 - \frac{1}{2}mv_0^2$$

由题意 $v_0 = 0$，绳与竖直线成 θ 角时，小球的速率为

$$v = \sqrt{2gl(\cos\theta - \cos\theta_0)}$$

将 $l = 1.0\mathrm{m}$，$\theta_0 = 30°$，$\theta = 10°$ 代入得

$$v = 1.53\mathrm{m/s}$$

4.2.2　质点系动能定理

下面把质点动能定理推广到质点系的情况。设一系统内有 n 个质点，作用于各个质点的力所作的功分别为：W_1、W_2、W_3、$\cdots$、W_n，使各质点由初动能 E_{k10}、E_{k20}、E_{k30}、$\cdots$、E_{kn0} 改变为末动能 E_{k1}、E_{k2}、E_{k3}、$\cdots$、E_{kn}。由质点的动能定理可得

$$W_1 = E_{k1} - E_{k10}$$
$$W_2 = E_{k2} - E_{k20}$$
$$\vdots$$
$$W_n = E_{n2} - E_{n20}$$

以上各式相加，得

$$\sum_{i=1}^{n} W_i = \sum_{i=1}^{n} E_{ki} - \sum_{i=1}^{n} E_{ki0} \tag{4-16}$$

式中：$\displaystyle\sum_{i=1}^{n} E_{ki0}$ 为系统内 n 个质点的初动能之和；$\displaystyle\sum_{i=1}^{n} E_{ki}$ 为这些质点的末动能之和；$\displaystyle\sum_{i=1}^{n} W_i$

为作用在 n 个质点上的力所作的功之和。

因此，式 (4-16) 的物理意义是：作用于质点系的力所作之功，等于该质点系的动能增量，这是质点系的动能定理。

正如前面所说，系统内的质点所受的力，既有来自系统外的外力，也有来自系统内各质点间相互作用的内力，因此，作用于质点系的力所作的功 $\sum W_i$，应是一切外力对质点系所作的功 $\sum W_i^{ex} = W^{ex}$ 与质点系内一切内力所作的功 $\sum W_i^{in} = W^{in}$ 之和，即

$$\sum_{i=1}^{n} W_i = \sum_{i=1}^{n} W_i^{ex} + \sum_{i=1}^{n} W_i^{in} = W^{ex} + W^{in}$$

根据式 (4-16) 得

$$W^{ex} + W^{in} = \sum_{i=1}^{n} E_{ki} - \sum_{i=1}^{n} E_{ki0} \tag{4-17}$$

这是质点系动能定理的另一数学表达式，它表明，质点系的动能的增量等于作用于质点系的一切外力作的功与一切内力作的功之和。

4.3　势能、功能原理、机械能守恒定律

在 4.1.2 节中，已经了解了保守力的概念及其特点，如果质点在某一部分空间内的任何位置，都受到一个大小和方向完全确定的保守力的作用，则称这部分空间中存在着保守力场。例如，质点在地球表面附近空间中任何位置，都要受到一个大小和方向完全确定的重力作用，因而这部分空间中存在着重力场，重力场是保守力场。类似地还可以定义万有引力场和弹性场，它们也都是保守力场。另外我们知道，重力、万有引力、弹性力等保守力的功都只与始、末位置有关，而与中间路径的长短和形状无关。为此，引入势能概念，并讨论保守力的功与势能之间的关系。

4.3.1　势能

把与物体位置有关的能量称为物体的势能，用符号 E_p 表示。于是，三种势能分别为：

重力势能 $\qquad\qquad E_p = mgy$

引力势能 $\qquad\qquad E_p = -G\dfrac{m'm}{r}$

弹性势能 $\qquad\qquad E_p = \dfrac{1}{2}kx^2$

则万有引力、重力、弹性力等保守力的功，即式 (4-9)、式 (4-10)、式 (4-11) 可统一写成

$$W = -(E_{p2} - E_{p1}) = -\Delta E_p \tag{4-18}$$

式 (4-18) 表明，保守力对物体作的功等于物体势能增量的负值。

在一维的情况下，由式 (4-18) 可得保守力的功

$$\int_x^{x+\Delta x} F(x)\,\mathrm{d}x = -\Delta E_p(x) = -[E_p(x+\Delta x) - E_p(x)]$$

对于足够小 Δx 的来说，在积分范围内 $F(x)$ 可视力恒定的，于是有

$$F(x) = -\frac{\Delta E_p(x)}{\Delta x}$$

在 $\Delta x \rightarrow 0$ 的情况下，得

$$F(x) = -\frac{\mathrm{d}E_p(x)}{\mathrm{d}x} \tag{4-19}$$

式（4-19）表明，作用于物体上的在 Ox 轴上的保守力，等于势能对坐标 x 的导数的负值。

4.3.2 功能原理

根据前面的讨论，如果按力的特点来区分，质点系中的内力可分为保守内力与非保守内力。因此，如以 W_c^{in} 表示质点系内各保守内力作功之和，W_{nc}^{in} 表示质点系内各非保守内力作功之和，那么，质点系中一切内力所作的功则应为

$$W^{in} = W_c^{in} + W_{nc}^{in}$$

则质点系的动能定理式（4-17）可写为

$$W^{ex} + W_c^{in} + W_{nc}^{in} = \sum_{i=1}^{n} E_{ki} - \sum_{i=1}^{n} E_{ki0}$$

此外，从式（4-18）已知，系统内保守力作的功等于势能增量的负值，因此，质点系中各保守内力所作的功应为

$$W_c^{in} = -\left(\sum_{i=1}^{n} E_{pi} - \sum_{i=1}^{n} E_{pi0} \right)$$

那么

$$W^{ex} + W_{nc}^{in} = \left(\sum_{i=1}^{n} E_{ki} + \sum_{i=1}^{n} E_{pi} \right) - \left(\sum_{i=1}^{n} E_{ki0} + \sum_{i=1}^{n} E_{pi0} \right) \tag{4-20}$$

在力学中，动能和势能统称为机械能。若以 E_0 和 E 分别代表质点系的初机械能和末机械能，即

$$E_0 = \sum_{i=1}^{n} E_{ki0} + \sum_{i=1}^{n} E_{pi0}, E = \sum_{i=1}^{n} E_{ki} + \sum_{i=1}^{n} E_{pi}$$

则式（4-20）可写成

$$W^{ex} + W_{nc}^{in} = E - E_0 \tag{4-21}$$

式（4-21）表明，质点系的机械能的增量等于外力与非保守内力作功之和。这就是质点系的功能原理。

在运用式（4-21）求解问题时应当注意，W^{ex} 是作用在质点系内各质点上的外力所作功之和，而 W_{nc}^{in} 则是非保守内力对质点系内各质点所作功之和。

此外，功和能量是有密切联系的，但又是有区别的。功总是和能量的变化与转换过程相联系，功是能量变化与转换的一种量度。而能量是代表物体系统在一定状态下所具有的作功能力，它和物体系统的状态有关，对机械能来说，它与物体系统的机械运动状态（即位置和速度）有关。

【例 4.5】 一雪橇从高度为 50m 的山顶上点 A 沿冰道由静止下滑，山顶到山下的坡

道长为 500m。雪橇滑至山下点 B 后，又沿水平冰道继续滑行，滑行若干米后停止在 C 处（如图 4.13 所示），若摩擦系数为 0.050。求此雪橇沿水平冰道滑行的路程（点 B 附近可视为连续弯曲的滑道。忽略空气阻力）。

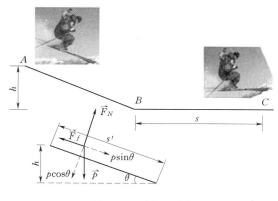

图 4.13 例 4.5 图

解：可把雪橇冰道和地球视为一个系统。由于略去空气阻力对雪橇的作用，故作用于雪橇的力只有重力 $\vec{p}$、支持力 $\vec{F}_N$ 和摩擦力 $\vec{F}_f$。其中重力是保守内力，只有非保守内力摩擦力作功。没有外力作功。故由功能原理可知，雪橇在下滑过程中，摩擦力所作的功为

$$W = W_1 + W_2 = (E_{p2} + E_{k2}) - (E_{p1} + E_{k1}) \tag{1}$$

式中：W_1 和 W_2 分别为雪橇沿斜坡下滑和沿水平冰道运动时摩擦力作的功；E_{p1} 和 E_{k1} 为雪橇在山顶时的势能和动能；E_{p2} 和 E_{k2} 为雪橇静止在水平滑道上的势能和动能。如选水平滑道处的势能为零，由题意可知

$$E_{p1} = mgh, E_{k1} = 0, E_{p2} = 0, E_{k2} = 0$$

则式（1）可写为

$$W_1 + W_2 = -mgh \tag{2}$$

$$W_1 = \int \vec{F} \cdot d\vec{r} = -\int_A^B F_f dr = -\int_A^B \mu mg \cos\theta dr$$

因斜坡的坡度很小（$\cos\theta \approx 1$），故

$$W_1 = -\mu mg s'$$

而

$$W_2 = \int \vec{F} \cdot d\vec{r} = -\mu mg s$$

把上述结果代入式（2），得

$$s = \frac{h}{\mu} s'$$

从题意知，$h = 50$m，$\mu = 0.050$，$s' = 500$m，代入上式，雪橇沿水平冰道滑行的路程为

$$s = \frac{50}{0.050} - 500 = 500 (\text{m})$$

4.3.3 机械能守恒定律

从质点系的功能原理可知，当 $W^{ex} + W_{nc}^{in} = 0$ 时，则

$$E = E_0 \tag{4-22a}$$

即

$$\sum E_{ki} + \sum E_{pi} = \sum E_{ki0} + \sum E_{pi0} \tag{4-22b}$$

物理意义是：当作用于质点系的外力和非保守内力不作功时，质点系的总机械能是守恒的，这就是机械能守恒定律。

机械能守恒定律的数学表达式（4-22）还可以写成

$$\sum E_{ki} - \sum E_{ki0} = -(\sum E_{pi} - \sum E_{pi0})$$

即

$$\Delta E_k = -\Delta E_p \tag{4-23}$$

式（4-23）指出，在满足机械能守恒的条件（$W^{ex} + W^{in}_{nc} = 0$）下，质点系内的动能和势能都不是不变的，两者之间可以相互转换，但动能和势能之和却是不变的，所以说，在机械能守恒定律中，机械能是不变量或守恒量。而质点系内的动能和势能之间的转换则是通过质点系内的保守力作功来实现的。

如果系统内部除重力和弹性力等保守内力作功外，还有摩擦力等非保守内力作功，那么系统的机械能就要与其他形式的能量发生转换。在长期的生产斗争和科学实验中，人们总结出一条重要的结论：对于一个与自然界无任何联系的系统来说，系统内各种形式的能量是可以相互转换的，但是不论如何转换，能量既不能产生，也不能消灭。这一结论称为能量守恒定律，它是自然界的基本定律之一。能量是这一守恒定律的不变量或守恒量，在能量守恒定律中，系统的能量是不变的，但能量的各种形式之间却可以相互转化。例如机械能、电能、热能、光能以及分子、原子、核能等等能量之间部可以相互转换。

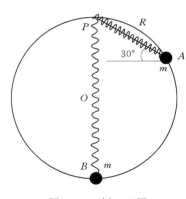

图 4.14 例 4.6 图

【例 4.6】 如图 4.14 所示，有一质量略去不计的轻弹簧，其一端系在铅直放置的圆环的顶点 P，另一端系一质量为 m 的小球，小球穿过圆环并在圆环上作摩擦可略去不计的运动。设开始时小球静止于点 A，弹簧处于自然状态，其长度为圆环的半径 R；当小球运动到圆环的底端点 B 时，小球对圆环没有压力。求此弹簧的劲度系数。

解： 取弹簧、小球和地球为一个系统，小球与地球间的重力、小球与弹簧间的作用力均为保守内力。而圆环对小球的支持力和点 P 对弹簧的拉力虽都为外力，但都不作功。所以，小球从 A 运动到 B 的过程中，系统的机械能是不变量，机械能应守恒。因小球在点 A 时弹簧为自然状态，故取点 A 的弹性势能为零；另取点 B 时小球的重力势能为零。

由机械能守恒定律可得

$$\frac{1}{2}mv^2 + \frac{1}{2}kR^2 = mgR(2 - \sin 30°) \tag{1}$$

式中：v 为小球在点 B 的速率。

小球在点 B 时的牛顿第二定律方程为

$$kR - mg = m\frac{v^2}{R} \tag{2}$$

解式（1）和式（2），得弹簧的劲度系数为

$$k = \frac{2mg}{R}$$

4.4 碰 撞

两物体在碰撞过程中，它们之间相互作用的内力较之其他物体对它们作用的外力要大

得多，因此，在研究两物体间的碰撞问题时，可将其他物体对它们作用的外力忽略不计。如果在碰撞后，两物体的动能之和完全没有损失，那么，这种碰撞称为完全弹性碰撞。实际上，在两物体碰撞时，由于非保守力作用，致使机械能转换为热能、声能、化学能等其他形式的能量，或者其他形式的能量转换为机械能，这种碰撞就是非弹性碰撞。如两物体在非弹性碰撞后以同一速度运动，这种碰撞称为完全非弹性碰撞。

【例 4.7】 设在宇宙中有密度为 ρ 的尘埃，这些尘埃相对惯性参考系是静止的。有一质量为 m_0 的宇宙飞船以初速 v_0 穿过宇宙尘埃，由于尘埃粘贴到飞船上，致使飞船速度发生改变。求飞船的速度与其在尘埃中飞行时间的关系。为便于计算，设想飞船的外形是面积为 S 的圆柱体（图 4.15）。

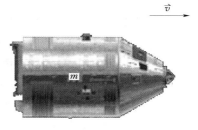

图 4.15　例 4.7 图

解： 按题设条件，可认为尘埃与飞船作完全非弹性碰撞，把尘埃与飞船作为一个系统。考虑到飞船在自由空间飞行，无外力作用在这个系统上，因此系统的动量守恒，如以 m_0 和 v_0 为飞船进入尘埃前（即 $t=0$）的质量和速度，m 和 v 为飞船在尘埃中（即时刻 t）的质量和速度。那么，由动量守恒有

$$m_0 v_0 = mv \tag{1}$$

此外，在 $t \rightarrow t + \mathrm{d}t$ 时间内，由于飞船与尘埃间作完全非弹性碰撞，而粘贴在宇宙飞船上尘埃的质量即飞船所增加的质量为

$$\mathrm{d}m = \rho S v \mathrm{d}t \tag{2}$$

由式（1）有

$$\mathrm{d}m = -\frac{m}{v}\mathrm{d}v = -\frac{m_0 v_0}{v^2}\mathrm{d}v$$

从而得

$$\rho S v \mathrm{d}t = -\frac{m_0 v_0}{v^2}\mathrm{d}v$$

由已知条件，上式积分为

$$-\int_{v_0}^{v}\frac{\mathrm{d}v}{v^3} = \int_0^t \frac{\rho S}{m_0 v_0}\mathrm{d}t$$

得

$$v = \left(\frac{m_0}{2\rho S v_0 t + m_0}\right)^{1/2} v_0$$

显然，飞船在尘埃中飞行的时间愈长，其速度就愈低。

知识扩展：火力发电

火力发电是利用石油、煤炭和天然气等燃料燃烧时产生的热能来加热水，使水变成高温、高压水蒸气，然后再由水蒸气推动发电机来发电的方式的总称。以煤、石油或天然气作为燃料的发电厂统称为火电厂。

火力发电站的主要设备系统包括：火力发电系统、燃料供给系统、给水系统、蒸汽系统、冷却系统、电气系统及其他一些辅助处理设备。

火力发电系统主要由燃烧系统（以锅炉为核心）、汽水系统（主要由各类泵、给水加热器、凝汽器、管道、水冷壁等组成）、电气系统（以汽轮发电机、主变压器等为主）、控制系统等组成。前两者产生高温高压水蒸气；电气系统实现由热能、机械能到电能的转变；控制系统保证各系统安全、合理、经济运行。

火力发电的重要问题是提高热效率，办法是提高锅炉的参数（蒸汽的压强和温度）。20 世纪 90 年代，世界最好的火电厂能把 40％ 左右的热能转换为电能；大型供热电厂的热能利用率也只能达到 60％～70％。此外，火力发电大量燃煤、燃油，造成环境污染，也成为日益引人关注的问题。

热电厂为火力发电厂，采用煤炭作为一次能源，利用皮带传送技术，向锅炉输送经处理过的煤粉，煤粉燃烧加热锅炉使锅炉中的水变为水蒸气，经一次加热之后，水蒸气进入高压缸。为了提高热效率，应对水蒸气进行二次加热，水蒸气进入中压缸。通过利用中压缸的蒸汽去推动汽轮发电机发电。从中压缸引出进入对称的低压缸。已经作过功的蒸汽一部分从中间段抽出供给炼油、化肥等兄弟企业，其余部分流经凝汽器水冷，成为 40℃ 左右的饱和水作为再利用水。40℃ 左右的饱和水经过凝结水泵，经过低压加热器到除氧器中，此时为 160℃ 左右的饱和水，经过除氧器除氧，利用给水泵送入高压加热器中，其中高压加热器利用再加热蒸汽作为加热燃料，最后流入锅炉进行再次利用。以上就是一次生产流程。

1. 火电厂的主要生产原理

火电厂的主要生产系统包括燃烧系统、汽水系统和电气系统。

（1）燃烧系统。燃烧系统是由输煤、磨煤、粗细分离、排粉、给粉、锅炉、除尘、脱流等组成。是由皮带输送机从煤场，通过电磁铁、碎煤机然后送到煤仓间的煤斗内，再经过给煤机进入磨煤机进行磨粉，磨好的煤粉通过空气预热器来的热风，将煤粉打至粗细分离器，粗细分离器将合格的煤粉（不合格的煤粉送回磨煤机），经过排粉机送至粉仓，给粉机将煤粉打入喷燃器送到锅炉进行燃烧。而烟气经过电除尘脱出粉尘再将烟气送至脱硫装置，通过石浆喷淋脱出流的气体经过吸风机送到烟筒排入天空。

（2）汽水系统。火电厂的汽水系统是由锅炉、汽轮机、凝汽器、高低压加热器、凝结水泵和给水泵等组成，包括汽水循环、化学水处理和冷却系统等。

水在锅炉中被加热成蒸汽，经过热器进一步加热后变成过热的蒸汽，再通过主蒸汽管道进入汽轮机。由于蒸汽不断膨胀，高速流动的蒸汽推动汽轮机的叶片转动从而带动发电机。

为了进一步提高其热效率，一般都从汽轮机的某些中间级后抽出作过功的部分蒸汽，用以加热给水。在现代大型汽轮机组中都采用这种给水回热循环。此外，在超高压机组中还采用再热循环，即把作过一段功的蒸汽从汽轮机的高压缸的出口将作过功的蒸汽全部抽出，送到锅炉的再热汽中加热后再引入汽轮机的中压缸继续膨胀作功，从中压缸送出的蒸汽，再送入低压缸继续作功。在蒸汽不断作功的过程中，蒸汽压力和温度不断降低，最后排入凝汽器并被冷却水冷却，凝结成水。凝结水集中在凝汽器下部由凝结水泵打至低压加热再经过除氧气除氧，给水泵将预加热除氧后的水送至高压加热器，经过加热后的热水打入锅炉,在过热器中把水已经加热到过热的蒸汽送至汽轮机作功,这样周而复始不断的作功。

在汽水系统中的蒸汽和凝结水，由于疏通管道很多并且还要经过许多的阀门设备，这样就难免产生跑、冒、滴、漏等现象，这些现象都会或多或少地造成水的损失，因此必须不断地向系统中补充经过化学处理过的软化水，这些补给水一般都补给除氧器中。

（3）电气系统。电气系统是由副励磁机、励磁盘、主励磁机（备用励磁机）、发电机、变压器、高压断路器、升压站、配电装置等组成。发电是由副励磁机（永磁机）发出高频电流，副励磁机发出的电流经过励磁盘整流，再送到主励磁机，主励磁机发出电后经过调压器以及灭磁开关经过碳刷送到发电机转子，当发电机转子通过旋转其定子绕组便感应出电流，强大的电流通过发电机出线分两路，一路送至厂用电变压器；另一路则经 SF_6 高压断路器送至电网。

2. 火力发电厂的基本生产过程

火力发电厂的燃料主要有煤、石油（主要是重油、天然气）。我国的火电厂以燃煤为主，过去曾建过一批燃油电厂，目前的政策是尽量压缩烧油电厂，新建电厂全部烧煤。

火力发电厂由三大主要设备——锅炉、汽轮机、发电机及相应辅助设备组成，它们通过管道或线路相连构成生产主系统，即燃烧系统、汽水系统和电气系统。其生产过程简介如下。

（1）燃烧系统。

燃烧系统如图 4.16 所示，包括锅炉的燃烧部分和输煤、除灰和烟气排放系统等。

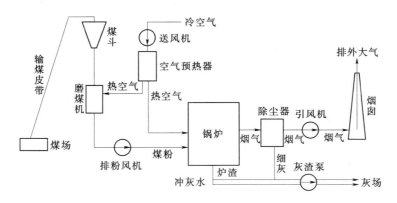

图 4.16　燃烧系统流程（煤粉炉）

煤由皮带输送到锅炉车间的煤斗，进入磨煤机磨成煤粉，然后与经过预热器预热的空气一起喷入炉内燃烧，将煤的化学能转换成热能，烟气经除尘器清除灰分后，由引风机抽出，经高大的烟囱排入大气。炉渣和除尘器下部的细灰由灰渣泵排至灰场。

（2）汽水系统。

汽水系统流程如图 4.17 所示，包括锅炉、汽轮机、凝汽器及给水泵等组成的汽水循环和水处理系统、冷却水系统等。

水在锅炉中加热后蒸发成蒸汽，经过热器进一步加热，成为具有规定压力和温度的过热蒸汽，然后经过管道送入汽轮机。

在汽轮机中，蒸汽不断膨胀，高速流动，冲击汽轮机的转子，以额定转速（3000r/min）

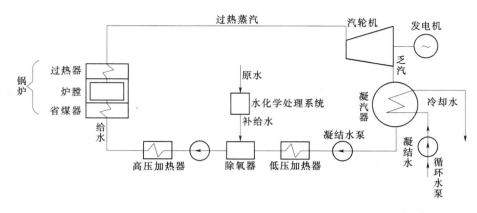

图 4.17　汽水系统流程

旋转，将热能转换成机械能，带动与汽轮机同轴的发电机发电。

　　在膨胀过程中，蒸汽的压力和温度不断降低。蒸汽作功后从汽轮机下部排出。排出的蒸汽称为乏汽，它排入凝汽器。在凝汽器中，汽轮机的乏汽被冷却水冷却，凝结成水。

　　凝汽器下部所凝结的水由凝结水泵升压后进入低压加热器和除氧器，提高水温并除去水中的氧（以防止腐蚀炉管等），再由给水泵进一步升压，然后进入高压加热器，回到锅炉，完成水—蒸汽—水的循环。给水泵以后的凝结水称为给水。

　　汽水系统中的蒸汽和凝结水在循环过程中总有一些损失，因此，必须不断向给水系统补充经过化学处理的水。补给水进入除氧器，同凝结水一块由给水泵打入锅炉。

3. 电气系统

　　电气系统流程如图 4.18 所示，包括发电机、励磁系统、厂用电系统和升压变电站等。

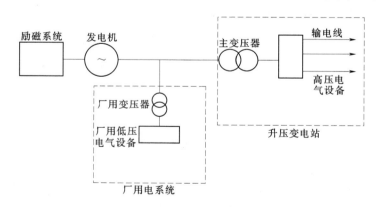

图 4.18　电气系统流程

　　发电机的机端电压和电流随其容量不同而变化，其电压一般为 $10\sim20kV$，电流可达数千安至 20kA。因此，发电机发出的电，一般由主变压器升高电压后，经变电站高压电气设备和输电线送往电网。极少部分电，通过厂用变压器降低电压后，经厂用电配电装置和电缆供厂内风机、水泵等各种辅机设备和照明等用电。

　　火力发电厂生产过程如图 4.19 所示。

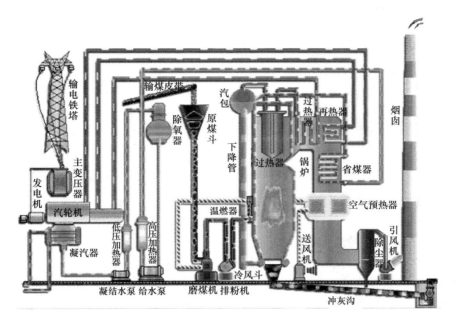

图 4.19　火力发电厂生产过程

习　题

4.1　请填写复习表格。

项　　目	功	动能定理	势能、功能原理、机械能守恒定律	碰撞
主要内容				
主要公式				
重点难点				
自我提示				

4.2　用 45N 的力作用在一个质量为 15kg 的物体上，物体由静止开始运动。计算力在第 1s、第 2s、第 3s 内作的功以及第 3s 时的瞬时功率。

4.3　一物体按规律 $x = ct^3$ 在流体媒质中作直线运动，式中 c 为常量，t 为时间。设媒质对物体的阻力正比于速度的平方，阻力系数为 k，试求物体由 $x=0$ 运动到 $x=l$ 时，阻力所作的功。

4.4　一人从 10m 深的井中提水。起始时桶中装有 10kg 的水，桶的质量为 1kg，由于水桶漏水，每升高 1m 要漏去 0.2kg 的水。求水桶匀速地从井中提到井口，人所作的功。

4.5　质量 $m=2$kg 的质点在力 $\vec{F} = 12t\vec{i}$（SI）的作用下，从静止出发沿 x 轴正向作直线运动，求前 3s 内该力所作的功。

4.6　如图 4.20 所示，质量 m 为 0.1kg 的木块，在一个水平面上和一个劲度系数 k

为 20N/m 的轻弹簧碰撞，木块将弹簧由原长压缩了 $x=0.4\text{m}$。假设木块与水平面间的滑动摩擦系数 μ_k 为 0.25，问在将要发生碰撞时木块的速率 v 为多少？

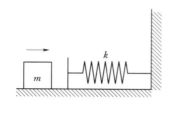

图 4.20　题 4.6 图

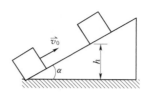

图 4.21　题 4.7 图

4.7　一物体与斜面间的摩擦系数 $\mu=0.20$，斜面固定，倾角 $\alpha=45°$。现给予物体以初速率 $v_0=10\text{m/s}$，使它沿斜面向上滑，如图 4.21 所示。求：

（1）物体能够上升的最大高度 h。

（2）该物体达到最高点后，沿斜面返回到原出发点时的速率 v。

4.8　一链条总长为 l，质量为 m，放在桌面上，并使其部分下垂，下垂一段的长度为 a（图 4.22）。设链条与桌面之间的滑动摩擦系数为 μ。令链条由静止开始运动，则：

（1）到链条刚离开桌面的过程中，摩擦力对链条作了多少功？

（2）链条刚离开桌面时的速率是多少？

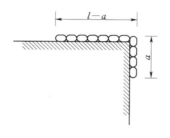

图 4.22　题 4.8 图

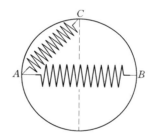

图 4.23　题 4.9 图

4.9　劲度系数为 k、原长为 l 的弹簧，一端固定在圆周上的 A 点，圆周的半径 $R=l$，弹簧的另一端点从距 A 点 $2l$ 的 B 点沿圆周移动 1/4 周长到 C 点，如图 4.23 所示。求弹性力在此过程中所作的功。

第 5 章　刚 体 的 定 轴 转 动

　　转动是物体机械运动的一种基本形式，大至星系，小至原子、电子等微观粒子都在不停息地转动。生活中也存在许多转动实例。如电机的转子绕轴转动、旋转式门窗、地球自转等，随处可见。

　　在前面几章中，物体被看成了没有形状、没有大小的质点。然而，客观存在的物体总是有其形状和大小的，而且常常发生形变。作为一种理想模型，形状和大小不变的物体称为刚体。刚体上的质点之间的距离在刚体运动时保持不变。刚体虽然是一个特殊的质点系统，但仍然可以运用质点的运动规律来加以研究，从而使牛顿力学的研究范围从质点向刚体拓展。本章将着重讲述刚体的定轴转动。

5.1　刚 体 的 定 轴 转 动

5.1.1　刚体运动的基本形式

　　刚体的基本运动包括平动和转动两种，其中转动又包括定轴和非定轴转动，非定轴转动的问题比较复杂，所以本章主要讨论平动和定轴转动的基本力学现象和规律，这两种运动形式也是工程中最常见、最简单的运动形式。

　　1. 刚体的平动

　　若刚体中所有点的运动轨迹都保持完全相同，或者说刚体内任意两点间的连线总是平

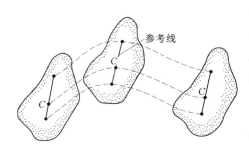

图 5.1 刚体的平动

行于它们的初始位置间的连线，如图 5.1 中的参考线，这种运动称为刚体的平动。刚体作平动时，其内各点具有相同的运动，因此只要知道任意一点的运动，就可以完全确定整个刚体的运动。通常是用刚体的质心运动来代表作平动刚体的运动，因此，刚体的平动又可归结为（质心）点的运动学问题。

应该指出，刚体平动时，物体内各点的轨迹可以是直线也可以是曲线，若各点的轨迹为直线，则刚体的运动称为直线平动，若为曲线，则称为曲线平动。

2. 刚体的转动

刚体运动时，若刚体上的所有质点围绕同一直线作圆周运动，则称这种运动为刚体转动，该直线称为刚体的转轴。转轴可以穿过刚体，也可以不穿过刚体。转轴相对参考系静止的转动为定轴转动；转轴上只有一点相对参考系静止，转动方向不断变动的转动为定点转动。例如，门的转动是定轴转动，陀螺的转动是非定轴转动，如图 5.2 所示。

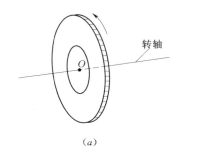

(a)

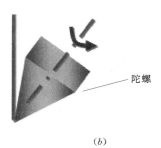

(b)

图 5.2 刚体的转动
(a) 定轴转动；(b) 定点转动

刚体转动时，刚体上任意质点的轨迹圆所在的平面称为转动平面。刚体的各个转动平面相互平行，都垂直于转轴。

注意："定轴转动"是指"刚体"的运动，而"圆周运动"是指"点"的运动，概念不能混淆！

3. 刚体的一般运动

刚体的平动和定轴转动，是刚体的两种最简单、也是最基本的运动形式。可以证明，任何刚体所作的复杂运动都可分解为质心的平动和绕质心的转动。如图 5.3 所示，一密度均匀的圆盘在水平面上作无滑动的滚动。从图 5.3 中可以看出，除圆盘的中心 O 沿直线向前移动外，盘上其他各点既向前移动又绕通过圆盘中心 O 且垂直盘面的轴转动。取圆盘上一点 q，它在 Δt 时间内，由位置 q_1 运动到位置 q_2 的运动可看成是先由位置 q_1 向前移动到位置 q_1'；然后绕通过圆盘中心且垂直盘面的轴转过角 θ，到达位置 q_2，由于圆盘是一个刚体，所以圆盘上各点向前移动的情况与圆盘中心（即质心）的运动情况相同，故可用圆盘中心的平动来表示整个盘的平动。因此研究刚体的平动和转动是研究刚体复杂运动的基础。

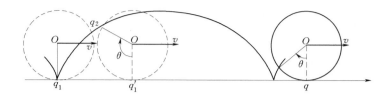

图 5.3　刚体的一般运动

5.1.2　刚体转动的角速度和角加速度

如同研究质点运动一样，研究刚体定轴转动也是从引入一些描述这种运动的物理量开始的。

1. 角坐标与角位移

（1）角坐标：如图 5.4 所示，有一刚体绕固定轴 z 轴转动。刚体上各点都绕固定轴 z 轴作圆周运动。为描述刚体绕定轴的转动，在刚体内选取一个垂直于 z 轴的平面作为参考平面，并在此平面上取一参考线 x，且把这参考线 x 作为坐标轴，把转轴与平面的交点作为原点 O，这样，刚体的方位可由原点 O 到参考平面上的任一点 P 的径矢 $\overrightarrow{OP}$ 与 x 轴的夹角 θ 确定，角 θ 也称角坐标。当刚体绕固定轴 z 轴转动时，角坐标 θ 要随时间 t 改变。也就是说，角坐标 θ 是时间 t 的函数，刚体绕定轴转动的转动方程为 $\theta = \theta(t)$，即刚体绕固定轴的转动的运动方程。

刚体绕固定轴 z 转动有两种情形，从上向下看，不是顺时针转动就是逆时针转动。因此，为区别这两种转动，规定：当径矢 $\vec{r}$ 从 Ox 轴开始沿逆时针方向转动时，角坐标 θ 为正；当径矢 $\vec{r}$ 从 Ox 轴开始沿顺时针方向转动时，角坐标 θ 为负。按照这个规定，转动正方向为逆时针转向。于是对于绕定轴转动的刚体，可由角坐标 θ 的正负来表示其方位。

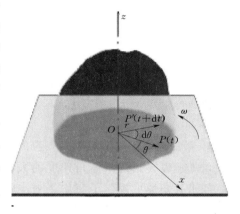

图 5.4　刚体绕固定轴 z 轴转动

（2）角位移：绕固定轴转动的刚体，在时间间隔 Δt 内，刚体的角坐标的变化为 $\Delta\theta$，称为刚体在该时间内的角位移。

$$\Delta\theta = \theta(t + \Delta t) - \theta(t)$$

2. 角速度

设有一刚体绕固定轴 Oz 转动。如图 5.4 所示，在时刻 t 刚体上点 P 的径矢 $\vec{r}$ 对 Ox 轴的角坐标为 θ，经过时间间隔 Δt，刚体上点 P 的角坐标为 $\theta + \Delta\theta$，$\Delta\theta$ 为刚体在 Δt 时间内的角位移。于是，刚体对转轴的角速度为

$$\omega = \lim_{\Delta t \to 0} \frac{\Delta\theta}{\Delta t} = \frac{\mathrm{d}\theta}{\mathrm{d}t} \tag{5-1}$$

刚体在时刻 t 的角速度 ω，等于角坐标对时间的一阶导数。

图 5.5 是两个绕定轴转动的相同的圆盘，它们的角速度 ω 大小相等，但转动方向相反，轮 A 逆时针转动，轮 B 顺时针转动。这表明，角速度是一个有方向的量，应当指出，只有刚体在绕定轴转动的情况下，其转动方向才可用角速度的正负来表示，在一般情况下，需用角速度矢量（右手螺旋）来表示。

关于角速度 ω 方向的右手法则是（图 5.5）：把右手的拇指伸直，其余四指弯曲，使弯曲的方向与刚体转动方向一致，这时拇指所指的方向就是角速度 ω 的方向。角速度作为矢量，遵循矢量的运算规则。对于非定轴转动的方向描述，可以利用矢量分解的方法，如在摇头电扇中，可以将角速度分解为沿两个旋转轴的分量（这种分解当然是很自然的）。在陀螺仪中也有类似的情况（图 5.6）。所有的 ω 都是可叠加。

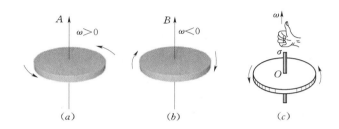

图 5.5　绕定轴转动的刚体（用 ω 的正负来表示其转动方向）
（a）逆时针转动；（b）顺时针转动；（c）角速度矢量（右手螺旋）

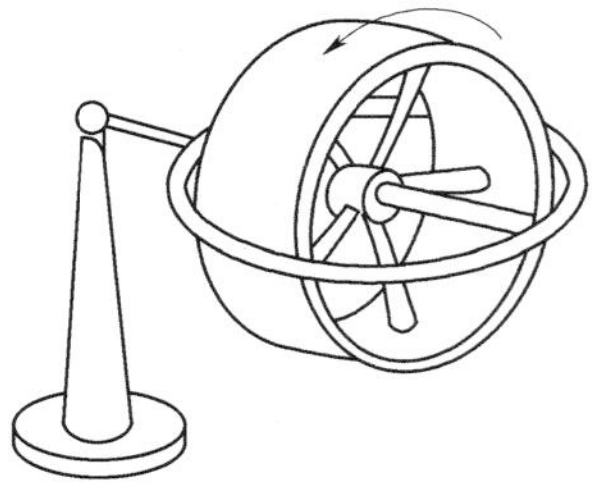

图 5.6　陀螺仪

角速度的单位为 s^{-1} 或 $\mathrm{rad/s}$，工程上用转速 n 描述转动的快慢，其单位为 $\mathrm{rad/min}$，$\omega = 2\pi n/60$（$\mathrm{rad/s}$）

3. 角加速度

角加速度是描述刚体角速度的大小和方向对时间变化率的物理量。刚体绕定轴转动时，如果其角速度发生了变化，刚体就具有角加速度，设在时刻 t_1，角速度为 ω_1，在时刻 t_2，角速度为 ω_2，则在时间间隔 $\Delta t = t_2 - t_1$ 内，此刚体角速度的增量为 $\Delta\omega = \omega_2 - \omega_1$。当 Δt 趋近于零时，$\dfrac{\Delta\omega}{\Delta t}$ 趋近于某一极限值，它称为瞬时角加速度，简称角加速度，即绕定轴转动刚体的角加速度为角速度 ω 对时间的一阶导数，

$$\alpha = \lim_{\Delta t \to 0} \frac{\Delta\omega}{\Delta t} = \frac{\mathrm{d}\omega}{\mathrm{d}t} = \frac{\mathrm{d}^2\theta}{\mathrm{d}t^2} \tag{5-2}$$

对于绕定轴转动的刚体，角加速度 α 的方向也可由其正负来表示。在如图 5.7 所示的情况下，角速度 ω_2 的方向与 ω_1 的方向相同，且 $\omega_2 > \omega_1$，那么 $\Delta\omega > 0$，α 为正值，刚体作加速转动；ω_2 的方向虽与 ω_1 的方向相同，但 $\omega_2 < \omega_1$，那么 $\Delta\omega < 0$，α 为负值，刚体作减速转动。任意时刻，绕定轴转动的刚体只有一个角速度和一个角加速度。

角加速度单位为 s^{-2} 或 $\mathrm{rad/s}$。

5.1.3　刚体转动中的角量与线量

当刚体绕定轴转动时，组成刚体的所有质点都绕定轴作圆周运动。因此，描述刚体运

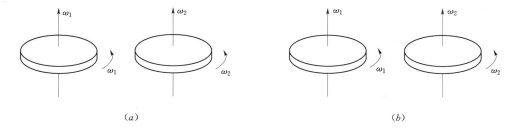

图 5.7 定轴转动的角加速度

(a) $\omega_2 > \omega_1$,$\alpha > 0$;(b) $\omega_2 < \omega_1$,$\alpha < 0$

动状态的角量和线量之间的关系,可以用有关圆周运
动中相应的角量和线量关系来表述。如图 5.8 所示,
刚体以角速度 ω 绕定轴转动,径矢为 $\vec{r}$,则其速度、切
向加速度和法向加速度和角速度与角加速度的关系为:

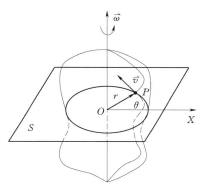

$$v = r\omega \qquad (5-3)$$
$$a_\tau = r\alpha \qquad (5-4)$$
$$a_n = r\omega^2 \qquad (5-5)$$

5.1.4 匀变速转动

刚体绕定轴转动时,若角速度 $\omega =$ 常数,角加速度
$\alpha = 0$,则称为刚体绕定轴的匀速转动;若角加速度 $\alpha =$
常数,则称为刚体绕定轴的匀变速转动。刚体绕定轴

图 5.8 线速度与角速度的关系

匀速和匀变速转动的运动方程以及角坐标 θ、角速度 ω 和角加速度 α 间的关系如下,其中
θ_0、ω_0 分别表示 $t = 0$ 时的角坐标和角速度。

$$\omega = \omega_0 + \alpha t \qquad (5-6)$$
$$\theta - \theta_0 = \omega_0 t + \frac{1}{2}\alpha t^2 \qquad (5-7)$$
$$\omega^2 - \omega_0^2 = 2\alpha\theta \qquad (5-8)$$

【例 5.1】 一飞轮半径为 0.2m、转速为 150r/min,因受制动而均匀减速,经 30s 停
止转动。试求:

(1) 角加速度和在此时间内飞轮所转的圈数。

(2) 制动开始后 $t = 6$s 时飞轮的角速度。

(3) $t = 6$s 时飞轮边缘上一点的线速度、切向加速度和法向加速度。

解: (1) $\omega_0 = 5\pi$rad/s,当 $t = 30$s 时,$\omega = 0$。

设 $t = 0$s 时,$\theta_0 = 0$,飞轮做匀减速运动。

$$\alpha = \frac{\omega - \omega_0}{t} = \frac{0 - 5\pi}{30} = -\frac{\pi}{6}\,(\text{rad/s}^2)$$

飞轮 30s 内转过的角度

$$\theta = \frac{\omega^2 - \omega_0^2}{2\alpha} = \frac{-(5\pi)^2}{2(-\pi/6)} = 75\pi\,(\text{rad})$$

转过的圈数

$$N = \frac{\theta}{2\pi} = \frac{75\pi}{2\pi} = 37.5(\text{r})$$

（2） $t=6\text{s}$ 时飞轮的角速度

$$\omega = \omega_0 + \alpha t = 5\pi - \frac{\pi}{6} \times 6 = 4\pi(\text{rad/s})$$

（3） $t=6\text{s}$ 时飞轮边缘上一点的线速度的大小

$$v = r\omega = 0.2 \times 4\pi = 2.5(\text{m/s})$$

该点的切向加速度和法向加速度

$$a_\tau = r\alpha = 0.2 \times \left(-\frac{\pi}{6}\right) = -0.105(\text{m/s}^2)$$

$$a_n = r\omega^2 = 0.2 \times (4\pi)^2 = 31.6(\text{m/s}^2)$$

【例 5.2】 在高速旋转的微型电机里，有一圆柱形转子可绕垂直其横截面通过中心的轴转动。开始时，它的角速度，经300s后，其转速达到18000r/min。已知转子的角加速度与时间成正比。问在这段时间内，转子转过多少转？

解： 由题意，令 $\alpha=ct$，则 $\dfrac{\text{d}\omega}{\text{d}t}=ct$，积分 $\displaystyle\int_0^\omega \text{d}\omega = c\int_0^t t\text{d}t$ 得 $\omega = \dfrac{1}{2}ct^2$。

当 $t=300\text{s}$ 时

$$\omega = 2\pi n = 600\pi(\text{rad/s})$$

所以

$$c = \frac{2\omega}{t^2} = \frac{2 \times 600\pi}{300^2} = \frac{\pi}{75}(\text{rad/s}^2)$$

转子的角速度

$$\omega = \frac{1}{2}ct^2 = \frac{\pi}{150}t^2$$

由角速度的定义

$$\omega = \frac{\text{d}\theta}{\text{d}t} = \frac{\pi}{150}t^2$$

得

$$\int_0^\theta \text{d}\theta = \frac{\pi}{150}\int_0^t t^2 \text{d}t$$

有

$$\theta = \frac{\pi}{450}t^3$$

在300s内转子转过的转数

$$N = \frac{\theta}{2\pi} = \frac{\pi}{2\pi \times 450} \times 300^3 = 3 \times 10^4(\text{r})$$

5.2　刚体定轴转动定律

5.1节是刚体定轴转动运动学，本节是刚体定轴转动动力学。

5.2.1　力矩

经验告诉人们，开、关门时，用力的方向应在门的转动平面内，作用点到门轴的距离

远一点好。如果力的作用方向垂直于门的转动平面，或者
虽然在转动平面内但穿过门轴，则无论如何用力，门是不
动的。诸如此类的例子说明，刚体定轴转动运动状态的改
变不仅与力的大小有关，而且与力的作用方向和作用点有
关。如图 5.9 所示，设刚体绕 Oz 轴旋转，力 $\vec{F}$ 作用在刚体
上 P 点，且在转动平面内，$\vec{r}$ 为由点 O 到力 $\vec{F}$ 的作用点 P
的径矢。定义力 $\vec{F}$ 对转轴 Oz 的力矩为

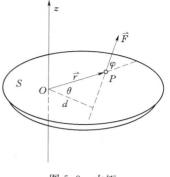

$$\vec{M} = \vec{r} \cdot \vec{F} \qquad (5-9)$$

力矩不仅有大小，而且有方向。

图 5.9　力矩

　　如图 5.10 所示，两个一样的可绕定轴转动的圆盘，有大小相等、方向相反的力 $\vec{F}$ 分
别作用于这两个静止的圆盘的边缘上。这两个力的力矩所产生的转动效果是不同的。在图
5.10（a）中，力矩驱使转盘沿转动正方向即逆时针方向旋转，而在图 5.10（b）中，力
矩则驱使转盘沿转动负方向旋转。由此可见，力矩是有大小、有方向的矢量。对于绕定轴
转动的刚体，力矩的正负反映了力矩的矢量性。力矩的大小为

$$M = rF\sin\varphi = Fd$$

式中：φ 为径矢 $\vec{r}$ 与力 $\vec{F}$ 的夹角。

　　$d = r\sin\varphi$ 称为力臂。

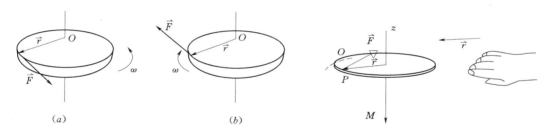

图 5.10　力矩的正负　　　　　　　图 5.11　力矩的方向
（a）$M>0$；（b）$M<0$

　　力矩 $\vec{M}$ 的方向按照右手法则确定，垂直于 $\vec{r}$ 与 $\vec{F}$ 所构成的平面。

　　$\vec{M}$ 的方向垂直于 $\vec{r}$ 与 $\vec{F}$ 所构成的平面，也可由图 5.11 所示的右手法则确定：把右手拇
指伸直，其余四指弯曲，弯曲的方向是由径矢 $\vec{r}$ 通过小于 $180°$ 的角 θ 转向力 $\vec{F}$ 的方向，这时
拇指所指的方向就是力矩的方向。力矩 $\vec{M}$ 矢量的方向垂直于 $\vec{r}$ 和 $\vec{F}$ 矢量所组成的平面。

　　当力不在转动平面内时，可将此力分解为两个互相垂直的分力 $\vec{F_z}$ 和 $\vec{F_\perp}$，其中 $\vec{F_z}$ 为
平行转轴的分力，$\vec{F_\perp}$ 为垂直转轴的分力，这时只有 $\vec{F_\perp}$ 能改变刚体的定轴转动状态，因
此有：

$$\vec{M} = \vec{r} \cdot \vec{F_\perp} \qquad (5-10)$$

　　式（5-10）表明，对力矩有贡献的是方向在转动平面内的切向力。

如果定轴转动物体受到若干个力的作用，每个力的作用点各不相同，这时计算物体所受合力矩时，一定要先计算出每个力对转轴的力矩，然后合力矩等于各个分力矩的矢量和。

由于作用力和反作用力是成对出现的，所以它们的力矩也成对出现。由于作用力与反作用力的大小相等，方向相反且在同一直线因而有相同的力臂，所以作用力矩和反作用力矩也是大小相等，方向相反，其和为零。

注意：①刚体内各质点间内力对转轴不产生力矩。②对于刚体的定轴转动，不同的力作用于刚体上的不同位置（或不同作用方向）可以产生相同的效果。

【例 5.3】　有一大型水坝高 110m、长 1000m，水深 100m，水面与大坝表面垂直，如图 5.12 所示，求作用在大坝上的力，以及这个力对通过大坝基点 Q 且与 x 轴平行的力矩。

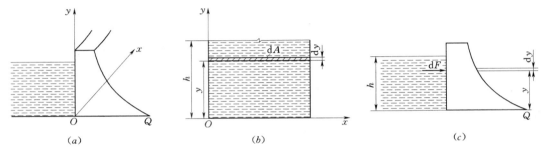

图 5.12　例 5.3 图

解：设水深 h，坝长 L，在坝面上取面积元作用在此面积元 $dA = Ldy$ 作用在此面积元上的力

$$dF = pdA = pLdy$$

令大气压为 p_0，则

$$dF = [p_0 + \rho g(h-y)]Ldy$$

$$F = \int_0^h [p_0 + \rho g(h-y)]Ldy = p_0 Lh + \frac{1}{2}\rho g Lh^2$$

由 $h=100$m、$L=1000$m 得：

$$F = 5.91 \times 10^{10}(\text{N})$$

下面我们来计算此作用力对通过基点 Q，且与 x 轴平行的力矩。如图 5-12（c）所示。$d\vec{F}$ 对通过点 Q 的轴的力矩为

$$dM = ydF$$

有

$$dF = [p_0 + \rho g(h-y)]Ldy$$

$d\vec{F}$ 对通过点 Q 的轴的力矩

$$dM = y[p_0 + \rho g(h-y)]Ldy$$

$$M = \int_0^h y[p_0 + \rho g(h-y)]Ldy = \frac{1}{2}p_0 Lh^2 + \frac{1}{6}g\rho Lh^3$$

代入已知数据，得

$$M = 2.14 \times 10^{12}(\text{N} \cdot \text{m})$$

由［例 5.3］的计算结果看，如遇到特大洪水袭击，为保证大坝安全，你认为用什么

措施可减少水坝所受的力矩。

5.2.2 刚体定轴转动的转动定律

刚体是由大量质点组成的，要得到它的动力学方程似乎是很困难的。但实际上，因刚体绕定轴转动，所以在任何时刻 t，各个质点都有相同的角加速度为 α。因此不管质点在什么位置，从转动来说，它们的运动都是相同的。

如图 5.13 所示，在刚体上任取一质量元 m_i，作用在质量元上的力可以分为两类：表示来自刚体外的一切力的合力 $\vec{F_i}$（称外力），表示来自刚体内各质点对该质量元作用力的合力 $\vec{F_i'}$（称内力）。刚体绕定轴 z 转动过程中，质量元以 r_i 为半径作圆周运动，按牛顿第二定律，有

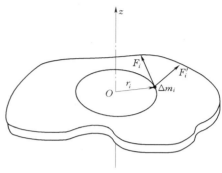

图 5.13 转动定律

$$\vec{F_i} + \vec{F_i'} = m_i \vec{a_i}$$

将此矢量方程两边都投影到质量元的圆轨迹切线方向上，则有

$$\vec{F_{i\tau}} + \vec{F_{i\tau}'} = m_i \vec{a_{i\tau}}$$

再将此式两边乘以 r_i，则得对固定轴的力矩

$$F_{i\tau}r_i + F_{i\tau}'r_i = m_i a_{i\tau}r_i = m_i r_i^2 a$$

对所有质量元求和，则得

$$\sum F_{i\tau}r_i + \sum F_{i\tau}'r_i = \left(\sum m_i r_i^2\right)a$$

等式左边第一项为合外力矩；第二项为所有内力对 z 轴的力矩总和，由于内力总是成对出现，而且每对内力大小相等、方向相反，且在一条作用在线，因此内力对 z 轴的力矩的和恒等于零

又

$$J_z = \sum_i m_i r_i^2$$

则有

$$M_z = J_z a$$

在约定固定轴为 z 轴的情况下，常略去此式中的下标而写成

$$M = J a \tag{5-11}$$

式（5-11）表明，刚体所受的对于某一固定转轴的合外力矩等于刚体对此转轴的转动惯量与刚体在此合外力矩作用下所获得的角加速度的乘积，称为刚体定轴的转动定律。

转动定律给出刚体绕定轴转动时的基本规律，刚体绕定轴转动时，角加速度是由作用在刚体上的合外力矩产生的。它的大小正比于合外力矩的大小，反比于刚体对该轴的转动惯量。这个方程是解决刚体绕定轴转动动力学问题的基本方程。

5.3 转 动 惯 量 的 计 算

转动是具有惯性的。例如，飞轮高速转动后要使其停下来就必须施加外力矩，静止的

飞轮要转动起来也必须外力矩的作用，这说明了转动确实具有惯性。转动惯性的大小用什么物理量来描写呢？对定轴转动的刚体而言可以使用所谓的转动惯量来描写它转动惯性的大小，更复杂的刚体运动需要使用惯量张量来描写。

5.3.1　转动惯量

刚体的转动惯量是描述物体转动中的惯性的物理量，刚体的转动惯量等于刚体上各质点的质量与各质点到转轴距离平方的乘积之和，它与刚体的形状、质量分布以及转轴的位置有关，也就是说，它只与绕定轴转动的刚体本身的性质和转轴的位置有关。它的定义式为

$$J = \sum m_i r_i^2 \tag{5-12}$$

式中：m_i 为刚体的某个质点的质量；r_i 为该质点到转轴的垂直距离。

对形状复杂的刚体，例如一辆汽车对平行于轮轴的某轴的转动惯量，用理论计算方法求转动惯量是困难的，实际中多用实验方法测定。

把式（5-11）与描述质点运动的牛顿第二定律的数学表达式相对比可以看出，它们的形式很相似：外力矩 $\vec{M}$ 和外力 $\vec{F}$ 相对应，角加速度 α 与加速度 a 相对应，转动惯量 J 与质量 m 相对应。转动惯量的物理意义也可以这样理解：当以相同的力矩分别作用于两个绕定轴转动的不同刚体时，它们所获得的角加速度一般是不一样的。转动惯量大的刚体所获得的角加速度小，即角速度改变得慢，也就是保持原有转动状态的惯性大；反之，转动惯量小的刚体所获得的角加速度大，即角速度改变得快，也就是保持原有的转动状态的惯性小。因此，转动惯量是描述刚体在转动中的惯性大小的物理量。

由式（5-12）可以看出，转动惯量 J 等于刚体上各质点的质量与各质点到转轴的距离平方的乘积之和。如果刚体上的质点是连续分布的，则其转动惯量可以用积分进行计算，即

$$J = \int r^2 \, \mathrm{d}m \tag{5-13}$$

在国际单位制中，转动惯量的单位是 kg·m²。

下面计算两种简单形状刚体的转动惯量。

【例 5.4】　一质量为 m、长为 l 的均匀细长棒，如图 5.14 所示，求通过棒中心并与棒垂直的轴的转动惯量。

解： 设细棒的线密度为 λ。如图 5.14 所示，取一距离转轴 OO' 为 r 处的质量元 $\mathrm{d}m = \lambda \mathrm{d}r$，由式（5-13）可得

$$J = \int r^2 \, \mathrm{d}m = \int \lambda r^2 \, \mathrm{d}r$$

由于转轴通过棒的中心，有

$$J = 2\lambda \int_0^{\frac{1}{2}l} r^2 \, \mathrm{d}r = \frac{1}{12}\lambda l^3 = \frac{ml^2}{12}$$

如以通过棒的端点且平行于 OO' 的 AA' 轴为转轴，用同样的方法。可计算出棒对此转轴的转动惯量为 $ml^2/3$。它比转轴为 OO' 时的转动惯量要大。试说明原因。

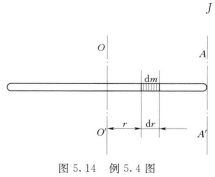

图 5.14　例 5.4 图

【例 5.5】   一质量为 m、半径为 R 的均匀圆盘，求通过盘中心 O 并与盘面垂直的轴的转动惯量。

解： 设盘的质量面密度为 σ。如图 5.15 所示，在圆盘上取一半径为 r、宽度为 $\mathrm{d}r$ 的圆环。圆环的面积为 $2\pi r\mathrm{d}r$。此圆环质量元 $\mathrm{d}m = \sigma 2\pi r\mathrm{d}r$。由式（5-13）可以求得通过盘面中心垂直盘面的轴的转动惯量为

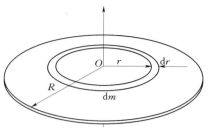

$$J = \int r^2 \mathrm{d}m = 2\pi\sigma\int r^3\mathrm{d}r$$

由于圆盘的半径为 R，有

$$J = 2\pi\sigma\int_0^R r^3\mathrm{d}r = \frac{\pi\sigma R^4}{2} = \frac{1}{2}mR^2$$

图 5.15　例 5.5 图

必须指出，实际上只有对于几何形状简单、质量连续且均匀分布的刚体才能用积分的方法算出它们的转动惯量。对于任意刚体的转动惯量，通常是用实验的方法测定出来的。图 5.16 给出了几种刚体的转动惯量。

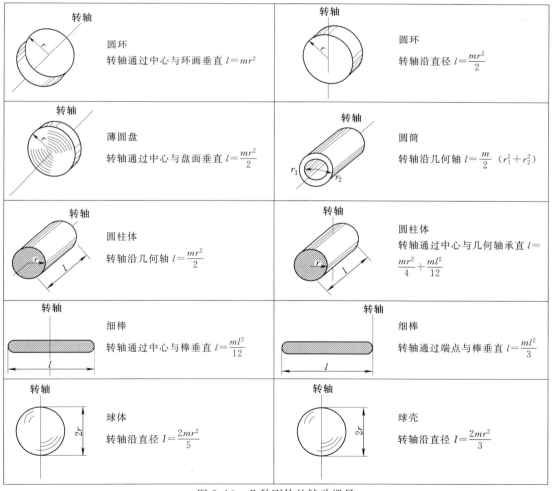

转轴	圆环 转轴通过中心与环画垂直 $I = mr^2$	转轴	圆环 转轴沿直径 $I = \dfrac{mr^2}{2}$
转轴	薄圆盘 转轴通过中心与盘面垂直 $I = \dfrac{mr^2}{2}$	转轴	圆筒 转轴沿几何轴 $I = \dfrac{m}{2}\,(r_1^2 + r_2^2)$
转轴	圆柱体 转轴沿几何轴 $I = \dfrac{mr^2}{2}$	转轴	圆柱体 转轴通过中心与几何轴承直 $I = \dfrac{mr^2}{4} + \dfrac{ml^2}{12}$
转轴	细棒 转轴通过中心与棒垂直 $I = \dfrac{ml^2}{12}$	转轴	细棒 转轴通过端点与棒垂直 $I = \dfrac{ml^2}{3}$
转轴	球体 转轴沿直径 $I = \dfrac{2mr^2}{5}$	转轴	球壳 转轴沿直径 $I = \dfrac{2mr^2}{3}$

图 5.16　几种刚体的转动惯量

如以 ρ 代表刚体的体密度，$\mathrm{d}v$ 为质量元 $\mathrm{d}m$ 的体积元，于是转动惯量可写成。

$$J = \int_V \rho r^2 \mathrm{d}V$$

从该式和图 5.16 中可以看出，刚体的转动惯量与以下三个因素有关。

（1）与刚体的密度 ρ 有关（几何形状简单的刚体，则与质量 m 有关）。如半径相同、厚薄相同的两个圆盘，铁质的转动惯量比木质的大。

（2）与刚体的几何形状（及体密度 ρ 的分布）有关，不同形状的刚体，即使质量相同，它们的转动惯量也是不同的。质量分布得离轴越远，物体的转动惯量越大。

（3）刚体的转动惯量还与转轴的位置有关。如图 5.16 中细棒对通过它中心点的轴和通过它一端的轴的转动惯量是不同的。

说明：

（1）转动惯量是标量。

（2）转动惯量有可加性，当一个刚体由几部分组成时，可以分别计算各个部分对转轴的转动惯量，然后把结果相加就可以得到整个刚体的转动惯量。

（3）单位：$\mathrm{kg \cdot m^2}$。

5.3.2 平行轴定理

如图 5.17 所示，设通过刚体质心的轴线为 z_c 轴，刚体相对这个轴线的转动惯量为 J_c。如果有另一轴线 z 与通过质心的轴线 z_c 相平行，可以证明，刚体对通过 z 轴的转动惯量为

$$J = J_c + md^2 \qquad (5-14)$$

式中：m 为刚体的质量；d 为两平行轴之间的距离。

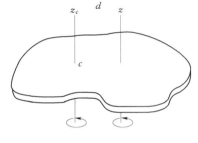

图 5.17　平行轴

式（5-14）的关系称为转动惯量的平行轴定理。平行轴定理有助于计算转动惯量，对研究刚体的滚动是很有帮助的。

利用平行轴定理，可以求得通过细棒端点且与棒垂直的轴线的转动惯量为

$$J = J_c + md^2 = \frac{1}{12}ml^2 + m\left(\frac{l}{2}\right)^2 = \frac{1}{3}ml^2$$

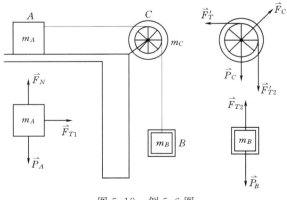

图 5.18　例 5.6 图

【例 5.6】 如图 5.18 所示，质量为 m_A 的物体 A 静止在光滑水平面上，它和一质量不计的绳索连接，此绳索跨过一半径为 R、质量为 m_C 的圆柱形滑轮 C，并系在另一质量为 m_B 的物体 B 上，B 竖直悬挂。圆柱形滑轮可绕其几何中心轴转动。当滑轮转动时，它与绳索间没有滑动，且滑轮与轴承间的摩擦力可略去不计。求：

（1）这两物体的线加速度为多少？

水平和竖直两段绳索的张力各为多少？

（2）物体 B 从静止落下距离 y 时，其速率为多少？

解：（1）在计及滑轮的质量时，就应考虑它的转动。物体 A 和 B 是作平动，它们加速度 a 的大小取决于每个物体所受的合力。滑轮 C 作转动，它的角加速度 α 取决于作用在它上面的合外力矩。首先将三个物体隔离出来，并作如图所示的示力图。张力 F'_{T1} 和 F'_{T2} 的大小是不能假定相等的。但 $F_{T2}=F'_{T2}$，$F_{T1}=F'_{T1}$。

应用牛顿第二定律，并考虑到绳索不伸长，故对 A 和 B 两物体，得

$$F_{T1} = m_A a \tag{1}$$

$$m_B g - F_{T2} = m_B a \tag{2}$$

在式（2）中，选择物体 B 加速度的正方向是竖直向下的，物体 A 加速度的正方向是向右的，按题意略去滑轮与轴承间的摩擦力，故滑轮 C 受到重力 P_C、张力 F'_{T1} 和 F'_{T2} 以及轴对它的力 F_C 等的作用。由于转轴通过滑轮的中心，所以仅有张力 F'_{T1} 和 F'_{T2} 对它有力矩作用。因为 $F'_{T1}=F_{T1}$，$F_{T2}=F'_{T2}$，由转动定律有

$$RF_{T2} - RF_{T1} = J\alpha \tag{3}$$

滑轮 C 以其中心为轴的转动惯量是 $J=\dfrac{1}{2}m_C R^2$。因为绳索在滑轮上无滑动，在滑轮边缘上一点的切向加速度与绳索和物体的加速度大小相等，它与滑轮转动的角加速度的关系为 $a=R\alpha$。把上式各量代入式（3），有

$$F_{T2} - F_{T1} = \frac{1}{2}m_C a \tag{4}$$

解式（1）、式（2）和式（4），得

$$a = \frac{m_B g}{m_A + m_B + \dfrac{1}{2}m_C}$$

$$F_{T1} = \frac{m_A m_B g}{m_A + m_B + \dfrac{1}{2}m_C}$$

$$F_{T2} = \frac{\left(m_A + \dfrac{1}{2}m_C\right)m_B g}{m_A + m_B + \dfrac{1}{2}m_C}$$

（2）因为物体 B 是由静止出发作匀加速直线运动。所以它下落距离 y 时的速率为

$$v = \sqrt{2ay} = \sqrt{\frac{2m_B g y}{m_A + m_B + \dfrac{1}{2}m_C}}$$

【例 5.7】　如图 5.19 所示，一长为 l、质量为 m 的匀质细杆竖直放置，其下端与一固定铰链 O 相接，并可绕其转动。细杆由静止开始绕铰链 O 转动。试计算细杆转到与竖直线呈 θ 角时的角加速度和角速度。

解：细杆受到两个力作用，一个是重力 P，另一个是铰链对细杆的约束力 F_N。由于细杆是匀质的，所以重力 P 可视为作用于杆的重心。以铰链 O 为转轴，当杆与竖直线成 θ

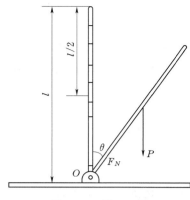

图 5.19　例 5.7 图

角时，重力 P 对铰链 O 的重力矩为 $\frac{1}{2}mgl\sin\theta$。而约束力 F_N 始终通过转轴 O，其力矩为零，故由转动定律，有

$$\frac{1}{2}mgl\sin\theta = J\alpha$$

式中细杆绕轴 O 的转动惯量 $J = \frac{1}{3}ml^2$。于是细杆与竖直线成 θ 角时的角加速度为

$$\alpha = \frac{3g}{2l}\sin\theta$$

由角加速度定义，有

$$\frac{\mathrm{d}\omega}{\mathrm{d}t} = \frac{3g}{2l}\sin\theta$$

进行如下变换

$$\frac{\mathrm{d}\omega}{\mathrm{d}\theta}\frac{\mathrm{d}\theta}{\mathrm{d}t} = \frac{3g}{2l}\sin\theta$$

由于 $\omega = \frac{\mathrm{d}\theta}{\mathrm{d}t}$，上式为

$$\omega\,\mathrm{d}\omega = \frac{3g}{2l}\sin\theta\,\mathrm{d}\theta$$

对上式积分，并利用起始条件：$t=0$ 时，$\theta_0 = 0$，$\omega_0 = 0$ 得

$$\int_0^\omega \omega\,\mathrm{d}\omega = \frac{3g}{2l}\int_0^\theta \sin\theta\,\mathrm{d}\theta$$

积分后化简，细杆转到与竖直线成 θ 角时的角速度为

$$\omega = \sqrt{\frac{3g}{l}(1-\cos\theta)}$$

5.4　刚体定轴转动定律的应用

1. 题目类型

（1）转动惯量和力矩，求角加速度。

（2）已知转动惯量和角加速度，求力矩。

（3）已知力矩和角加速度，求转动惯量。

2. 解题步骤

（1）确定研究对象。

（2）受力分析。

（3）选择参考系与坐标系。

（4）列运动方程。

（5）解方程。

（6）对结果进行讨论。

3. 注意问题

应用转动定律解题时，应该注意以下几点：

（1）力矩与转动惯量必须对同一转轴而言的。

（2）转轴的正方向，以便确定已知力矩或角加速度、角速度的正负。

（3）系统中既有转动物体又有平动物体时，则对转动物体按转动定律建立方程，对于平动物体按牛顿定律建立方程。

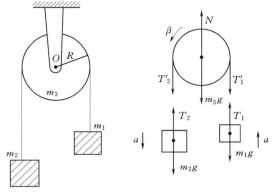

【例 5.8】　如图 5.20 所示，一根轻绳跨过定滑轮，其两端分别悬挂着质量为 m_1 和 m_2 的物体，且 $m_2 > m_1$。滑轮半径为 R，质量为 m_3（可视为匀质圆盘），绳不能伸长，绳与滑轮间也无相对滑动。忽略轴处摩擦，试求物体的加速度和绳子的张力。

解： 由题意可知，m_1 和 m_2 作平动，m_3 作转动。将 m_1、m_2 和 m_3 隔离，作受力如图 5.20 所示。由于滑轮的质量不能忽略，所以绳子两边的张力不等，但是有

$$T_1 = T'_1,\ T_2 = T'_2$$

图 5.20　例 5.8 图

因为绳子不能伸长，所以 m_1 和 m_2 的加速度大小相同。根据牛顿第二定律，并以各自的正方向为正方向，有

$$T_1 - m_1 g = m_1 a,\ m_2 g - T_2 = m_2 a$$

对于 m_3 来说，取逆时针为转动正方向。由于重力和轴承支持力对轴无力矩作用，根据转动定律有

$$T'_2 R - T'_1 R = J\alpha$$

其中转动惯量为 $J = \dfrac{1}{2} m_3 R^2$。

因为绳与滑轮之间无相对滑动，故有

$$a = R\alpha$$

求解上述方程，可得

$$a = \frac{(m_2 - m_1)g}{m_1 + m_2 + \dfrac{1}{2} m_3}$$

$$T_1 = \frac{m_1 \left(2m_2 + \dfrac{1}{2} m_3\right) g}{m_1 + m_2 + \dfrac{1}{2} m_3}$$

$$T_2 = \frac{m_2 \left(2m_1 + \dfrac{1}{2} m_3\right) g}{m_1 + m_2 + \dfrac{1}{2} m_3}$$

【例 5.9】　匀质圆盘的质量为 m，半径为 R，在水平桌面上绕其中心旋转，如图

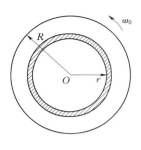

图 5.21　例 5.9 图

5.21（俯视图）所示。设圆盘与桌面之间的摩擦系数为 μ，求圆盘从以角速度 ω_0 旋转到静止需要多少时间？

解： 以圆盘为研究对象，它受重力、桌面的支持力和摩擦力，前两个力对中心轴的力矩为零。

在圆盘上任取一个细圆环，半径为 r，宽度为 dr，整个圆环所受摩擦力矩等于圆环上各质点所受摩擦力矩之和。由于圆环上各个质点所受摩擦力矩的力臂都相等，力矩的方向都相同，若取 ω_0 的方向为正方向，则整个圆环所受的力矩为

$$dM = -\mu g r \, dm$$

其中 $dm = \sigma dS = \dfrac{m}{\pi R^2} 2\pi r dr = \dfrac{2mr dr}{R^2}$ 为圆环的质量，因而有

$$dM = -2\mu mg \, \frac{r^2}{R^2} dr$$

整个圆盘所受的力矩为

$$M = \int_0^R -2\mu mg \, \frac{r^2}{R^2} dr = -\frac{2}{3}\mu mgR$$

负号表示力矩与 ω_0 的方向相反，是阻力矩。

根据转动定律，得

$$\alpha = \frac{M}{J} = \frac{-\dfrac{2}{3}\mu mgR}{\dfrac{1}{2} mR^2} = -\frac{4\mu g}{3R}$$

角加速度为常量，且与 ω_0 的方向相反，表明圆盘作匀减速转动，因此有

$$\omega = \omega_0 + \alpha t$$

当圆盘停止转动时，$\omega = 0$，则得

$$t = \frac{-\omega}{\alpha} = \frac{3R\omega_0}{4\mu g}$$

这就是圆盘由 ω_0 到停止转动所需要得时间。

5.5　转动中的功和能

5.5.1　力矩的功

质点在外力作用下发生位移时，力对质点作了功。当刚体在外力矩的作用下绕定轴转动而发生角位移时，力矩对刚体作了功，这就是力矩的空间累积作用。

如图 5.22 所示，设刚体在切向力 $\vec{F_\tau}$ 的作用下，绕转轴 OO' 转过的角位移为 $d\theta$。这时力 $\vec{F_\tau}$ 的作用点线位移的值为 $ds = r d\theta$。根据功的定义，力 $\vec{F_\tau}$ 在这段位移内所作的功为

$$dW = F_\tau ds = F_\tau r d\theta$$

由于力 $\vec{F_\tau}$ 对转轴的力矩为 $M = F_\tau r$，所以

$$\mathrm{d}W = M\mathrm{d}\theta$$

上式表明，力矩所作的元功 $\mathrm{d}W$ 等于力矩 M 与角位移 $\mathrm{d}\theta$
的乘积。

　　如果力矩的大小和方向都不变，则当刚体在此力矩
作用下转过角 θ 时，力矩所作功为

$$W = \int \mathrm{d}W = M\int_0^\theta \mathrm{d}\theta = M\theta \qquad (5-15)$$

即恒力矩对绕定轴转动的刚体所作的功，等于力矩的大
小与转过的角度 θ 的乘积。

　　如果作用在绕定轴转动的刚体上的力矩是变化的，
那么，变力矩所作的功则为

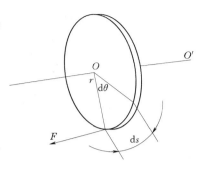

图 5.22　力矩的功

$$W = \int M\mathrm{d}\theta \qquad (5-16)$$

　　应当指出，式（5-15）和式（5-16）中的 M 是作用在绕定轴转动刚体上诸外力的
合力矩。故上述两式应理解为合外力矩对刚体所作的功。

5.5.2　力矩的功率

　　用单位时间内，力矩对刚体所作的功来表示力矩作功的快慢，并把它称为力矩的功
率，用 P 表示。

　　设刚体在恒力矩作用下绕定轴转动时，在时间 $\mathrm{d}t$ 内转过 $\mathrm{d}\theta$ 角，则力矩的功率为

$$P = \frac{\mathrm{d}W}{\mathrm{d}t} = M\frac{\mathrm{d}\theta}{\mathrm{d}t} = M\omega \qquad (5-17)$$

即力矩的功率等于力矩与角速度的乘积。当功率一定时，转速越低，力矩越大；反之，转
速越高，力矩越小。

5.5.3　转动动能

　　刚体以角速度 ω 绕定轴 O 转动时，体内各质元具有不同的线速度。如图 5.23 所示，
设其中第 i 个质元的质量为 m_i，与轴 O 相距为 r_i，其线速度大小为 $v_i = r_i\omega$，其动能为

$$m_i v_i^2 / 2 = m_i r_i^2 \omega^2 / 2$$

整个刚体的转动动能就是刚体内所有质元的动能之和，即

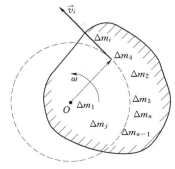

图 5.23　转动动能

$$
\begin{aligned}
E_k &= \frac{1}{2} m_1 r_1^2 \omega^2 + \frac{1}{2} m_2 r_2^2 \omega^2 + \cdots = \frac{1}{2}(m_1 r_1^2 + m_2 r_2^2 + \cdots)\omega^2 \\
&= \frac{1}{2}\Big(\sum_i m_i r_i^2\Big)\omega^2
\end{aligned}
$$

式中：$\sum_i m_i r_i^2$ 为刚体对轴的转动惯量 J，故上式可写成

$$E_k = \frac{1}{2}J\omega^2 \qquad (5-18)$$

它表示刚体绕定轴的转动动能等于刚体对此轴的转动惯量

与角速度平方之乘积的 1/2。将物体的转动动能 $\frac{1}{2}J\omega^2$ 与平动动能 $\frac{1}{2}m\upsilon^2$ 相比较，也可以看出物体的转动惯量 J 对应于物体平动时的质量 m。

5.5.4 刚体绕定轴转动的动能定理

设在合外力矩 M 的作用下，刚体绕定轴转过角位移为 $\mathrm{d}\theta$，合外力矩对刚体所作的元功为

$$\mathrm{d}W = M\mathrm{d}\theta$$

由转动定律 $M = J\alpha = J\dfrac{\mathrm{d}\omega}{\mathrm{d}t}$，上式亦可写成

$$\mathrm{d}W = J\frac{\mathrm{d}\omega}{\mathrm{d}t}\mathrm{d}\theta = J\frac{\mathrm{d}\theta}{\mathrm{d}t}\mathrm{d}\omega = J\omega\mathrm{d}\omega$$

若设上式中的 J 为常量，那么在 Δt 时间内，由合外力矩对刚体作功，使得刚体的角速率从 ω_1 变到 ω_2，合外力矩对刚体所作的功为

$$W = \int\mathrm{d}W = J\int_{\omega_1}^{\omega_2}\omega\mathrm{d}\omega$$

即

$$W = \frac{1}{2}J\omega_2^2 - \frac{1}{2}J\omega_1^2 \tag{5-19}$$

式（5-19）表明，合外力矩对绕定轴转动的刚体所作的功等于刚体转动动能的增量，这就是刚体绕定轴转动的动能定理。

【例 5.10】 一质量为 m'、半径为 R 的圆盘，可绕一垂直通过盘心的无摩擦的水平轴转动。圆盘上绕有轻绳，一端挂质量为 m 的物体。问物体在静止下落高度 h 时，其速度的大小为多少？设绳的质量忽略不计。

解： 如图 5.24 拉力 $\vec{F}_T$ 对圆盘做功，由刚体绕定轴转动的动能定理可得，拉力 $\vec{F}_T$ 的力矩所作的功为

$$\int_{\theta_0}^{\theta}F_T R\mathrm{d}\theta = R\int_{\theta_0}^{\theta}F_T\mathrm{d}\theta = \frac{1}{2}J\omega^2 - \frac{1}{2}J\omega_0^2$$

式中：θ、θ_0 和 ω、ω_0 分别为圆盘终了和起始时的角坐标和角速度。

由质点动能定理

$$\vec{F}_T = -\vec{F}_T'$$

$$mgh - R\int_{\theta_0}^{\theta}F_T\mathrm{d}\theta = \frac{1}{2}m\upsilon^2 - \frac{1}{2}m\upsilon_0^2$$

物体由静止下落

$$\upsilon_0 = 0,\ \omega_0 = 0$$

并考虑到圆盘的转动惯量

$$J = \frac{1}{2}m'R^2,\ \upsilon = \omega R$$

解得

$$\upsilon = \sqrt{\frac{mgh}{m' + 2m}} = \sqrt{\frac{m}{\dfrac{m'}{2} + m}2gh}$$

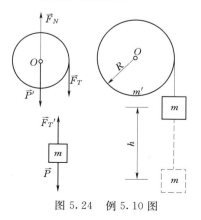

图 5.24　例 5.10 图

【例 5.11】 如图 5.25 所示，定滑轮半径为 r，可绕垂直通过轮心的无摩擦水平轴转动，转动惯量为 J，轮上绕有一轻绳，一端与劲度系数为 k 的轻弹簧相连，另一端与质量为 m 的物体相连。物体置于倾角为 θ 的光滑斜面上。开始时，弹簧处于自然长度，物体速度为零然后释放物体沿斜面下滑，求物体下滑距离 l 时，物体速度的大小。

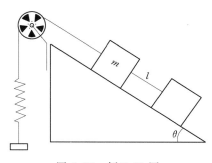

图 5.25　例 5.11 图

解： 把物体、滑轮、弹簧、轻绳和地球为研究系统。在物体由静止下滑的过程中，只有重力、弹性力作功，其他外力和非保守内力作功的和为零，故系统的机械能守恒。

设物体下滑 l 时，速度为 v，此时滑轮的角速度为 ω

$$0 = \frac{1}{2}kl^2 + \frac{1}{2}J\omega^2 + \frac{1}{2}mv^2 - mgl\sin\theta \tag{1}$$

又有

$$v = r\omega \tag{2}$$

由式（1）和式（2）可得

$$v = \sqrt{\frac{2mgl\sin\theta - kl^2}{J/r^2 + m}}$$

本题也可以由刚体定轴转动定律和牛顿第二定律求得，读者不妨一试。

5.6　对定轴的角动量守恒定律

本节将讨论力矩对时间的累积作用，得出角动量定理和角动量守恒定律。本节着重讨论绕定轴转动的刚体的角动量定理和角动量守恒定律，为此，先讨论质点对给定点的角动量定理和角动量守恒定律。

5.6.1　质点的角动量定理和角动量守恒定律

1. 质点的角动量

如图 5.26 所示，设有一个质量为 m 的质点位于直角坐标系中点 A，该点相对原点 O 的位矢为 $\vec{r}$，并具有速度 $\vec{v}$。定义，质点 m 对原点 O 的角动量为

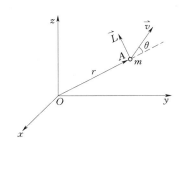

图 5.26　角动量

$$\vec{L} = \vec{r} \times \vec{P} = \vec{r} \times m\vec{v} \tag{5-20}$$

质点的角动量 $\vec{L}$ 是一个矢量，它的方向垂直于 $\vec{r}$ 和 $\vec{v}$ 的平面，并遵守右手法则：右手拇指伸直，当四指由 $\vec{r}$ 经小于 $180°$ 的角 θ 转向 $\vec{v}$（或 $\vec{P}$）时，拇指的指向就是 $\vec{L}$ 的方向。至于质点角动量 $\vec{L}$ 的值，由矢量的矢积法则知

$$L = rmv\sin\theta \tag{5-21}$$

式中：θ 为 $\vec{r}$ 与 $\vec{v}$（或 $\vec{P}$）之间的夹角。

应当指出，质点的角动量与位矢 $\vec{r}$ 和动量 $\vec{P}$ 有关的，也就是与参考点 O 的选择有关。因此在讲述质点的角动量时，必须指明是对哪一点的角动量。

若质点在半径为 r 的圆周上运动，在某一时刻，质点位于点 A，速度为 $\vec{v}$。如以圆心 O 为参考点（图 5.27），那么 $\vec{r}$ 与 $\vec{v}$（或 $\vec{P}$）总是相互垂直的。于是质点对圆心 O 的角动量 $\vec{L}$ 的大小为

$$L = rmv \tag{5-22a}$$

因为 $v = r\omega$，上式亦可写成

$$L = mr^2\omega \tag{5-22b}$$

至于 $\vec{L}$ 的方向应平行于过圆心且垂直于运动平面的 z 轴，与 ω 的方向相同。

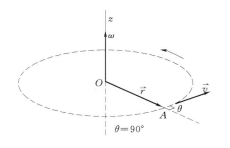

图 5.27　角动量的方向

说明：

（1）大到天体，小到基本粒子，都具有转动的特征。但从 18 世纪定义角动量，直到 20 世纪人们才开始认识到角动量是自然界最基本最重要的概念之一，它不仅在经典力学中很重要，而且在近代物理中的运用更为广泛。

例如，电子绕核运动，具有轨道角动量，电子本身还有自旋运动，具有自旋角动量等。原子、分子和原子核系统的基本性质之一，是它们的角动量仅具有一定的不连续的量值。这被称为角动量的量子化。因此，在这种系统的性质的描述中，角动量起着主要的作用。

（2）角动量不仅与质点的运动有关，还与参考点有关。对于不同的参考点，同一质点有不同的位置向量，因而角动量也不相同。因此在说明一个质点的角动量时，必须指明是相对于哪一个参考点而言的。

（3）角动量的定义式 $\vec{L} = \vec{r} \cdot \vec{P} = \vec{r} \cdot m\vec{v}$ 与力矩的定义式 $\vec{M} = \vec{r} \times \vec{F}$ 形式相同，故角动量有时也称为动量矩——动量对转轴的矩。

（4）若质点作圆周运动，$\vec{v} \perp \vec{r}$，且在同一平面内，则角动量的大小为 $L = mrv = mr^2\omega$，写成矢量形式为 $\vec{L} = mr^2\vec{\omega}$。

（5）质点作匀速直线运动时，尽管位置矢量 $\vec{r}$ 变化，但是质点的角动量 $\vec{L}$ 保持不变。

2. 质点的角动量定理

设质量为 m 的质点，在合力 $\vec{F}$ 作用下，其运动方程为

$$\vec{F} = \frac{\mathrm{d}(m\vec{v})}{\mathrm{d}t}$$

由于质点对参考点 O 的位矢为 $\vec{r}$，故以 $\vec{r}$ 叉乘上式两边，有

$$\vec{r} \cdot \vec{F} = \vec{r} \times \frac{\mathrm{d}(m\vec{v})}{\mathrm{d}t} \tag{5-23}$$

考虑到
$$\frac{\mathrm{d}(\vec{r} \cdot m\vec{v})}{\mathrm{d}t} = \vec{r} \times \frac{\mathrm{d}(m\vec{v})}{\mathrm{d}t} + \frac{\mathrm{d}\vec{r}}{\mathrm{d}t} \times m\vec{v}$$

而且
$$\frac{\mathrm{d}\vec{r}}{\mathrm{d}t} \times \vec{v} = \vec{v} \times \vec{v} = 0$$

故式（5-23）可写成

$$\vec{r} \times \vec{F} = \frac{\mathrm{d}}{\mathrm{d}t}(\vec{r} \times m\vec{v})$$

式中：$\vec{r} \times \vec{F}$ 为合力 $\vec{F}$ 对参考点 O 的合力矩。于是上式为

$$\vec{M} = \frac{\mathrm{d}}{\mathrm{d}t}(\vec{r} \times m\vec{v}) = \frac{\mathrm{d}\vec{L}}{\mathrm{d}t} \tag{5-24}$$

式（5-24）表明，作用于质点的合力对参考点 O 的力矩，等于质点对该点的角动量随时间的变化率。这与牛顿第二定律 $\vec{F} = \frac{\mathrm{d}\vec{P}}{\mathrm{d}t}$ 形式上是相似的，只是用 $\vec{M}$ 代替了 $\vec{F}$，用 $\vec{L}$ 代替了 $\vec{P}$。

式（5-24）还可写成

$$\vec{M}\mathrm{d}t = \mathrm{d}\vec{L}$$

$\vec{M}\mathrm{d}t$ 为力矩 $\vec{M}$ 与作用时间 $\mathrm{d}t$ 的乘积，称为冲量矩。上式取积分有

$$\int_{t_1}^{t_2} \vec{M}\mathrm{d}t = \vec{L_2} - \vec{L_1} \tag{5-25}$$

式中：$\vec{L_1}$ 和 $\vec{L_2}$ 分别为质点在时刻 t_1 和 t_2 对参考点 O 的角动量；$\int_{t_1}^{t_2} \vec{M}\mathrm{d}t$ 为质点在时间间隔 $t_2 - t_1$ 内对参考点 O 所受的冲量矩。

因此，式（5-25）的物理意义是：对同一参考点 O，质点所受的冲量矩等于质点角动量的增量。这就是质点的角动量定理。

3. 质点的角动量守恒定律

由式（5-25）可以看出，若质点所受合力矩为零，即 $\vec{M}=0$，则有

$$\vec{L} = \vec{r} \times m\vec{v} = 恒矢量 \tag{5-26}$$

式（5-26）表明，当质点所受对参考点 O 的合力矩为零时，质点对该参考点 O 的角动量为一恒矢量。这就是质点的角动量守恒定律。

应当注意，质点的角动量守恒的条件是合力矩 $\vec{M}=0$。这可能有两种情况：一种是合力 $\vec{F}$ 为零；另一种是合力 $\vec{F}$ 虽不为零，但合力 $\vec{F}$ 通过参考点 O，致使合力矩为零。质点作匀速率圆周运动就是这种例子。质点作匀速率圆周运动时，作用于质点的合力是指向圆心的所谓有心力，故其力矩为零，所以质点作匀速率圆周运动时，它对圆心的角动量是守恒的。不仅如此，只要作用于质点的力是有心力，有心力对力心的力矩总是零，所以，在有心力作用下质点对力心的角动量都是守恒的。太阳系中行星的轨道为椭圆，太阳位于两

焦点之一，太阳作用于行星的引力是指向太阳的有心力，因此如以太阳为参考点 O，则行星的角动量是守恒的。角动量守恒定律是物理学的另一基本规律。在研究天体运动和微观粒子运动时，角动量守恒定律都起着重要作用。

在国际单位制中，角动量的单位为 $kg \cdot m^2 / s$。

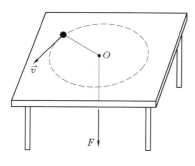

图 5.28　例 5.12 图

【例 5.12】　如图 5.28 所示，质量为 m 的小球系在绳子的一端，绳穿过一铅直套管，使小球限制在一光滑水平面上运动。先使小球以速度 v_0 绕管心作半径为 r_0 的圆周运动，然后向下慢慢拉绳，使小球运动轨迹最后成为半径为 r_1 的圆，求：

（1）小球距管心 r_1 时速度大小。

（2）由 r_0 缩到 r_1 过程中，力 $\vec{F}$ 所作的功。

解：（1）绳子作用在小球上的力始终通过中心 O，是有心力，以小球为研究对象，此力对 O 的力矩在小球运动过程中始终为零，因此，在绳子缩短的过程中，小球对 O 点的角动量守恒，即

$$L_0 = L_1$$

小球在 r_0 和 r_1 位置时的角动量大小

$$mv_0 r_0 = mv_1 r_1$$

$$v_1 = v_0 \frac{r_0}{r_1}$$

（2）可见，小球的速率增大了，动能也增大了，由功能定理得力所作的功

$$W = \frac{1}{2}mv_1^2 - \frac{1}{2}mv_0^2 = \frac{1}{2}mv_0^2\left(\frac{r_0}{r_1}\right)^2 - \frac{1}{2}mv_0^2 = \frac{1}{2}mv_0^2\left[\left(\frac{r_0}{r_1}\right)^2 - 1\right]$$

5.6.2　刚体定轴转动的角动量定理和角动量守恒定律

1. 刚体定轴转动的角动量

当刚体以角速度 ω 绕定轴转动时，刚体上每个质点都以相同的角速度绕转轴转动，质点 m_i 对转轴的角动量为 $L_i = m_i r_i^2 \omega$，于是刚体上所有质点对转轴的角动量，即刚体的角动量为

$$L = \sum m_i r_i^2 \omega = \left(\sum m_i r_i^2\right)\omega$$

引入转动惯量，刚体的角动量可写成

$$L = J\omega$$

写成矢量形式

$$\vec{L} = J\vec{\omega} \qquad\qquad (5-27)$$

角动量的方向与角速度的方向一致，与转轴平行。

2. 刚体定轴转动的角动量定理

力的时间累积作用是使质点的动量发生变化，那么力矩的累积作用对定轴转动的刚体会产生什么效果呢？

（1）刚体定轴转动定理的另一种表述。因为作用在第 i 个质点 m_i 上的合力矩 M_i 应等于质点的角动量随时间的变化率，即

$$M_i = \frac{dL_i}{dt} = \frac{d}{dt}(m_i r_i^2 \omega)$$

M_i 包含有外力矩 M_i^{ex} 和内力矩 M_i^{in}，但对绕定轴 O_z 转动的刚体来说，刚体内各质点的内力矩之和应为零，即 $\sum M_i^{in} = 0$。故由上式可得作用于绕定轴 O_z 转动刚体的合外力矩 M 为：

$$M = \sum_i M_i^{ex} = \frac{d}{dt}(\sum L_i) = \frac{d}{dt}(\sum m_i r_i^2 \omega) = \frac{d}{dt}(J\omega) = \frac{dL}{dt} \qquad (5-28)$$

即刚体绕某定轴转动时，作用于刚体的合外力矩等于刚体绕此定轴的角动量随时间的变化率。

注意：①式（5-28）更具普遍意义。即使转动惯量 J 因内力作用而发生变化时，前述的转动定律已不适用，但上式仍然成立。就如 $\vec{F} = d\vec{P}/dt$ 较之 $\vec{F} = m\vec{a}$ 更普遍的情况一样。②在这里没有采用矢量描述，要注意实际上是使用了分量式，表达式中的有关物理量可正可负，为双向标量。

（2）力矩对给定轴的冲量矩和角动量定理。由转动定律

$$\vec{M} = \frac{d\vec{L}}{dt}$$

得

$$\vec{M}dt = d\vec{L}$$

积分得

$$\int_{t_0}^{t} \vec{M}dt = \int_{\vec{L}_0}^{\vec{L}} d\vec{L} = \vec{L} - \vec{L}_0$$

式中：$\vec{L}_0$ 和 $\vec{L}$ 分别为刚体在时刻 t_0 和 t 的角动量；$\int_{t_0}^{t} \vec{M}dt$ 为刚体在时间间隔 $t - t_0$ 内所受的冲量矩。

当转动惯量一定时

$$\int_{t_0}^{t} \vec{M}dt = J\vec{\omega} - J\vec{\omega}_0$$

当转动惯量变化时

$$\int_{t_0}^{t} \vec{M}dt = J\vec{\omega} - J_0\vec{\omega}_0$$

刚体的角动量定理：当转轴给定时，作用在刚体上的冲量矩等于刚体角动量的增量。

3. 刚体定轴转动的角动量守恒定律

若刚体所受的合外力矩为零，即 $\vec{M} = 0$，则

$$J\vec{\omega} = \text{恒矢量} \qquad (5-29)$$

角动量守恒定律：当刚体所受的合外力矩为零，或者不受合外力的作用，则刚体的角动量保持不变。

讨论分两种情况：

（1）刚体绕转轴转动时，如果转动惯量不变，由于角动量为恒量，则角速度为恒量，即刚体作匀速转动。

（2）刚体绕转轴转动时，如果转动惯量可以改变，由于角动量为恒量 $J\omega = J_0\omega_0$，得

$$\omega = \frac{J_0\omega_0}{J}$$

此时，刚体的角速度随转动惯量的变化而变化，但两者的乘积不变。当转动惯量变大时，角速度变小；当转动惯量变小时，角速度变大。

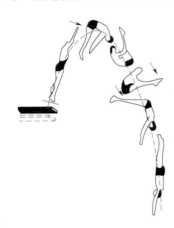

图 5.29　空中翻转图

舞蹈演员与滑冰运动员作旋转动作时，先将两臂与腿伸开，绕通过足尖的竖直轴以一定的角速度旋转，然后将两臂与腿迅速收拢，由于转动惯量减小而使旋转明显加快；又如跳水运动员在空中翻筋斗时（图 5.29），运动员将两臂伸直，并以某一角速度离开跳板，跳在空中时，将臂和腿尽量卷缩起来，以减小他对横贯腰部的转轴的转动惯量，因而角速度增大，在空中迅速翻转，当快接近水面时，再伸直臂和腿以增大转动惯量，减小角速度，以便竖直地进入水中。

鱼雷的双螺旋桨：鱼雷最初是不转动的，在不受外力矩作用时，根据角动量守恒定律，其总的角动量应始终为零。如果只装一部螺旋桨，当其顺时针转动时，鱼雷将反向滚动，这时鱼雷不能正常运行了。为此在鱼雷的尾部再装一部相同的螺旋桨，工作时让两部螺旋桨向相反的方向旋转，这样就可以使鱼雷的总角动量保持为零，以免鱼雷发生滚动。而水对转向相反的两台螺旋桨的反作用便是鱼雷前进的推力。

直升机的尾桨：当安装在直升机上方的旋翼转动时，根据角动量守恒定律，它必然引起机身反向打转，以维持总的角动量为零。为了防止机身打转，通常再直升机的尾部侧向安装一个小的辅助旋桨，称为尾桨，它提供一个附加的水平力，其力矩可抵消旋翼给机身的反作用力矩。

说明：角动量守恒定律、能量守恒定律和动量守恒定律，都是在不同的理想条件下，用经典牛顿力学原理推导出来的，但它们的使用范围，却远远超出原有条件的限制。它们不仅适用于牛顿力学有效的所有经典物理范围，也适用于牛顿力学失效的近代物理理论——量子力学和相对论。上述三条守恒定律不但比牛顿力学更基本、更普遍，而且也是近代物理理论的基础，成为更普遍适用的物理定律。

【例 5.13】　如图 5.30 所示，一长为 l、质量为 M 的杆可绕支点 O 自由转动。一质量为 m、速度为 $\vec{v}$ 的子弹射入距支点为 a 的杆内。若杆的偏转角为 $30°$，问子弹的初速为多少？

解：把子弹和杆看做一个系统。系统所受的力有重力和轴对杆的约束力。在子弹射入杆的极短时间内，重力和约束力均通过轴，因而它们对轴的力矩均为零，系统的角动量守恒，于是有

$$mva = \left(\frac{1}{3}Ml^2 + ma^2\right)\omega$$

子弹射入杆内，在摆动过程中只有重力作功，故以子弹、杆和地球为系统，系统的机械能守恒。于是有

$$\frac{1}{2}\left(\frac{1}{3}Ml^2 + ma^2\right)\omega^2 = mga(1-\cos30°) + Mg\frac{1}{2}l(1-\cos30°)$$

解上述方程，得

$$v = \frac{1}{ma}\sqrt{\frac{g}{6}(2-\sqrt{3})(Ml+2ma)(Ml^2+3ma^2)}$$

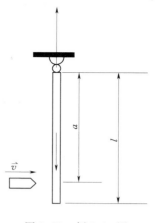

图 5.30　例 5.13 图

【例 5.14】　一杂技演员 M 由距水平跷板高为 h 处自由下落到跷板的一端 A，并把跷板另一端的演员 N 弹了起来，设跷板是匀质的，长度为 l，质量为 m'，支撑点在板的中部点 C，跷板可绕点 C 在竖直平面内转动，演员 M、N 的质量都是 m，假定演员 M 落在跷板上，与跷板的碰撞是完全非弹性碰撞，问演员 N 可弹起多高（图 5.31）？

解：为使讨论简化，把演员视为质点，如图 5.31 所示。

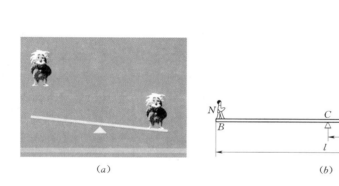

图 5.31　例 5.14 图

演员 M 落在板 A 处的速率为 $v_M = (2gh)^{1/2}$，这个速率也就是演员 M 与板 A 处刚碰撞时的速率，此时演员 N 的速率 $v_N = 0$，在碰撞后的瞬时，演员 M、N 具有相同的线速率 u，其值为 $u = \frac{l}{2}\omega$，ω 为演员和板绕点 C 的角速度。现把演员 M、N 和跷板作为一个系统，并以通过点 C 垂直纸平面的轴为转轴。由于 M、N 两演员的质量相等，所以当演员 M 碰撞板 A 处时，作用在系统上的合外力矩为零，故系统的角动量守恒，有

$$mv_M\frac{l}{2} = J\omega + 2mu\frac{l}{2} = J\omega + \frac{1}{2}ml^2\omega$$

式中：J 为跷板的转动惯量。若把板看成是窄长条形状的，则 $J = \frac{1}{12}m'l^2$，于是由上式可得

$$\omega = \frac{mv_M\frac{l}{2}}{\frac{1}{12}m'l^2 + \frac{1}{2}ml^2} = \frac{6m(2gh)^{1/2}}{(m'+6m)l}$$

这样演员 N 将以速率 $u = \dfrac{l}{2}\omega$ 跳起，达到的高度 h' 为

$$h' = \frac{u^2}{2g} = \frac{l^2\omega^2}{8g} = \left(\frac{3m}{m'+6m}\right)^2 h$$

实验链接：用三线摆法测定物体的转动惯量

思考与讨论：

（1）应用角动量守恒，说明两极冰山融化，地球自转角速度变化的原因。

（2）民兵训练中，持枪稍息时，枪托在脚边，枪口离开身体，使枪身倾斜。向左右转时，一定要把枪收回来，靠近身体才方便，这是为什么？

（3）天安门前放烟火时，一朵五彩缤纷的烟火的质心的运动轨迹如何？（忽略空气阻力与风力）为什么在空中烟火总是以球形逐渐扩大？

（4）在自行车的后架的一边，挂上重物，人骑上车后总要使自己向相反方向倾斜，为什么？

习　　题

5.1　请填写复习简表。

项　目	刚体的定轴转动	刚体定轴转动定律	转动惯量的计算	刚体定轴转动定律的应用	转动中的功和能	对定轴的角动量守恒定律
主要内容						
主要公式						
重点难点						
自我提示						

5.2　已知刚体定轴转动的运动方程为 $\theta = 2\pi - \dfrac{5}{2}\pi t + \dfrac{\pi}{2}t^2$ （rad）。求：

（1）第 4s 末的角位置、角速度和角加速度。

（2）第 4s 内的角位移。

（3）刚体作什么运动。

5.3　一飞轮以等角加速度 2rad/s² 转动，在某时刻以后的 5s 内飞轮转过了 100rad。若此飞轮是由静止开始转动的，问在上述的某时刻以前飞轮转动了多少时间？

5.4　有一半径为 R 的圆形平板平放在水平桌面上，平板与水平桌面的摩擦系数为 μ，若平板绕通过其中心且垂直板面的固定轴以角速度 ω_0 开始旋转，它将在旋转几圈后停止？$\left(\text{已知圆形平板的转动惯量 } J = \dfrac{1}{2}mR^2，\text{其中 } m \text{ 为圆形平板的质量}\right)$

5.5　如图 5.32 所示，转轮 A、B 可分别独立地绕光滑的固定轴 O 转动，它们的质量分别为 $m_A = 10\text{kg}$ 和 $m_B = 20\text{kg}$，半径分别为 r_A 和 r_B。现用力 f_A 和 f_B 分别向下拉绕在轮

上的细绳且使绳与轮之间无滑动。为使 A、B 轮边缘处的切向加速度相同，相应的拉力 f_A、f_B 之比应为多少？（其中 A、B 轮绕 O 轴转动时的转动惯量分别为 $J_A = \frac{1}{2} m_A r_A^2$ 和 $J_B = \frac{1}{2} m_B r_B^2$）

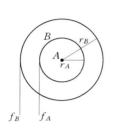

图 5.32　题 5.5 图

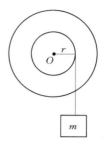

图 5.33　题 5.6 图

5.6　一质量为 m 的物体悬于一条轻绳的一端，绳另一端绕在一轮轴的轴上，如图所示。轴水平且垂直于轮轴面，其半径为 r，整个装置架在光滑的固定轴承之上。当物体从静止释放后，在时间 t 内下降了一段距离 S（图 5.33）。试求整个轮轴的转动惯量（用 m、r、t 和 S 表示）。

5.7　一定滑轮半径为 0.1m，相对中心轴的转动惯量为 $1 \times 10^{-3} \mathrm{kg \cdot m^2}$。一变力 $F = 0.5t$(SI) 沿切线方向作用在滑轮的边缘上，如果滑轮最初处于静止状态，忽略轴承的摩擦。试求它在 1s 末的角速度。

5.8　一长为 1m 的均匀直棒可绕过其一端且与棒垂直的水平光滑固定轴转动。抬起另一端使棒向上与水平面成 $60°$，然后无初转速地将棒释放。已知棒对轴的转动惯量为 $\frac{1}{3} ml^2$，其中 m 和 l 分别为棒的质量和长度（图 5.34）。求：

（1）放手时棒的角加速度。

（2）棒转到水平位置时的角加速度。

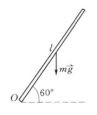

图 5.34　题 5.8 图

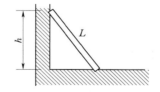

图 5.35　题 5.9 图

5.9　长为 L 的梯子斜靠在光滑的墙上高为 h 的地方，梯子和地面间的静摩擦系数为 μ（图 5.35），若梯子的重量忽略，试问人爬到离地面多高的地方，梯子就会滑倒下来？

5.10　有一半径为 R 的均匀球体，绕通过其一直径的光滑固定轴匀速转动，转动周期为 T_0。如它的半径由 R 自动收缩为 $R/2$，求球体收缩后的转动周期（球体对于通过直径的轴的转动惯量为 $J = 2mR^2/5$，式中 m 和 R 分别为球体的质量和半径）。

第 6 章　狭 义 相 对 论 基 础

学习建议

1. 课堂讲授为 6 学时左右。

2. 本章是近代物理学内容，学习时可与经典物理学相互比较、借鉴。

3. 教学基本要求：

(1) 掌握狭义相对论两个基本假设。

(2) 理解洛伦兹坐标变换、速度变换，了解狭义相对论的时空观：同时的相对性、长度收缩、时间膨胀，了解相对论的时空观与牛顿绝对时空观的区别。

(3) 理解狭义相对论中运动质量、静止质量和动量的概念。了解质量和能量的关系、能量和动量的关系，并能用以分析计算有关的简单问题。

以上各章介绍了牛顿经典力学最基本的内容，牛顿力学的基础就是以牛顿命名的三条定律。他们形成于 17 世纪，在以后的两个多世纪里，牛顿力学对科学和技术的发展起了很大的推动作用，而自身也得到了很大的发展。历史踏入 20 世纪后，物理学开始深入扩展到微观高速领域，这时发现牛顿力学在这些领域不再适用，物理学的发展要求对牛顿力学以及某些长期认为是不言自明的基本概念作出根本性的改变。这种改变终于实现了，那就是相对论和量子力学的建立。

6.1　伽利略变换式、牛顿的绝对时空观

6.1.1　经典力学的相对性原理

相对于不同的参考系，经典力学定律的形式是完全一样的吗？伽利略在驳斥"地心说"时，阐述了他的相对性原理。他指出在地球上进行的一切力学实验都不能证明地球是否在运动，任何一个相对于地面参考系作匀速直线运动的参考系，在描述力学现象时，与地面参考系完全等效。在《关于两个世界体系的对话》中，他精彩地描述了在一个匀速直线运动的船舱里发生的力学现象。他写道："把你和一些朋友关在一条大船甲板下的主舱里，再让你们带几只苍蝇、蝴蝶和其他小飞虫。舱内放一只大水碗，其中放几条鱼。然后，挂上一个水瓶，让水一滴一滴地滴到一个宽口罐里。船停着不动时，你留神观察，小虫都以等速向舱内各方向飞行，鱼向各个方向随便游动，水滴滴进下面的罐子中。你把任何东西扔给你的朋友时，只要距离相等，向这一方向不必比另一方向用更多的力。你双脚齐跳，无论向哪个方向

跳过的距离都相等。当你仔细地观察这些事情后，再使船以任何速度前进，只要运动是匀速的，也不忽左忽右地摆动，你将发现，所有上述现象丝毫没有变化，你也无法从其中任何一个现象来确定，船是在运动还是停着不动。即使船运动得相当快，在跳跃时，你将和以前一样，在船底板上跳过相同的距离，你跳向船尾也不会比跳向船头来得远，虽然你跳到空中时，脚下的船底板向着你跳的相反方向移动。你把不论什么东西扔给你的同伴时，如果你的同伴在船头而你在船尾，你所用的力并不比你们两个站在相反的位置时所用的力更大。水滴将像先前一样，滴进下面的罐子，一滴也不会滴向船尾，虽然水滴在空中时，船已行驶了相当距离。鱼在水中游向水碗前部所用的力，不比游向水碗后部来得大；它们一样悠闲地游向放在水碗边缘任何地方的食饵。最后，蝴蝶和苍蝇将继续随便地到处飞行，它们也决不会向船尾集中，并不因为它们可能长时间留在空中，脱离了船的运动，为赶上船的运动显出累的样子。如果点香冒烟，即将看到烟像一朵云一样向上升起，不向任何一边移动。"

在匀速航行的船舱里所作的任何观察和实验都不可能判断船究竟是在运动还是停止不动。这说明，在相对作匀速直线运动的所有惯性系里，物体的运动都遵从同样的力学定律；或者说对于任何惯性参照系，牛顿力学的规律都具有相同的形式，这就是经典力学的相对性原理。所以，力学中不存在绝对静止的概念，不存在一个绝对静止优越的惯性系。

关于相对性原理的思想，在我国古籍中也有记载，成书于西汉时代的《尚书纬·考灵曜》中有这样的记述："地恒动不止而人不知，譬如人在大舟中，闭牖而坐，舟行而不觉也"。这一叙述与其后的哥白尼、伽利略在论述这类问题时，都不谋而合地运用过几乎相同的比喻。这说明我国古代早在公元前 1 世纪已有学者对运动有了相当深刻的认识。

在经典力学中，伽利略相对性原理、牛顿运动定律及经典力学时空观互相交织在一起。先考虑伽利略坐标系变换式。

（1）坐标系变换式。如图 6.1 所示，设两个惯性参考系 $S(Oxyz)$ 和 $S'(O'x'y'z')$，它们的对

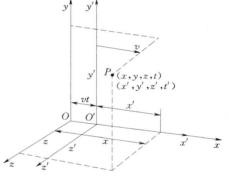

图 6.1　伽利略变换

应坐标轴相互平行，且 S' 系相对 S 系以速度 $\vec{v}$ 沿 Ox 轴的正方向运动。开始时，两惯性参考系重合。由经典力学可知，在时刻 t，点 P 在这两个惯性参考系中的位置坐标有如下对应关系。

$$\begin{cases} x' = x - vt \\ y' = y \\ z' = z \\ t' = t \end{cases} \quad 或 \quad \begin{cases} x = x' + vt \\ y = y' \\ z = z' \\ t = t' \end{cases} \tag{6-1}$$

这些变换式就称为伽利略时空坐标变换式。它是牛顿绝对时空观的数学表述。

（2）速度变换。把式（6-1）中的前三式对时间求一阶导数，得经典力学中的速度变换式，即

$$\begin{cases} u'_x = u_x - v \\ u'_y = u_y \\ u'_z = u_z \end{cases} \qquad (6-2)$$

式中：u'_x、u'_y、u'_z 分别为点 P 对于 S' 系的速度分量；u_x、u_y、u_z 分别为点 P 对 S 系的速度分量。

式（6-2）为点 P 在 S 系和 S' 中的速度变换关系，称为伽利略速度变换式。其矢量形式为

$$\vec{u} = \vec{u}' + \vec{v} \qquad (6-3)$$

（3）加速度变换。

同理易得：
$$\begin{cases} a'_x = a_x \\ a'_y = a_y \\ a'_z = a_z \end{cases} \qquad (6-4)$$

$$\vec{a}' = \vec{a}$$

即在不同惯性系，质点的加速度总是相同的。

式（6-4）表明，在惯性系 S 和 S' 中，点 P 的加速度是相同的，即在伽利略变换里，对不同的惯性系而言，加速度是个不变量。由于经典力学认为质点的质量是与运动状态无关的常量，所以由式（6-4）可知，在两个相互作匀速直线运动的惯性系中，牛顿运动定律的形式也应是相同的，即有如下形式

$$\vec{F} = m\vec{a}, \vec{F}' = m\vec{a}'$$

上述结果表明，当由惯性系 S 变换到惯性系 S' 时。牛顿运动方程的形式不变。即牛顿运动方程对伽利略变换式来讲是不变式。

6.1.2　经典力学的绝对时空观

经典力学认为空间只是物质运动的"场所"，是与其中的物质完全无关而独立存在的，并且是永恒不变、绝对静止的。因此，空间的量度（如两点间的距离）就应当与惯性系无关，是绝对不变的。另外，经典力学还认为，时间也是与物质的运动无关而在永恒地、均匀地流逝着的，时间也是绝对的。因此，对于不同的惯性系，就可以用同一的时间（$t = t'$）来讨论问题。举例来说，对于一个惯性系，两件事是同时发生的，那么，从另一个惯性系来看，也应该是同时发生的，而事件所持续的时间，则不论从哪个惯性系来看都是相同的。

然而，实践已证明，绝对时空观是不正确的，相对论否定了这种绝对时空观，并建立了新的时空概念。

6.2　狭义相对论的基本假设、洛伦兹变换式

6.2.1　狭义相对论的基本原理

1. 狭义相对性原理

在所有的惯性系中物理定律的形式相同。各惯性系应该是等价的，不存在特殊的惯性

系，即事物在每个惯性系中规律是一样的。（从合理性上说）

2. 光速不变原理

在所有的惯性系里，真空中光速具有相同的值。光速与广泛的运动无关；光速与频率无关；往返平均光速与方向无关。（该原理由迈克尔逊—莫雷实验引出）

6.2.2　洛伦兹变换

根据狭义相对论两条基本原理，要导出新时空关系（爱因斯坦的假设否定了伽利略变换，所以要导出新的时空关系）。

能够满足狭义相对论基本原理的变换是洛伦兹变换：

（1）通过这种变换，物理定律都应该保持自己的数学表达形式不变。

（2）通过这种变换，真空中光的速率在一切惯性系中保持不变。

（3）这种变换在适当的条件下（即在低速情况下）转化为伽利略变换。

洛伦兹坐标变换式：在 S 系和 S' 系的观察者测量同一个质点 P 的位置分别为 $P(x,y,z,t)$ 和 $P(x',y',z',t')$，设有一静止惯性参照系 S，另一惯性系 S' 沿 x' 轴正向相对 S 以 $\vec{v}$ 匀速运动，$t=t'=0$ 时，相应坐标轴重合。一事件 P 在 S、S' 上时空坐标 $(x，y，z，t)$ 与 $(x'，y'，z'，t')$ 变换关系如何？

则有

$$\begin{cases} x' = \dfrac{x - vt}{\sqrt{1 - \left(\dfrac{v}{c}\right)^2}} \\ y' = y \\ z' = z \\ t' = \dfrac{t - \dfrac{v}{c^2}x}{\sqrt{1 - \left(\dfrac{v}{c}\right)^2}} \end{cases} \quad \text{或} \quad \begin{cases} x = \dfrac{x' + vt'}{\sqrt{1 - \left(\dfrac{v}{c}\right)^2}} \\ y = y' \\ z = z' \\ t = \dfrac{t' + \dfrac{v}{c^2}x'}{\sqrt{1 - \left(\dfrac{v}{c}\right)^2}} \end{cases} \qquad (6-5)$$

讨论。 从以上公式可知：

（1）当 $v \ll c$ 时，洛伦兹变换转化为伽利略变换。

（2）时间和空间的测量互不分离，称为时空坐标。

（3）当 $v \geqslant c$ 时，公式无物理意义。所以两参考系的相对速度不可能等于或大于光速。任何物体的速度也不可能等于或大于真空中的光速，即真空中的光速 c 是一切实际物体的极限速率。

（4）变换式原来是洛伦兹在 1904 年研究电磁场理论时提出来的，当时并未给予正确解释。第二年爱因斯坦从新的观点独立地导出了这个变换式。通常以洛伦兹命名。

6.3　狭义相对论的时空观

6.3.1　同时的相对性

狭义相对论的时空观认为：同时是相对的。即在一个惯性系中不同地点同时发生的两个事件，在另一个惯性系中不一定是同时的。

例如：在地球上不同地方同时出生的两个婴儿，在一个相对地球高速飞行的飞船上来看，他们不一定是同时出生的。

如图 6.2 所示，设 S' 系为一列长高速列车，速度向右，在车厢正中放置一灯 P。当灯发出闪光时：S' 系的观察者认为，闪光相对他以相同速率传播，因此同时到达 A、B 两端；S 系（地面上）的观察者认为，A 与光相向运动（v，c 反向），B 与光同向运动，所以光先到达 A 再到达 B，不同时到达。

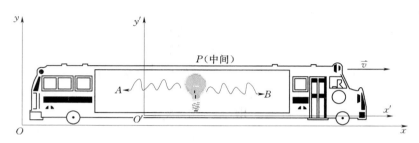

图 6.2 同时的相对性

结论：同时性与参考系有关——这就是同时的相对性。

假设两个事件 P_1 和 P_2，在 S 系和 S' 系中测得其时空坐标为

$$S：(x_1,y_1,z_1,t_1),(x_2,y_2,z_2,t_2)$$
$$S'：(x_1',y_1',z_1',t_1'),(x_2',y_2',z_2',t_2')$$

由洛伦兹变换得

$$t_1' = \frac{t_1 - \frac{v}{c^2}x_1}{\sqrt{1-\left(\frac{v}{c}\right)^2}},\ t_2' = \frac{t_2 - \frac{v}{c^2}x_2}{\sqrt{1-\left(\frac{v}{c}\right)^2}}$$

在 S 系和 S' 系中测得的时间间隔为（$t_2'-t_1'$）和（t_2-t_1），它们之间的关系为

$$t_2' - t_1' = \frac{(t_2-t_1) - \frac{v}{c^2}(x_2-x_1)}{\sqrt{1-\left(\frac{v}{c}\right)^2}} \qquad (6-6)$$

可见，两个彼此间作匀速运动的惯性系中测得的时间间隔，一般来说是不相等的。

讨论：

（1）在 S 系中同时发生：$t_1=t_2$ 但在不同地点发生，$x_2 \neq x_1$，则有

$$t_2' - t_1' = \frac{\frac{v(x_1-x_2)}{c^2}}{\sqrt{1-(v/c)^2}}$$

这就是同时的相对性。

（2）在 S 系中同时发生：$t_2=t_1$，而且在相同地点发生，$x_2=x_1$，则有

$$\Delta t_1' = t_2' - t_1' = \frac{(t_2-t_1) - (x_2-x_1)v/c^2}{\sqrt{1-(v/c)^2}} = 0,\ t_2'=t_1'$$

$$x'_2 - x'_1 = \frac{(x_2 - x_1) - v(t_2 - t_1)}{\sqrt{1 - (v/c)^2}} = 0, \ x'_2 = x'_1$$

即在 S 系中同时同地点发生的两个事件，在 S' 系中也同时同地点发生。

（3）事件的因果关系不会颠倒，如人出生的先后。

假设在 S 系中，t 时刻在 x 处的质点经过 Δt 时间后到达 $x + \Delta x$ 处，则由

$$t' = \frac{t - xv/c^2}{\sqrt{1 - (v/c)^2}}$$

得到

$$\Delta t' = \frac{\Delta t - \Delta x v/c^2}{\sqrt{1 - (v/c)^2}} = \frac{\Delta t(1 - uv/c^2)}{\sqrt{1 - (v/c)^2}} \quad \left(u = \frac{\Delta x}{\Delta t}\right)$$

因为 $v < c$，$u < c$，所以 $\Delta t'$ 与 Δt 同号。即事件的因果关系，相互顺序不会颠倒。

（4）上述情况是相对的。同理在 S' 系中不同地点同时发生的两个事件，在 S 系看来同样也是不同时的。

（5）当 $v \ll c$ 时，$\Delta t' \approx \Delta t$，回到牛顿力学。

6.3.2 长度收缩（洛伦兹收缩）

在伽利略变换中，两点之间的距离或物体的长度是不随惯性系而变的。例如长为 1m 的尺子，不论在运动的车厢里或者在车站上去测量它，其长度都是 1m。那么，在洛伦兹变换中，情况又是怎样的呢？

设有两个观察者分别静止于惯性参考系 S 和 S' 中，S' 系以速度 $\vec{v}$ 相对 S 系沿 Ox 轴运动。一细棒静止于 S' 系中并沿 $O'x'$ 轴放置，如图 6.3 所示。考虑到棒的长度应是在同一时刻测得棒两端点的距离，因此，S' 系中观察者若同时测得棒两端点的坐标为 x'_1 和 x'_2，则棒长为 $l' = x'_2 - x'_1$。通常把观察者相对棒静止时所测得的棒长度称为棒的固有长度 l_0，在此处 $l' = l_0$。当两观察者相对静止时（即 S' 相对 S 系的速度 $\vec{v}$ 为零），他们测得的棒长相等。但当 S' 系（以及相对 S' 系静止的棒）以速度 $\vec{v}$ 沿 xx' 轴相对 S 系运动时，在 S' 系中观察者测得棒长不变仍为 l'，而 S 系中的

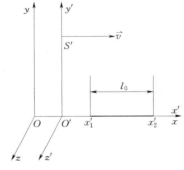

图 6.3 长度收缩

观察者则认为棒相对 S 系运动，并同时测得其两端点的坐标为 x_1 和 x_2，即棒的长度为 $l = x_2 - x_1$。利用洛伦兹变换式（6-5），有

$$x'_1 = \frac{x_1 - vt_1}{\sqrt{1 - \left(\dfrac{v}{c}\right)^2}}, \quad x'_2 = \frac{x_2 - vt_2}{\sqrt{1 - \left(\dfrac{v}{c}\right)^2}}$$

式中 $t_1 = t_2$。将上式相减，得

$$x'_2 - x'_1 = \frac{x_2 - x_1}{\sqrt{1 - \left(\dfrac{v}{c}\right)^2}}$$

即

$$l' = \frac{l}{\sqrt{1 - \left(\dfrac{v}{c}\right)^2}}$$

或

$$l = l' \sqrt{1 - \left(\dfrac{v}{c}\right)^2} \qquad\qquad (6-7)$$

设 $\beta = \dfrac{v}{c}$，由于 $\sqrt{1-\beta^2} < 1$，故 $l < l'$。这表明，从 S 系测得运动细棒的长度 l，要比从相对细棒静止的 S' 系中测得的长度 l' 缩短了 $\sqrt{1-\beta^2}$ 倍。物体的这种沿运动方向发生的长度收缩称为洛伦兹收缩。容易证明，若棒静止于 S 系中，则从 S' 系测得棒的长度，也只有其固有长度的 $\sqrt{1-\beta^2}$ 倍。应当注意，当细棒垂直于运动方向时，其长度对于 S 系和 S' 系是相同的，即物体只沿运动方向收缩。

如果 $v \ll c$，则 $\beta \ll 1$，式（6-7）可简化为

$$l' \approx l$$

这就是说，对于相对运动速度较小的惯性参考系来说，长度可以近似看作是一绝对量。需要强调的是，洛伦兹收缩是相对运动的效应，是空间距离的量度，具有相对性的反映，并非物体材料真的收缩了。

1. 固有长度

观察者与被测物体相对静止时，长度的测量值最大，称为该物体的固有长度（或原长），用 l_0 表示，即

$$l = l_0 \sqrt{1 - (v/c)^2}$$

2. 洛伦兹收缩（长度缩短）

观察者与被测物体有相对运动时，长度的测量值等于其原长的 $\sqrt{1-(v/c)^2}$ 倍，即物体沿运动方向缩短了，这就是洛伦兹收缩（长度缩短）。

讨论：

（1）长度缩短效应具有相对性。若在 S 系中有一静止物体，那么在 S' 系中观察者将同时测量得该物体的长度沿运动方向缩短，同理有

$$l' = l \sqrt{1 - (v/c)^2}$$

即看人家运动着的尺子变短了。

（2）当 $v \ll c$ 时，有 $l \approx l'$。

6.3.3　时间膨胀（时间延缓）

由洛伦兹变换得

$$t_2 - t_1 = \frac{(t_2' - t_1') + v(x_2' - x_1')/c^2}{\sqrt{1 - (v/c)^2}}$$

事件 P_1、P_2 在 S 系中的时间间隔为

$$\Delta t = t_2 - t_1$$

事件 P_1、P_2 在 S' 系中的时间间隔为 $\Delta t' = t_2' - t_1'$。如果在 S' 系中两事件同地点发生，即 $x_2' = x_1'$，则有：

$$\Delta t = t_2 - t_1 = \frac{t_2' - t_1'}{\sqrt{1-(v/c)^2}} = \frac{\Delta t'}{\sqrt{1-(v/c)^2}} \tag{6-8}$$

1. 固有时间（原时）的概念

在某一惯性系中同一地点先后发生的两事件之间的时间间隔，称为固有时间（原时）。用 τ_0 表示，且：

$$\Delta t = \frac{\tau_0}{\sqrt{1-(v/c)^2}} \tag{6-9}$$

2. 时间膨胀

在 S 系看来 $\Delta t > \tau_0$，称为时间膨胀。

讨论：

（1）时间膨胀效应具有相对性。若在 S 系中同一地点先后发生两事件的时间间隔为 Δt（称为原时），则同理有

$$\Delta t' = \frac{\Delta t}{\sqrt{1-(v/c)^2}}$$

就好像时钟变慢了，即看人家运动着的钟变慢了。

（2）当 $v \ll c$ 时，有 $\Delta t \approx \Delta t'$。

也就是说，对缓慢运动的情形来说，两事件的时间间隔近似为一绝对量。

（3）实验已证实：μ 子，π 介子等基本粒子的衰变，当它们相对实验室静止和高速运动时，其寿命完全不同。

（4）孪生子佯谬：设有一对孪生子 A、B，A 留在地球上，B 乘坐宇宙飞船在宇宙中旅行一圈后又回到地球，当他们再度相遇时，A 认为由于 B 作高速飞行，其时间变慢，故 B 应比自己年轻；但 B 则认为由于运动是相对的，所以是自己留在原地不动而 A 旅行了一圈，故 A 应比自己年轻。这就是孪生子佯谬。

佯谬可以这样消除：A 一直停在地球上（惯性参考系），而 B 在最简单的直接一往一返的情形，例如从地球到附近的星球再返回至少要经历以下几个过程：先很快由地球参考系加速到另一参考系，然后很快地减速折回，最后再减速停在地球，这些正的和负的加速度都是 B 能感觉到的，因而 B 不应认为自己是停止不动的。在本问题中 A 始终是处在惯性系（地球）中的，而 B 经历 3 个加速过程，即使加速还很短，对时间的广义相对论效应可以忽略，仍然存在不对称性，无论如何 A 和 B 不可能同处在惯性系中，这一情况不同于简单的时间膨胀现象。

那么，这种不对称性是如何影响 A、B 两人的时间的呢？对此有很多解释，一种看法是：两个孪生子的年龄差是在 B 离开后的加速过程中产生的。不论这过程多么短，在这段时间里如果 B 的洛伦兹因子达到 2。他就会发现他已走完了往程的一半以上！因为他已变到另一参考系，其中从地球到目标的距离已变为原来的一半（长度收缩）。这种收缩在各种意义上对他都是真实的。因此在往程上他所花费的时间约为 A 测得的一半，在返程情况也一样。这样，两参考系的不对称性就导致了 B 时间的绝对延缓。

综上所述，狭义相对论指出了时间和空间的量度与参考系的选择有关。时间与空间是相互联系的，并与物质有着不可分割的联系。不存在孤立的时间，也不存在孤立的空间。

时间、空间与运动三者之间的紧密联系，深刻地反映了时空的性质，这是正确认识自然界乃至人类社会所应持有的基本观点。所以说，狭义相对论的时空观为科学的、辨证的世界观提供了物理学上的论据。

【例 6.1】 在惯性系 S 中，有两个事件同时发生，在 xx' 轴上相距 $1.0 \times 10^3 \mathrm{m}$ 处，从另一惯性系 S' 中观察到这两个事件相距 $2.0 \times 10^3 \mathrm{m}$。问由 S' 系测得此两事件的时间间隔为多少？

解： 由题意知在 S 系中，$t_2 = t_1$ 即 $\Delta t = t_2 - t_1 = 0$，$|x_2 - x_1| = 1.0 \times 10^3 \mathrm{m}$。而在 S' 系看来，时间间隔为 $\Delta t' = t'_2 - t'_1$，空间间隔为 $|x'_2 - x'_1| = 2.0 \times 10^3 \mathrm{m}$。

由洛伦兹坐标变换式得：

$$x'_2 - x'_1 = \frac{(x_2 - x_1) - v(t_2 - t_1)}{\sqrt{1 - (v/c)^2}} = \frac{x_2 - x_1}{\sqrt{1 - (v/c)^2}} \tag{1}$$

$$\Delta t' = t'_2 - t'_1 = \frac{(t_2 - t_1) - \frac{v}{c^2}(x_2 - x_1)}{\sqrt{1 - (v/c)^2}} = \frac{\frac{v}{c^2}(x_1 - x_2)}{\sqrt{1 - (v/c)^2}} = \frac{v}{c^2}(x'_1 - x'_2) \tag{2}$$

由式（1）得 $v = \left[1 - \frac{(x_2 - x_1)^2}{(x'_2 - x'_1)^2}\right]^{1/2} c = \left(1 - \frac{1}{4}\right)^{1/2} c = \frac{\sqrt{3}}{2}c$ 代入式（2）得

$$\Delta t' = \frac{\sqrt{3}}{2c} \times 2 \times 10^3 = 5.77 \times 10^{-6}(\mathrm{s})$$

【例 6.2】 设火箭上有一天线，长 $l' = 1\mathrm{m}$，以 $45°$ 角伸出火箭体外，火箭沿水平方向以 $u = \frac{\sqrt{3}}{2}c$ 速度运行，问地面上的观察者测得这天线的长度和天线与火箭体的交角各多少？

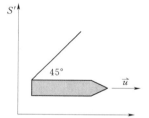

图 6.4　例 6.2 图

解： 如图 6.4 所示，在 S' 系中：

$$l'_x = l'\cos 45° = \sqrt{2}/2\,\mathrm{m}$$

$$l'_y = l'\sin 45° = \sqrt{2}/2\,\mathrm{m}$$

在 S 系中：

$$l_y = l'_y = \sqrt{2}/2\,\mathrm{m}$$

$$l_x = l'_x \sqrt{1 - (u/c)^2} = \sqrt{2}/2 \times \sqrt{1 - (\sqrt{3}/2)^2} = \sqrt{2}/4\,(\mathrm{m})$$

所以

$$l = \sqrt{l_x^2 + l_y^2} = \sqrt{(\sqrt{2}/4)^2 + (\sqrt{2}/2)^2} = 0.791(\mathrm{m})$$

$$\theta = \arctan(l_y/l_x) = \arctan 2 = 63°26'$$

这就是洛伦兹收缩。

【例 6.3】 半人马星座 α 星是离太阳系最近的恒星，它距地球为 $4.3 \times 10^{16} \mathrm{m}$。设有一宇宙飞船自地球往返于人马星座 α 星之间。若宇宙飞船的速度为 $0.999c$，按地球上的时钟计算，飞船往返一次需多少时间？如以飞船上的时钟计算，往返一次的时间又为多少？

解： 以地球上的时钟计算：$\Delta t = \frac{s}{v} = \frac{2 \times 4.3 \times 10^{16}}{0.999 \times 3 \times 10^8} = 2.87 \times 10^8 = 9a$（$a$ 为 *annual*

的首字母）；

若以飞船上的时钟计算：（原时），因为

$$\Delta t = \Delta t' / \sqrt{1 - (v/c)^2}$$

所以得

$$\Delta t' = \Delta t \sqrt{1 - (v/c)^2} = 2.87 \times 10^8 \times \sqrt{1 - 0.999^2} = 1.28 \times 10^7 (\text{s}) = 0.4a$$

6.4　狭义相对论的动量与能量

6.4.1　相对论的动量与质量

在牛顿力学中，速度为 $\vec{v}$，质量为 m 的质点的动量表达式为

$$\vec{P} = m\vec{v}$$

质点的质量是不依赖于速度的常量，而且在不同惯性系中质点速度变换遵循伽利略变换。在狭义相对论中，动量定义仍然采用，同时认为动量守恒定律仍然适用，不过速度变换遵循洛伦兹速度变换，这时质量就不再是与速度无关的量了。按照狭义相对性原理和洛伦兹速度变换式可以证明，当动量守恒表达式在任意惯性系中都保持不变时，质点质量 m 应满足

$$m = \frac{m_0}{\sqrt{1 - \left(\dfrac{v}{c}\right)^2}} \qquad (6-10)$$

则质点的动量为

$$\vec{P} = m\vec{v} = \frac{m_0 \vec{v}}{\sqrt{1 - \left(\dfrac{v}{c}\right)^2}} \qquad (6-11)$$

其中 m_0 是质点相对某惯性系静止（$v=0$）时的质量，称为静质量，m 是与速度有关的质量，称做相对论性质量。

由式（6-10）可以看出，当 $v \ll c$ 时，有 $m \approx m_0$，即物体的相对论质量近似等于其静质量，这时可以认为质点的质量为一常量。这表明在 $v \ll c$ 的情况下，牛顿力学仍然是适用的。图6.5 反映了相对论质量与速度的关系。对于微观粒子，如电子、质子、介子等，其速度可以与光速很接近，这时其质量和静质量就有显著的不同。例如，在加速器中被加速的质子，当其速度达到 $2.7 \times 10^8 \text{m/s}$ 时，其质量已达

$$m = \frac{m_0}{\sqrt{1 - \left(\dfrac{2.7 \times 10^8}{3 \times 10^8}\right)^2}} = \frac{m_0}{\sqrt{1 - 0.81}}$$

$$= 2.3 m_0$$

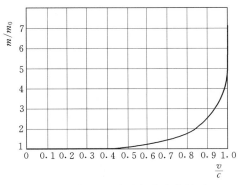

图 6.5　相对论质量与速度的关系

6.4.2 狭义相对论的力学基本方程

当有外力 $\vec{F}$ 作用于质点时，由相对论性动量表达式，可得

$$\vec{F} = \frac{\mathrm{d}\vec{P}}{\mathrm{d}t} = \frac{\mathrm{d}(m\vec{v})}{\mathrm{d}t} = \frac{\mathrm{d}}{\mathrm{d}t}\left[\frac{m_0\vec{v}}{\sqrt{1-\left(\frac{v}{c}\right)^2}}\right] \tag{6-12}$$

式（6-12）为相对论力学的基本方程。显然，若作用在质点系上的合外力为零，则系统的总动量应当不变，为一守恒量。由相对论性动量表达式可得系统的动量守恒定律为

$$\sum \vec{P}_i = \sum m_i \vec{v}_i = \sum \frac{m_{0i}}{\sqrt{1-\beta^2}} \vec{v}_i = 常矢量 \tag{6-13}$$

当质点的运动速度远小于光速，即 $\beta = v/c \ll 1$ 时，式（6-12）可写成

$$\vec{F} = \frac{\mathrm{d}(m_0\vec{v})}{\mathrm{d}t} = m_0 \frac{\mathrm{d}\vec{v}}{\mathrm{d}t} = m_0 \vec{a} \tag{6-14}$$

这正是经典力学中的牛顿第二定律。同样在 $\beta = v/c \ll 1$ 的情形下，系统的总动量亦可由式（6-13）写成

$$\sum \vec{P}_i = \sum m_i \vec{v}_i = \sum \frac{m_{0i}}{\sqrt{1-\beta^2}} \vec{v}_i = \sum m_{0i} \vec{v}_i = 常矢量 \tag{6-15}$$

这正是经典力学的动量守恒定律。

总之，相对论性的动量概念、质量概念，以及相对论的力学方程式和动量守恒定律式具有普遍的意义，而牛顿力学则只是相对论力学在物体低速运动条件下的很好的近似。

6.4.3 相对论动能

设质点受力 $\vec{F}$，在 $\vec{F}$ 作用下位移为 $\mathrm{d}\vec{r}$，依动能定理有：

$$\mathrm{d}E_k = \vec{F} \cdot \mathrm{d}\vec{r} = \frac{\mathrm{d}(m\vec{v})}{\mathrm{d}t} \cdot \mathrm{d}\vec{r} = \mathrm{d}(m\vec{v}) \cdot \vec{v}$$

$$= m\mathrm{d}\vec{v} \cdot \vec{v} + (\mathrm{d}m)\vec{v} \cdot \vec{v} = m\mathrm{d}\vec{v} \cdot \vec{v} + v^2\mathrm{d}m = mv\mathrm{d}v + v^2\mathrm{d}m$$

又由式（6-10），可得

$$m^2 c^2 - m^2 v^2 = m_0^2 c^2$$

两边求微分，有

$$2mc^2\mathrm{d}m - 2mv^2\mathrm{d}m - 2m^2 v\,\mathrm{d}v = 0$$

即

$$c^2\mathrm{d}m = mv\mathrm{d}v + v^2\mathrm{d}m$$

代入到上面求 E_k 的微分式内，并积分，所以质点沿任一路径静止开始运动到某点处时，有

$$\int_0^{E_k} \mathrm{d}E_k = \int_0^S \vec{F} \cdot \mathrm{d}\vec{r} = \int_{m_0}^m c^2 \, \mathrm{d}m$$

$$E_k = (m - m_0)c^2$$

可见物体动能等于 mc^2 与 $m_0 c^2$ 之差。可见 mc^2 与 $m_0 c^2$ 有能量的含义。爱因斯坦从这里引入古典力学中从未有过的独特见解，把 $m_0 c^2$ 称为物体的静止能量 E_0，把 mc^2 称为物体总能量 E，即

$$\begin{cases} E_0 = m_0 c^2 \\ E = mc^2 \end{cases} \tag{6-16}$$

$$E_k = E - E_0 = mc^2 - m_0 c^2 \tag{6-17}$$

即，物体动能＝总能量－静止能量。

它与经典力学中的动能表达式毫无相似之处。然而，在 $v \ll c$ 的极限情况下，有 $\left(1 - v^2/c^2\right)^{-1/2} \approx \left(1 + \dfrac{1}{2} \dfrac{v^2}{c^2}\right)$，把它代入得

$$E_k = m_0 \left(1 - \frac{v^2}{c^2}\right)^{-1/2} c^2 - m_0 c^2 = m_0 \left(1 + \frac{1}{2} \frac{v^2}{c^2}\right) c^2 - m_0 c^2 = \frac{1}{2} m_0 v^2$$

这正是经典力学的动能表达式。这表明，经典力学的动能表达式是相对论力学动能表达式在物体的运动速度远小于光速的情形下的近似。

6.4.4　质量和能量关系

由式（6-17）可得

$$mc^2 = E_k + m_0 c^2 \tag{6-18}$$

爱因斯坦对此作出了具有深刻意义的说明：他认为 mc^2 是质点运动时具有的总能量，而 $m_0 c^2$ 为质点静止时具有的静能量。表 6.1 给出了一些微观粒子和轻核的静能量。这样，式（6-18）表明质点的总能量等于质点的动能和其静能量之和，或者说，质点的动能是其总能量与静能量之差。如以符号 E 代表质点的总能量，则有

$$E = mc^2 \tag{6-19}$$

这就是质能关系式，它表明质量和能量之间有着密切的联系。如果一个物体系统能量改变了 ΔE，则无论能量的形式如何，其质量必有相应的改变 Δm，反之亦然，由式（16-19）知 ΔE、Δm 之间的关系为

$$\Delta E = \Delta mc^2 \tag{6-20}$$

在日常现象中，系统能量变化容易测量，但相应的质量变化却极微小，难以测量。例如，1kg 水由 0℃ 被加热到 100℃ 时所增加的能量为

$$\Delta E = 4.18 \times 10^3 \times 100 \mathrm{J} = 4.18 \times 10^5 \mathrm{J}$$

而质量相应地只增加了

$$\Delta m = \frac{\Delta E}{c^2} = \frac{4.18 \times 10^5}{(3 \times 10^8)^2} \mathrm{kg} = 4.6 \times 10^{-12} \mathrm{kg}$$

可是，在研究核反应时，实验却完全验证了质能关系式。在经典力学中，能量和质量是分别守恒的，而在相对论中，质能关系 $E=mc^2$ 及其增量关系 $\Delta E = \Delta mc^2$ 说明了质能的统一性。对于孤立系统，总能量守恒就代表了总质量守恒，反之亦然。也可以说相对论把经典力学中两条孤立的守恒定律结合成统一的质能守恒定律了。目前，质能关系已得到大量的应用。

质能公式在原子核裂变核聚变中的应用。

1. 核裂变

有些重原子核能分裂成两个较轻的核，同时释放能量，这个过程称为裂变。生成物的总静质量比 $^{235}_{92}\text{U}$ 的质量要减少 0.22u（$1u=1.66\times10^{-27}\,\text{kg}$），因此一个 $^{235}_{92}\text{U}$ 在裂变时释放的能量为 $(0.22\times1.66\times10^{-27})\times(3\times10^8)^2=3.3\times10^{-11}\,\text{J}$。由于氚核的质量比 $^{235}_{92}\text{U}$ 核的质量小，所以就单位质量而言，轻核聚变释放的能量要比重核裂变时释放的能量大得多。

$$^{235}_{92}\text{U} + ^1_0 n \longrightarrow ^{139}_{54}\text{Xe} + ^{95}_{38}\text{Sr} + 2^1_0 n$$

2. 轻核聚变

有些轻原子核结合在一起形成较大原子核，同时释放能量，这个过程称为聚变。

$$^2_1\text{H} + ^2_1\text{H} \longrightarrow ^4_2\text{He}$$

生成物的总静质量比两个氚核的质量要减少 0.026u，因此两个氚核在聚变时释放的能量为

$$Q = \Delta E = \Delta mc^2$$
$$= (0.026\times1.66\times10^{-27})\times(3\times10^8)^2 = 3.3\times10^{11}\,\text{J} = 200\text{MeV}$$

6.4.5 能量与动量的关系

在相对论中，静质量为 m_0、运动速率为 v 的质点的总能量和动量，可由下列公式表示

$$E = mc^2 = \frac{m_0 c^2}{\sqrt{1-v^2/c^2}}, \quad p = mv = \frac{m_0 v}{\sqrt{1-v^2/c^2}}$$

由这两个公式中消去速率 v 后，我们将得到动量和能量之间的关系为

$$(mc^2)^2 = (m_0 c^2)^2 + m^2 v^2 c^2$$

由于 $p=mv$，$E_0 = m_0 c^2$ 和 $E=mc^2$，所以上式可写成

$$E^2 = E_0^2 + p^2 c^2 \tag{6-21}$$

这就是相对论性动量和能量关系式。为便于记忆，它们间的关系可用右图 6.6 所示的三角形表示出来。

如果 $E \gg E_0$ 可近似为

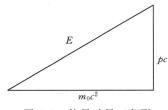

图 6.6　能量动量三角形

$$E \approx pc \tag{6-22}$$

对于光子，静质量为零，则有

$$E = pc \tag{6-23}$$

对于频率为 ν 的光子其能量

$$E = h\nu$$

$$p = \frac{E}{c} = \frac{h\nu}{c} = \frac{h}{\lambda} \qquad (6-24)$$

式中：λ 为光子波长。

式（6-24）表明光子动量与波长成反比。得光子质量为

$$m = \frac{E}{c^2} = \frac{h\nu}{c^2} \qquad (6-25)$$

上面叙述了狭义相对论的时空观和相对论力学的一些重要结论。狭义相对论的建立是物理学发展史上的一个里程碑，具有深远的意义。它揭示了空间和时间之间以及时空和运动物质之间的深刻联系。这种相互联系，把牛顿力学中认为互不相关的绝对空间和绝对时间，结合成为一种统一的运动物质的存在形式。

与经典物理相比较，狭义相对论更客观、更真实地反映了自然的规律。目前，狭义相对论不但已经被大量的实验事实所证实，而且已经成为研究宇宙星体、粒子物理以及一系列工程物理（如反应堆中能量的释放、带电粒子加速器的设计）等问题的基础。当然，随着科学技术的不断发展，一定还会有新的、目前尚不知道的事实被发现，甚至还会有新的理论出现。然而，以大量实验事实为依据的狭义相对论在科学中地位是无法否定的。这就像在低速、宏观物体的运动中，牛顿力学仍然是十分精确的理论那样。

【例 6.4】 设一质子以速度 $v = 0.80c$ 运动。求其总能量、动能和动量。

解：从表 6.1 知道，质子的静能量为 $E_0 = m_0 c^2 = 938 \text{MeV}$，所以，质子的总能量为

$$E = mc^2 = \frac{m_0 c^2}{(1 - v^2/c^2)^{1/2}} = \frac{938}{(1 - 0.8^2)^{1/2}}(\text{MeV}) = 1563(\text{MeV})$$

质子的动能为

$$E_k = E - m_0 c^2 = 1563 - 938 = 625(\text{MeV})$$

质子的动量为

$$p = mv = \frac{m_0 v}{(1 - v^2/c^2)^{1/2}} = \frac{1.67 \times 10^{-27} \times 0.8 \times 3 \times 10^8}{(1 - 0.8^2)^{1/2}} = 6.68 \times 10^{-19}(\text{kg} \cdot \text{m/s})$$

质子的动量也可这样求得

$$cp = \sqrt{E^2 - (m_0 c^2)^2} = \sqrt{1563^2 - 938^2} = 1250(\text{MeV})$$
$$p = 1250(\text{MeV/c})$$

注意，在 MeV/c 中 "c" 是作为光速的符号而不是数值，在核物理中常用 "MeV/c" 作为动量的单位。

【例 6.5】 已知一个氚核（$_1^3\text{H}$）和一个氘核（$_1^2\text{H}$）可聚变成一氦核（$_2^4\text{He}$），并产生一个中子（$_0^1 n$）。试问在这个核聚变中有多少能量被释放出来。

解：上述核聚变的反应式为

$$_1^2\text{H} + _1^3\text{H} \longrightarrow _2^4\text{He} + _0^1 n$$

从表 6.1 可以知道氘核和氚核的静能量之和为

$$(1875.628 + 2808.944)\text{MeV} = 4684.572\text{MeV}$$

而氦核和中子的静能量之和则为

$$(3727.409 + 939.573)\text{MeV} = 4666.982\text{MeV}$$

可见，在氘核和氚核聚变为氦核的过程中，静能量减少了

$$\Delta E = (4684.572 - 4666.982)\text{MeV} = 17.59\text{MeV}$$

表 6.1 一些基本粒子和轻核的静能量

粒子	符号	静能量（MeV）	粒子	符号	静能量（MeV）
光子	γ	0	中子	n	939.573
电子（或正电子）	e（或+e）	0.510	氘	^{2}H	1875.628
μ子	μ^2	105.7	氚	^{3}H	2808.944
π介子	π^0	139.6	氦（α粒子）	^{4}He	3727.409
质子	p	938.280			

知识扩展：迈克尔逊—莫雷零结果实验

在物体低速运动范围内，伽利略变换和牛顿力学相对性原理是符合实际情况的。可以肯定地说，利用牛顿力学定律和伽利略变换原则上可以解决任何惯性系中所有低速物体运动的问题。然而，在涉及电磁观象，包括光的传播现象时，牛顿力学的相对性原理和伽利略变换却遇到了不可克服的困难。大家知道，一方面，麦克斯韦电磁理论所预言的电磁波，在真空中传播的速度与光的传播速度相同，尤其在赫兹实验确认存在电磁波以后，光作为电磁波的一部分，在理论上和实验上就逐步被确定了。另一方面，人们早就明白，传播机械波需要弹性介质，例如，空气可以传播声波，而真空却不能。因此，在光的电磁理论发展初期，人们自然会想到光和电磁波的传播也需要一种弹性介质。19世纪的物理学家们称这种介质为以太。他们认为，以太充满于整个空间，即使是真空也不例外，并且可以渗透到一切物质的内部中去。在相对以太静止的参考系中，光的速度在各个方向都是相同的，这个参考系被称为以太参考系。于是，以太参考系就可以作为所谓的绝对参考系了。倘若有一运动参考系，它相对绝对参考系以速度 v 运动。那么，由牛顿力学的相对性原理，光在运动参考系中的速度应为

$$c' = c + v$$

式中：c 为光在绝对参考系中的速度；c' 为光在运动参考系中的速度。

从上式可以看出，在运动参考系中，光的速度在各方向是不相同的。不难想象，如果能借助某种方法测出运动参考系相对于以太的速度。那么，作为绝对参考系的以太也就被确定了。为此，历史上确曾有许多物理学家做过很多实验来寻找绝对参考系，但都得出了否定的结果。其中最著名的是迈克尔孙和莫雷所做的实验。

迈克尔逊—莫雷实验（1887）是通过测量光速沿不同方向差异来寻找以太参照系的主要实验。

实验装置如图6.7所示：M 为半反半透膜，M' 为补偿板。$MM_1 = l_1$，$MM_2 = l_2$。设地球相对"以太"的相对速度为 v。光在 MM_1M 和 MM_2M 中传播速度不同，时间不变，存在光程差，因此在 P 中有干涉条纹存在。当整个装置旋转90°以后，由于假定地球上光速各向异性，光程差会发生变化，干涉条纹也要发生变化，通过观察干涉条纹的变化可以

反推出地球相对以太的速度。

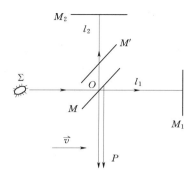

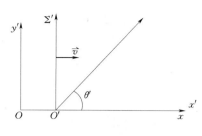

图 6.7　实验装置图　　　　　　　　图 6.8　坐标变换

理论计算：（按照经典理论）

已知在地球上光沿 x 轴正向速度为 $C+v$，在 Σ' 系中光速为 C，且各向同性，光沿 x 轴反向速度为 $C-v$，光沿 y 轴正、反向速度均为 $\sqrt{C^2-v^2}$。

光沿 MM_1M 的传播时间

$$t_1 = \frac{l_1}{C+v} + \frac{l_1}{C-v} = \frac{2Cl_1}{C^2-v^2} = \frac{2l_1/C}{1-v^2/C^2}$$

光沿 MM_2M 的传播时间

$$t_2 = \frac{2l_2}{\sqrt{C^2-v^2}} = \frac{2l_2/C}{\sqrt{1-v^2/C^2}}$$

光程差为

$$\Delta_1 = C\Delta t = c\left(\frac{2l_2/c}{\sqrt{1-v^2/c^2}} - \frac{2l_1/c}{1-v^2/c^2}\right)$$

$$= 2\left(\frac{l_2}{\sqrt{1-v^2/c^2}} - \frac{l_1}{1-v^2/c^2}\right)$$

仪器转动 $90°$ 后

$$\Delta_2 = c\left(\frac{2l_2/c}{1-v^2/c^2} - \frac{2l_1/c}{\sqrt{1-v^2/c^2}}\right) = 2\left(\frac{l_2}{1-v^2/c^2} - \frac{l_1}{\sqrt{1-v^2/c^2}}\right)$$

由于光程差不同，旋转后干涉条纹应当移动。

移动个数

$$n = \frac{\Delta}{\lambda}(\Delta = \Delta_2 - \Delta_1)$$

$$n = \frac{\Delta_2 - \Delta_1}{\lambda} = \frac{2}{\lambda}\left(\frac{l_2+l_1}{1-v^2/c^2} - \frac{l_2+l_1}{\sqrt{1-v^2/c^2}}\right)$$

$$= \frac{2(l_2+l_1)}{\lambda}\left(\frac{1}{1-v^2/c^2} - \frac{1}{\sqrt{1-v^2/c^2}}\right)$$

$$\approx \frac{2(l_2+l_1)}{\lambda}\left[\left(1+\frac{v^2}{c^2}\right) - \left(1+\frac{v^2}{2c^2}\right)\right] = \frac{l_2+l_1}{\lambda}\frac{v^2}{c^2}(v \ll c)$$

在迈克尔逊—莫雷 1887 年实验时用 $l_1 \approx l_2 \approx 11\text{m}$，$\lambda = 5.9 \times 10^{-7}\text{m}$（纳黄光）。

若认为地球相对以太速度为地球相对太阳速度 $v = 3 \times 10^4\text{m/s}$，则 $n \approx 0.37$ 个。实验精度为 0.01 个。

实验结果：干涉条纹移动上限为 0.01 个，这样反推出地球相对以太速度大约为：$v \leqslant 0.5 \times 10^4\text{m/s}$。以后又做了许多实验，结果相同。可以认为条纹没有移动，即地球相对以太静止（后来的许多次类似实验，精度越来越高，1972 年激光实验为 $v \leqslant 0.9\text{m/s}$）。这一结果引起很大轰动，但仍然有许多人不认为是理论计算有问题，而是在经典时空框架下解释实验结果。

对实验结果的解释如下：

（1）地球相对以太静止，地球为绝对参照系，光速在地球上恒为 c，且各向同性。这样

$$t_1 = \frac{2l_1}{c}, \ t_2 = \frac{2l_2}{c}, \ \Delta_1 = 2(l_2 - l_1)$$

旋转后

$$t_1 = \frac{2l_1}{c}, \ t_2 = \frac{2l_2}{c}, \ \Delta_2 = 2(l_2 - l_1), \ \Delta = \Delta_2 - \Delta_1 = 0$$

但是此解释将说明地球是宇宙中特殊天体（为地心说），同时说明太阳光在地球周围各向同性，但太阳相对地球运动，仍不符合经典速度合成。

（2）拖曳理论：地球不是绝对参照系。由于以太很轻，地球在以太中运动时，可以拖动以太一起运动，但它于光行差现象矛盾。

恒星光行差现象（1727 年发现）：观察恒星光线的视方向与"真实"方向之间有一夹角，这说明若以太存在，将不能被地球拖动，若拖动则地球上将看不到光行差现象。地球上观察天体的方向，应是地球对太阳的运动速度与光速合成的方向（图 6.9、图 6.10）。

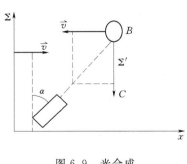

图 6.9　光合成

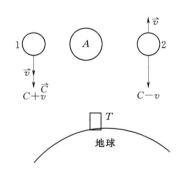

图 6.10　恒星光行差现象

夹角 $\alpha \approx \arctan \dfrac{v}{c}$，实验观测 $\alpha \approx 41''$（$0.00573°$），反推出 $v \approx 3.0 \times 10^4\text{m/s}$，正是地球线速度。

（3）认为静止光源光速为 c，运动光源光速改变，且各向同性（发射理论），这样在地球上用静止光源做实验，条纹当然不移动，麦氏方程在地球上精确成立。但在以太中不是现有形式。仍然认为以太存在，这样阳光在地球上不为 c。这一说法与双星实验相

矛盾。

双星实验观测：A、B 构成双星，假定 $m_A \gg m_B$，可视 A 不动，B 绕 A 运动。若光速与光源运动有关，则在 1 处光速相对地球为 $c+v$，2 处光速相对地球为 $c-v$。在同一时刻观看 B 星不应是一亮点。他不同时刻发出的光在同一时刻到达地球，拍摄照片应是一条很短的亮线。但实验结果均为亮线，即光速与光源运动无关。1924 年用日光做迈—莫实验，仍然无移动，证明双星规则正确。

迈克尔逊—莫雷实验否定了特殊参考系的存在，这就意味着不存在以太，光速不依赖于观察者所在的参考系。

到目前为止，所有实验都指出：光速不依赖于观察者所在的参考系，而且与光源的运动无关。然而，当时仍有许多人坚信以太的存在，迈克尔逊本人因未找到以太而深感遗憾。荷兰物理学家洛仑兹为挽救以太，只给以太留下唯一的性质即不动性，他提出"收缩"假定以调和矛盾，引进了"当地时间"这个辅助量，建立了以静止的以太坐标系到其他惯性系的变换式，即著名的洛仑兹变换式，不过他并没有意识到这个变换式的深刻意义。

迈克尔逊—莫雷实验以及其他一些实验结果给人们带来了一些困惑，似乎相对性原理只适用于牛顿定律，而不能用于麦克斯韦的电磁场理论。看来要解决这一难题必须在物理观念上来个变革。这时许多物理学家都预感到一个新的基本理论即将产生。在格伦兹、庞加莱等人为探求新理论所做的先期工作的基础上，一位具有变革思想的青年学者——爱因斯坦 1905 年创立了狭义相对论，为物理学的发展树立了新的里程碑。

思考与讨论：狭义相对论已被实验证实了吗？人们只能得出否定的结论。接下来的问题是狭义相对论能用实验来验证吗？在物理学界确实有一种意见认为相对论是无法用实践来检验的。理由是身处两个惯性系中的观察者是永远无法碰头的，因为这涉及到参考系要拐弯，而参考系一拐弯就有加速度，就不再是惯性系了，而狭义相对论只适用于惯性系。平心而论，这是这段话倒是十分符合相对论的"原汁原味"。但这也使人感到奇怪，既然两个惯性系中观察者是永远无法碰头的，那么人们用什么方法才能知道这两个惯性系中的观察者都会发现对方发生了时间膨胀、空间收缩的效应呢？时间膨胀、空间收缩的相对性究竟是伟人的一种"直觉"还是一种科学的理论？这值得人们深思。

习　　题

6.1　请填写复习简表。

项　目	伽利略变换式、牛顿的绝对时空观	迈克尔逊—莫雷零结果实验	狭义相对论的基本假设、洛仑兹变换式	狭义相对论的时空观	狭义相对论的动量与能量
主要内容					
主要公式					
重点、难点					
自我提示					

6.2 一米尺以很快的速度从你面前通过，如果你测得该米尺的长度为 0.76m，试求米尺对你运动的速率。

6.3 一体积为 V_0，质量为 m_0 的立方体沿其一棱的方向相对于观察者 A 以速度 v 运动。求：观察者 A 测得其密度是多少？

6.4 一艘宇宙飞船的船身固有长度为 $L_0 = 90\text{m}$，相对于地面以 $v = 0.8c$（c 为真空中光速）的匀速度在地面观测站的上空飞过。

（1）观测站测得飞船的船身通过观测站的时间间隔是多少？

（2）宇航员测得船身通过观测站的时间间隔是多少？

6.5 一电子以 $v = 0.99c$（c 为真空中光速）的速率运动。试求：

（1）电子的总能量是多少？

（2）电子的经典力学的动能与相对论动能之比是多少？（电子静止质量 $m_e = 9.11 \times 10^{-31}\ \text{kg}$）

第 7 章　振　动

学习建议

1. 课堂讲授为 6 学时左右。

2. 振动是物质的一种很普遍的运动形式。本章主要研究简谐运动，并掌握振动的基本知识，同时，本章是下一章波动学习的基础。

3. 教学基本要求：

（1）掌握描述简谐运动的各个物理量（特别是相位）的物理意义及各量间的关系。

（2）掌握描述简谐运动的旋转矢量法和图线表示法，并会用于简谐运动规律的讨论和分析。

（3）掌握简谐运动的基本特征，能建立一维简谐运动的微分方程，能根据给定的初始条件写出一维简谐运动的运动方程，并理解其物理意义。

（4）理解同方向、同频率简谐运动的合成规律，了解拍和相互垂直简谐运动合成的特点。

（5）了解阻尼振动、受迫振动和共振的发生条件及规律。

物体在某一确定位置附近做来回往复的运动称为机械振动。机械振动是一种机械运动，是区别于以前所学的各种运动的一种特殊运动。机械振动是一种十分普遍的自然现象，大至地壳的振动，小至分子、原子的振动。如钟摆、发声体、开动的机器、行驶中的交通工具都有机械振动。

更广义地讲，任何一个物理量的周期性变化都称为振动。例如电路中的电流、电压，电磁场中的电场强度和磁场强度都可能随时间作周期性的变化，这种变化称为电磁振动。在微观世界中，研究振动的规律也是分析物质结构、分子和原子光谱的重要基础。

一般的振动大多比较复杂，简谐振动是其中最简单、最基本的一种振动。一切复杂的振动都可以看作若干个简谐振动的合成。本章以机械运动为主，研究简谐振动的基本规律及简谐振动的合成，并简要介绍阻尼振动、受迫振动和共振。

7.1　简　谐　振　动

物体运动时，如果离开平衡位置的位移（或角位移）按余弦函数（或正弦函数）的规律随时间变化，这种运动称为简谐振动。

作简谐振动的物体，称为谐振子。一根轻质弹簧的一端固定，另一端固定一个可以自由运动的物体所组成的力学系统，称为弹簧谐振子系统，简称弹簧振子。

下面以弹簧振子为例，研究简谐振动的运动规律。

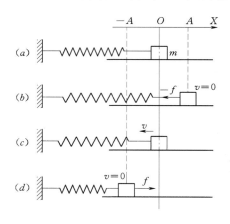

图 7.1　弹簧振子的振动

如图 7.1（a）所示，把一质量为 m，位于光滑平面上的物体（视为刚体）连在质量远小于 m 的一根弹簧的一端，弹簧的另一端固定构成了一个典型的弹簧振子。这种典型弹簧振子的研究，其意义不仅陷于弹簧振子本身，因为它是从许多实际的振动系统抽象出来的一个简化模型。例如，为了使精密机床防振，往往在机床的混凝土基座与地基之间加装缓冲垫层，因此在研究机床的上下振动时，就把机床同混凝土基座看成刚体，下面的缓冲垫看成弹簧，从而当成弹簧振子的问题来处理。

设弹簧自然伸长时，物体位于 O 点，O 点称为物体的平衡位置。为了方便，选平衡位置为原点并沿运动方向建立坐标 x 来描述物体的振动。现将物体向右稍微拉离平衡位置，然后释放〔图 7.1（b）〕，物体会在弹性力作用下向平衡位置运动，在这个过程中，弹力不断减小，而物体的速度不断增大。由于物体有惯性，虽然在平衡位置处弹力减小到零，但物体并不会停下来，而是继续向前运动〔图 7.1（c）〕。但弹力的方向阻碍物体的运动〔图 7.1（d）〕，最后使物体的速度减小为零。接着物体又在弹力作用下，沿着相反的方向重复刚才的运动过程，直至返回出发点。这时，物体完成了一次全振动，以后又开始下一次振动，从而往复不止。人们把这样的振动称为无阻尼自由简谐振动。

根据胡克定律，上述作简谐振动的物体在任何位置所受到的弹性力 f 与物体偏离平衡位置的位移 x 成正比，f 的方向始终与位移 x 的方向相反且指向平衡位置，于是有

$$f = -kx$$

式中：k 为倔强系数，负号表示弹性力的方向始终与物体位移的方向相反。

由牛顿第二定律有，物体的加速度为

$$a = \frac{F}{m} = -\frac{k}{m}x \qquad (7-1)$$

对于给定的弹簧振子，k 与 m 是常数，令

$$\omega^2 = \frac{k}{m} \qquad (7-2)$$

式（7-1）写成

$$a = -\omega^2 x \qquad (7-3)$$

式（7-3）表明，物体作简谐振动时，加速度的大小与位移成正比，加速度的方向与位移方向相反，简谐振动是一种非匀变速直线运动。一般将此式作为物体作简谐振动的判据。

根据加速度定义，$a = \dfrac{d^2 x}{dt^2}$，式（7-3）可写成

$$\frac{d^2 x}{dt^2} + \omega^2 x = 0 \tag{7-4}$$

式（7-4）为简谐振动动力学方程。

由谐振动的动力学方程式（7-4）（二阶常系数齐次微分方程）可求得位移与时间的函数关系为

$$x = A\cos(\omega t + \varphi) \tag{7-5}$$

式中：A、φ 为积分常数，可由初始条件确定。

式（7-5）称为简谐运动方程。其速度、加速度与时间的函数关系为

$$v = \frac{dx}{dt} = -\omega A \sin(\omega t + \varphi) \tag{7-6}$$

$$a = \frac{d^2 x}{dt^2} = -\omega^2 A\cos(\omega t + \varphi) \tag{7-7}$$

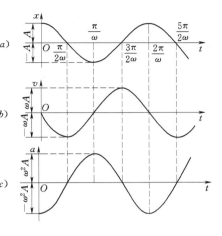

图 7.2 简谐运动图解（$\varphi = 0$）

由式（7-5）、式（7-6）、式（7-7），即可作出图 7.2 所示的 x—t 图、v—t 图和 a—t 图，由图可看到，物体作简谐运动时，位移、速度和加速度都是周期性变化的。

7.2 简谐振动的特征量

描述简谐振动的特征量有振幅、周期（频率、角频率）和相位（初相位）。

7.2.1 振幅 A

简谐运动的运动方程 $x = A\cos(\omega t + \varphi)$ 中，A 是振动物体偏离平衡位置最大位移的绝对值，称为振幅。

7.2.2 频率和周期

周期 T：谐振子作一次全振动所需的时间，故经过 T 后振动完全重复，有

$$x = A\cos(\omega t + \varphi) = A\cos[\omega(t + T) + \varphi]$$

从图 7.1 可以看到，在 $T = \dfrac{2\pi}{\omega}$ 时刻，x、v 和 a 的振动都第一次回到了 $t = 0$ 时刻的状态。说明谐振子的三个物理量都以同一个周期运动，周期为

$$T = \frac{2\pi}{\omega} \tag{7-8}$$

其实，任何两个相邻同状态时刻间的时间间隔都等于一个周期 T。

谐振子的周期 T 决定于谐振子的固有性质，与振幅无关，称为固有周期。对于弹簧振子，由于 $\omega = \sqrt{\dfrac{k}{m}}$，所以它的固有周期为

$$T = 2\pi \sqrt{\frac{m}{k}} \tag{7-9}$$

频率 ν：单位时间（1s）内全振动的次数，单位：Hz（赫兹）。

频率和周期的关系为

$$\nu = \frac{1}{T} = \frac{\omega}{2\pi} \tag{7-10}$$

谐振子的频率 ν 也决定于谐振子的固有性质，称为固有频率。弹簧振子的固有频率为

$$\nu = \frac{1}{2\pi} \sqrt{\frac{k}{m}} \tag{7-11}$$

角频率（圆频率）ω：表示 2π 秒内全振动的次数，单位 rad/s（弧度每秒）。

$$\omega = 2\pi\nu = \frac{2\pi}{T} \tag{7-12}$$

7.2.3 相位和初相位

简谐运动的运动方程 $x = A\cos(\omega t + \varphi)$ 中，相位 $(\omega t + \varphi)$ 是决定谐振子运动状态的重要物理量，在一次全振动中，谐振子有不同的运动状态，分别与一个相位值对应。

例如图 7.1 中的弹簧振子，当相位 $(\omega t_1 + \varphi) = \frac{\pi}{2}$ 时，即在 t_1 时刻物体在平衡位置，并以速率 ωA 向左运动；而当相位 $(\omega t_2 + \varphi) = \frac{3\pi}{2}$ 时，即在 t_2 时刻物体也在平衡位置，并以速率 ωA 向右运动；可见，在 t_1 和 t_2 时刻，由于振动相位不同，物体的运动状态也不相同。此外，用相位描述物体的运动状态，还能体现出简谐振动的周期性。

$t = 0$ 时，$\omega t + \varphi = \varphi$，$\varphi$ 决定开始时刻振子的运动状态，简称初相位。

7.2.4 常数 A 和 φ 的确定

简谐运动运动方程 $x = A\cos(\omega t + \varphi)$ 中，ω 是由振动系统的本身性质决定的，而 A、φ 是由初始条件决定的。

如果 $t = 0$ 时刻，初始位移和初始速度分别为 $x = x_0$　$v = v_0$，把初始条件代入式（7-5）和式（7-6）可得

$$x_0 = A\cos\varphi$$

$$v_0 = -\omega A\sin\varphi$$

得到

$$A = \sqrt{x_0^2 + \frac{v_0^2}{\omega^2}} \tag{7-13}$$

$$\tan\varphi = \frac{-v_0}{\omega x_0} \tag{7-14}$$

其中 φ 所在的象限由 x_0 和 v_0 的正负号确定。

7.3　简谐振动的旋转矢量法、相位差

7.3.1　简谐振动和圆周运动的类比

考虑一个质点的匀速圆周运动。设半径为 R，角速度为 ω，以 x 轴为参考轴，并设 $t=0$ 时的质点位于 P_0 处，角位置坐标为 θ，如图 7.3 所示，则任意时刻 t 质点的位置用直角坐标表示是：

$$x = R\cos(\omega t + \theta)$$
$$y = R\sin(\omega t + \theta)$$

其速度和加速度的 x 方向分量是

$$v = -R\omega\sin(\omega t + \theta)$$
$$a = -R\omega^2\cos(\omega t + \theta)$$

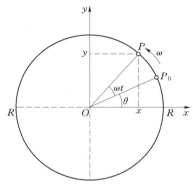

图 7.3　质点的圆周运动

比较关于简谐振动位移、速度和加速度的表达式发现：尽管质点的圆周运动和简谐运动本属于两个不同的运动状态，但在数学描述上却非常相似。简谐振动同作匀速圆周运动的质点在 Ox 轴上的投影点的运动是完全一致的。

这种类比提供了一种可能性：借助圆周运动的直观形象来描述简谐振动。

7.3.2　简谐振动的旋转矢量法

一长度为 A 的矢量绕 O 点以恒角速度 ω 沿逆时针方向转动，在 $t=0$ 时刻，矢量 A 的端点在位置 M_0（图 7.4）。在此矢量转动过程中，矢量的端点 M 也在 Ox 轴上的投影点 P 也以 O 为平衡位置不断的往复运动。在任意时刻，投影点在 Ox 轴上的位置由方程 $x = A\cos(\omega t + \varphi)$ 确定，因而它的运动是简谐运动。矢量 A 以角速度 ω 旋转一周，相当于投影点在 x 轴上作一次完全振动。

也就是说，一个简谐振动可以借助于一个旋转矢量来表示。它们之间的对应关系为：旋转矢量的长度 A 为投影点简谐振动的振幅；旋转矢量的转动角速度为简谐振动的圆频率 ω；而旋转矢量在 t 时刻与 Ox 轴的夹角（$\omega t + \varphi$）便是简谐振动运动方程中的相位；φ 角是起始时刻旋转矢量与 Ox 轴的夹角，就是初相位。

根据规定，旋转矢量总是沿逆时针方向转动，因而相位角不仅决定了投影点的位置，而且确定了投影点速度和加速度，即确定了该时刻投影点振动的运动状态。如图 7.5 所示，由于作匀速圆周运动的物体的速率是 $v_m = \omega A$，在 t 时刻，它在 Ox 轴上的投影是 $v = v_m\cos\left(\omega t + \varphi + \dfrac{\pi}{2}\right) =$

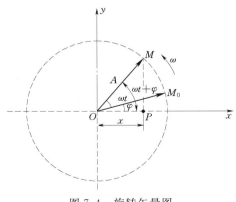

图 7.4　旋转矢量图

$-\omega A \sin(\omega t + \varphi)$，这正是物体作简谐运动的速度公式。作匀速圆周运动的物体的向心加速度是 $a_n = \omega^2 A$，在 t 时刻，它在 Ox 轴上的投影是 $a = a_n \cos(\omega t + \varphi + \pi) = -\omega^2 A \cos(\omega t + \varphi)$，这正是物体做简谐运动的加速度公式。

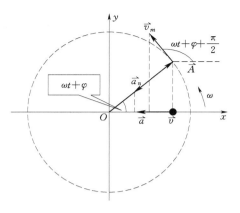

图 7.5　旋转矢量图中的速度和加速度

7.3.3　相位差

两个振动在同一时刻的相位之差或同一振动在不同时刻的相位之差皆可简称为相位差。

在比较两个或两个以上的简谐振动时，相位差的概念很重要。如果有两个质点，它们作同频率的简谐振动，质点 1 的振动方程为

$$x_1 = A_1 \cos(\omega t + \varphi_1)$$

质点 2 振动的运动方程为

$$x_2 = A_2 \cos(\omega t + \varphi_2)$$

它们在任意时刻的相位差为

$$\Delta \varphi = (\omega t + \varphi_2) - (\omega t + \varphi_1) = \varphi_2 - \varphi_1 \tag{7-15}$$

可见两个同频率的简谐振动在任意时刻的相位差是恒定的，且始终等于它们的初相位差。

由这个相差就可以知道它们的步调是否相同。

如果 $\Delta \varphi = \pm 2k\pi (k=0,1,2,\cdots)$，两振动质点将同时到达各自的同方向的极端位置，并且同时越过原点而且向同方向运动，它们的步调相同。这种情况我们说两者同相［图 7.6 (a)］。

如果 $\Delta \varphi = \pm(2k+1)\pi (k=0,1,2,\cdots)$，两振动质点将同时到达各自的相反方向的极端位置，并且同时越过原点但向相反方向运动，它们的步调刚好相反，譬如，质点 1 正沿着正方向运动通过平衡位置，而质点 2 却沿负方向通过平衡位置。这种情况我们说两者反相［图 7.6 (b)］。

如果 $\Delta \varphi$ 为其他值时，一般说两者不同相。当 $\Delta \varphi > 0$ 时［图 7.7 (a)］，质点 2 将先于质点 1 到达各自的同方向极大值，我们说质点 2 振动超前质点 1 振动 $\Delta \varphi$，或者说质点 1 振动落后质点 2 振动 $\Delta \varphi$。当 $\Delta \varphi < 0$ 时，质点 1 振动超前质点 2 振动 $|\Delta \varphi|$。在这种说法中，由于相差的周期是 2π，所

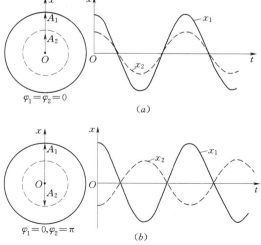

图 7.6　同相和反向的旋转矢量及 $x-t$ 曲线

以我们把 $|\Delta\varphi|$ 的值限在 π 以内。例如，当 $\Delta\varphi=\dfrac{3}{2}\pi$ 时 ［图 7.7（b）］，通常不说质点 2 的振动超前质点 1 的振动 $\dfrac{3}{2}\pi$，而写成 $\Delta\varphi=\dfrac{3}{2}\pi-2\pi=-\dfrac{1}{2}\pi$，且说质点 2 振动落后质点 1 振动 $\dfrac{1}{2}\pi$，或说质点 1 振动超前质点 2 振动 $\dfrac{1}{2}\pi$。

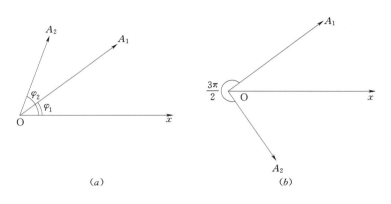

(a)   (b)

图 7.7　两个简谐振动的相位差

【例 7.1】　如图 7.8 所示，一轻弹簧的右端连着一物体，弹簧的劲度系数 $k=0.72\mathrm{N\cdot m^{-1}}$，物体的质量 $m=20\mathrm{g}$。

（1）把物体从平衡位置向右拉到 $x=0.05\mathrm{m}$ 处停下后再释放，求简谐运动方程。

（2）求物体从初位置运动到第一次经过 $\dfrac{A}{2}$ 处时的速度。

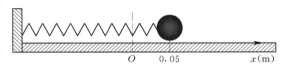

图 7.8　例 7.1 图（一）

（3）如果物体在 $x=0.05\mathrm{m}$ 处时速度不等于零，而是具有向右的初速度 $v_0=0.30\mathrm{m/s}$，求其运动方程。

解：（1）要求物体的简谐运动方程，就需要确定角频率 ω、振幅 A 和初相 φ 三个物理量。

角频率

$$\omega=\sqrt{\frac{k}{m}}=\sqrt{\frac{0.72}{0.02}}=6.0(\mathrm{s})$$

振幅和初相由初始条件 x_0 和 v_0 决定，已知 $x_0=0.05\mathrm{m}$，$v_0=0$，由式（7-13）和式（7-14）得

振幅

$$A=\sqrt{x_0^2+\frac{v_0^2}{\omega^2}}=x_0=0.05\mathrm{m}$$

初相

$$\tan\varphi=\frac{-v_0}{\omega x_0}=0(\varphi=0\ \text{或}\ \pi)$$

根据已知条件作相应的旋转矢量如图 7.9（a）所示，由图可得 $\varphi=0$。

将 ω、A、φ 代入简谐运动方程 $x=A\cos(\omega t+\varphi)$ 中，可得

$$x = 0.05\cos(6.0t)$$

（2）欲求 $x = \dfrac{A}{2}$ 处的速度，需先求出物体从初位置运动到第一次抵达 $\dfrac{A}{2}$ 处的相位。因 $\varphi = 0$，由 $x = A\cos(\omega t + \varphi) = A\cos(\omega t)$，得

$$\cos(\omega t) = \frac{x}{A} = \frac{1}{2}, \quad \omega t = \frac{\pi}{3} \text{ 或 } \frac{5\pi}{3}$$

作相应的旋转矢量如图 7.9（b）所示，由图可知物体由初位置 $x = A$ 第一次运动到 $x = \dfrac{A}{2}$ 时的相位

$$\omega t = \frac{\pi}{3}$$

将 ω、A、ωt 代入速度公式中，可得

$$v = -A\omega\sin\omega t = -0.26\text{m/s}$$

负号表示速度的方向沿 Ox 轴负方向。

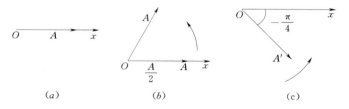

图 7.9　例 7.1 图（二）

（3）因 $x_0 = 0.05\text{m}$，$v_0 = 0.03\text{m/s}$，故振幅和初相分别为

$$A' = \sqrt{x_0^2 + \frac{v_0^2}{\omega^2}} = 0.0707\text{m}$$

$$\tan\varphi' = \frac{-v_0}{\omega x_0} = -1, \quad \varphi' = -\frac{\pi}{4} \text{ 或 } \frac{3\pi}{4}$$

从旋转矢量图 7.9（c）中可知 $\varphi' = -\dfrac{\pi}{4}$，则简谐运动方程为

$$x = 0.0707\cos\left(6.0t - \frac{\pi}{4}\right)$$

【例 7.2】　一质量为 0.01kg 的物体作简谐运动，其振幅为 0.08m，周期为 4s，起始时刻物体在 $x = 0.04\text{m}$ 处，向 Ox 轴负方向运动（图 7.10）。试求：

（1）$t = 1.0\text{s}$ 时，物体所处的位置和所受的力。

（2）由起始位置运动到 $x = -0.04\text{m}$ 处所需要的最短时间。

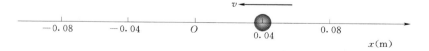

图 7.10　例 7.2 图（一）

解： 由简谐运动方程

$$x = A\cos(\omega t + \varphi)$$

按题意，$A = 0.08\text{m}$。因为 $T = 4\text{s}$，由式（7-8）有

$$\omega = \frac{2\pi}{T} = \frac{\pi}{2}(\text{s}^{-1})$$

以 $t = 0$ 时，$x = 0.04\text{m}$，代入简谐运动方程得

$$0.04 = 0.08\cos\varphi$$

所以

$$\varphi = \pm\frac{\pi}{3}$$

作旋转矢量图 7.11，从图中可知，应取

$$\varphi = \frac{\pi}{3}$$

得

$$x = 0.08\cos\left(\frac{\pi}{2}t + \frac{\pi}{3}\right)$$

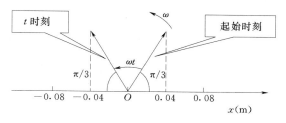

图 7.11　例 7.2 图（二）

（1）将 $t = 1.0\text{s}$ 代入上式，得

$$x = -0.069(\text{m})$$

负号说明物体在平衡位置 O 的左方。受力为

$$F = -kx = -m\omega^2 x$$

$$= -0.01 \times \left(\frac{\pi}{2}\right)^2 \times (-0.069)$$

$$= 1.70 \times 10^{-3}(\text{N})$$

力的方向沿 Ox 轴的正方向，指向平衡位置。

（2）设物体由起始位置运动到 $x = 0.04\text{m}$ 处所需的最短时间为 t。把 $x = -0.04\text{m}$ 代入运动方程，得

$$-0.04 = 0.08\cos\left(\frac{\pi}{2}t + \frac{\pi}{3}\right)$$

所以

$$t = \frac{\arccos\left(-\frac{1}{2}\right) - \frac{\pi}{3}}{\pi/2} = \frac{2}{3} = 0.667(\text{s})$$

求 t 的另一个更简便的方法是，直接从矢量图 7.11 中即可看出

$$\omega t = \frac{\pi}{3}$$

故

$$t = \frac{2}{3}\text{s} = 0.667\text{s}$$

7.4　常见的简谐振动例子

7.4.1　单摆

质量为 m 的小球拴在长度为 l 的细线（其质量忽略不计）的一端，细线另一端固定，

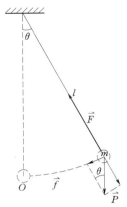

图 7.12 单摆

这个系统称为单摆（图 7.12）。当单摆自然下垂时，摆球 m 处于平衡位置 O 点，作用在小球上的合力为零；若把小球从平衡位置略微移开后放手，小球就在平衡位置附近往复摆动（空气摩擦力忽略不计）。下面研究单摆角位移 $\theta(\theta < 5°)$ 很小时，它的运动规律。

设某一时刻，单摆的摆线与竖直方向成 θ 角，并规定小球在平衡位置的右方时 θ 为正；在左方时，θ 为负。忽略空气阻力，摆球所受到的合力为沿圆弧切线方向的分力，即重力在这一方向的分力，为 $mg\sin\theta$。取逆时针方向为角位移 θ 的方向，则此力应写为

$$f = -mg\sin\theta$$

角位移 θ 很小时，$\sin\theta \approx \theta$，所以

$$f = -mg\theta$$

由于摆球的切向加速度为 $a_\tau = l\dfrac{\mathrm{d}^2\theta}{\mathrm{d}t^2}$，所以由牛顿第二定律可得

$$-mg\theta = ml\frac{\mathrm{d}^2\theta}{\mathrm{d}t^2}$$

或者写成

$$\frac{\mathrm{d}^2\theta}{\mathrm{d}t^2} + \frac{g}{l}\theta = 0 \qquad\qquad (7-16)$$

这一方程和式（7-4）具有相同的形式，因此可以得出结论：在角位移很小时，单摆的运动是简谐运动。式（7-16）的解为

$$\theta = \theta_m\cos(\omega t + \varphi)$$

即单摆的运动方程。

将上式与式（7-4）比较，可得单摆的角频率和周期分别为

$$\omega = \sqrt{\frac{g}{l}}, \ T = 2\pi\sqrt{\frac{l}{g}} \qquad\qquad (7-17)$$

可见，单摆的周期决定摆长和该处的重力加速度。利用上式可通过测量单摆的周期以确定该地点的重力加速度。

7.4.2 复摆

质量为 m 的任意形状的物体，被支持在无摩擦的水平轴 O 上。将它拉开一个微小角度 θ 后释放，物体将绕轴 O 做微小的自由摆动。这样的装置叫复摆（图 7.13），下面研究复摆角位移 θ 很小时，它的运动规律。

若复摆对轴 O 的转动惯量为 J，复摆的质心 C 到 O 的距离 $OC = l$。设复摆逆时针转动为正，则复摆在某一时刻受到的重力矩为 $M = -mgl\sin\theta$。当摆角很小时，$\sin\theta \approx \theta$，因此 $M = -mgl\theta$，不计空气阻力，由转动定律得

$$-mgl\theta = J\frac{\mathrm{d}^2\theta}{\mathrm{d}t^2}$$

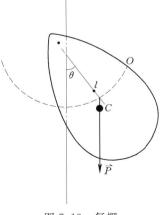

图 7.13 复摆

或写成

$$\frac{\mathrm{d}^2 \theta}{\mathrm{d}t^2} = -\frac{mgl}{J}\theta \qquad (7-18)$$

式（7-18）和式（7-4）具有相同的形式，因此可以得出结论：在角位移很小时，复摆的运动是简谐运动，其角频率和周期分别为

$$\omega = \sqrt{\frac{mgl}{J}}, \ T = 2\pi\sqrt{\frac{J}{mgl}} \qquad (7-19)$$

如果已知复摆对轴 O 的转动惯量 J 和复摆质心与该轴的距离 l，通过实验测出复摆的周期 T，则可得该地点的重力加速度；或者已知 g，l，由实验测得 T，即可得转动惯量 J。

常见的简谐运动还有扭摆，无阻尼的 LC 电磁振荡等，这里就不一一介绍了。有兴趣的读者，可以自己去收集有关的资料。

7.5　简谐振动的能量特征

仍以图 7.1 在水平面上作简谐振动的弹簧振子为例，分析其能量变化。设在某一时刻，物体的位移为 x，速度为 v，则其弹性势能 E_p，动能 E_k 分别为

$$E_p = \frac{1}{2}kx^2 = \frac{1}{2}kA^2\cos^2(\omega t + \varphi) \qquad (7-20)$$

$$E_k = \frac{1}{2}mv^2 = \frac{1}{2}m\omega^2 A^2\sin^2(\omega t + \varphi) \qquad (7-21)$$

其中

$$\omega^2 = k/m$$

式（7-20）和式（7-21）说明简谐振动系统的动能和势能都是随时间（或位移）变化的。位移最大时，势能达最大值，动能为零；物体过平衡点时，势能为零，动能达最大值。

弹簧振子总的机械能为

$$E = E_k + E_p = \frac{1}{2}kA^2\cos^2(\omega t + \varphi) + \frac{1}{2}m\omega^2 A^2\sin^2(\omega t + \varphi) = \frac{1}{2}kA^2 \quad (7-22)$$

式（7-22）表明，弹簧振子作简谐运动的总能量与振幅的二次方成正比。由于振子只受弹性力这一保守力作用，所以系统的总能量守恒，即系统的动能和势能不断相互转换，总能量却保持不变，如图 7.14 所示，弹簧振子做简谐运动时的能量变化情况可通过势能曲线反映出来。如图 7.15 所示，弹簧振子的势能曲线为抛物线，横轴表示位移，纵

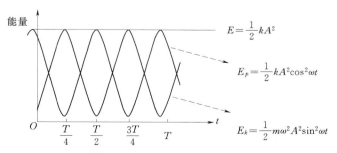

图 7.14　弹簧振子的能量和时间的关系曲线（$\varphi=0$）

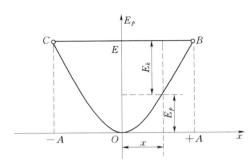

图 7.15　弹簧振子的势能曲线

轴表示势能；总能量线是一条平行于 Ox 轴的水平线，在一次振动中，总能量保持不变。在位移为 x 时，总能量与势能之差就是动能，当位移到达 $+A$ 和 $-A$ 时，振子动能为零，开始返回运动，振子不可能越过势能曲线到达势能更大的区域，因为那里振子的动能应为负值，这是不可能的。

根据式（7-22）和图 7.15 可说明以下三点：

（1）做简谐振动的物体的动能 E_k 和势能 E_p 分别随时间 t 作周期性的变化，但在这一运动过程中，动能和势能相互转化而总能量保持守恒，即符合机械能守恒转换定律。

（2）简谐振动的总能量与振幅的平方成正比。这个规律具有普遍意义，对其他形式的振动和波动也是适用的。

（3）将"$\dfrac{1}{2}kx^2 + \dfrac{1}{2}mv^2 = 恒量$"一式对时间求导数，即

$$\frac{\mathrm{d}}{\mathrm{d}t}\left(\frac{1}{2}mv^2 + \frac{1}{2}kx^2\right) = 0$$

可得

$$mv\frac{\mathrm{d}v}{\mathrm{d}t} + kx\frac{\mathrm{d}x}{\mathrm{d}t} = 0$$

由于

$$v = \frac{\mathrm{d}x}{\mathrm{d}t}$$

故可得

$$\frac{\mathrm{d}^2 x}{\mathrm{d}t^2} + \frac{k}{m}x = 0$$

从以上分析可知，对同一物理现象，用动力学观点分析力得到的简谐振动的微分方程式和从能量观点分析得到的简谐振动的微分方程式，结论是相同的。这是物理学中处理问题的两种重要方法。

7.6　简谐运动的合成

当质点同时参与几个振动时，质点的实际运动就是这几个振动的合成。振动也具有矢量性，振动的矢量性是通过振动的方向和相位反映出来的。实际的问题中，常常会遇到几个简谐运动的合成。例如，当两个声波同时传播到空间某一点时，该点处的空气质元就被迫同时参与两个振动，这时质元的运动就是这两个振动的合成。振动的合成一般比较复杂，下面我们只讨论几种简单情形下的简谐运动的合成。

7.6.1　同方向、同频率简谐运动的合成

设有两个在同一直线上的简谐振动，它们的振动频率相同，但振幅不同，初相不同。在任一时刻 t 它们的位移分别为

$$x_1 = A_1\cos(\omega t + \varphi_1)$$
$$x_2 = A_2\cos(\omega t + \varphi_2)$$

式中：A_1 和 A_2 分别为两个振动的振幅；φ_1，φ_2 分别为它们的初相；ω 为它们共同的圆频率。因为两个振动在同一直线上进行的，所以合位移 x 应该是上述两个位移 x_1 及 x_2 的代数和，即

$$x = x_1 + x_2$$

为了简便、直观地得出合振动的规律，我们采用旋转矢量合成法，如图 7.16 所示。

如图 7.16 所示取 x 轴代表振动方向，原点 O 代表平衡位置。从 O 点作矢量 A_1 和 A_2 代表上述两个振动的旋转矢量。在 $t=0$ 时，它们与 x 轴的夹角分别为 φ_1 和 φ_2。当两个旋转矢量以相同的匀角速度 ω 绕 O 点作逆时针旋转时，矢量 A_1 和 A_2 在 x 轴上的投影分别为 x_1 和 x_2。因为矢量 A_1 和 A_2 以同一匀角速度 ω 旋转，所以它们之间的夹角 $\varphi_2 - \varphi_1$ 恒保持不变，因而 A_1 和 A_2 构成的平行四边形的形状始终保持不变，并且以角速度 ω 整体地作逆时针转动。这样，它们的合矢量 A 的大小也不变，并且也以匀角速度 ω 绕 O 点作逆时针旋转。因此合矢量 A 所代表的合振动是一个简谐振动，合振动仍是沿 Ox 轴的简谐振动，频率与分振动的频率相同，合振动的表达式为

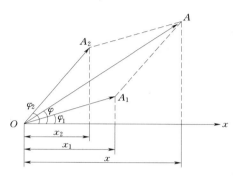

图 7.16　两个同方向简谐振动的合成

$$x = A\cos(\omega t + \varphi)$$

式中：A 为振幅，即为合矢量 A 的长度；φ 为初相，是合矢量 A 与 Ox 轴所成的夹角。利用余弦定律，有

$$A = \sqrt{A_1^2 + A_2^2 + 2A_1A_2\cos(\varphi_2 - \varphi_1)} \tag{7-23}$$

合振动的初相为

$$\varphi = \arctan\frac{A_1\sin\varphi_1 + A_2\sin\varphi_2}{A_1\cos\varphi_1 + A_2\cos\varphi_2} \tag{7-24}$$

可见，合振动的振幅不仅与两个分振动的振幅有关，而且与两个分振动的相位差 $\varphi_2 - \varphi_1$ 有关。下面我们讨论振动合成的两个重要特例

（1）若相位差 $\varphi_2 - \varphi_1 = 2k\pi (k = 0, \pm1, \pm2, \cdots)$，这时，$\cos(\varphi_2 - \varphi_1) = 1$，按式（7-23），得

$$A = \sqrt{A_1^2 + A_2^2 + 2A_1A_2} = A_1 + A_2 \tag{7-25}$$

即当两分振动的相位相同或相位差为 2π 的整数倍时，合振幅等于两分振动的振幅之和，合成结果相互加强如图 7.17（a）所示。

（2）若相位差 $\varphi_2 - \varphi_1 = (2k+1)\pi (k = 0, \pm1, \pm2, \cdots)$，则 $\cos(\varphi_2 - \varphi_1) = -1$，得

$$A = \sqrt{A_1^2 + A_2^2 - 2A_1A_2} = |A_1 - A_2| \tag{7-26}$$

即当两分振动的相位相反或相位差为 π 的奇数倍时，合振幅等于两分振动振幅之差的绝对值，合成结果为相互减弱如图 7.17（b）所示。

一般情况下，相位差 $\varphi_2 - \varphi_1$ 可以是任意值，而合振动的振幅介于 $A_1 + A_2$ 和 $|A_1 - A_2|$ 之间，即 $A_1 + A_2 \geqslant A \geqslant |A_1 - A_2|$，如图 7.17（$c$）所示。

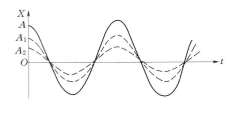

(a)

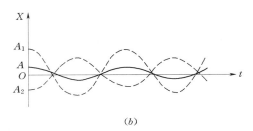

(b)

接着讨论在同一直线上的 N 个同频率的简谐运动的合成。讨论一种特殊情况，即 N 个简谐运动的振幅相同，它们的初相位依次差一个恒量 $\Delta\varphi$。如果适当选择计时起点，使某个简谐运动的初相为零，则 N 个简谐运动的表达式为

$$x_1 = A_1 \cos\omega t$$
$$x_2 = A_2 \cos(\omega t + \Delta\varphi)$$
$$x_3 = A_3 \cos(\omega t + 2\Delta\varphi)$$
$$\vdots$$
$$x_N = A_N \cos[\omega t + (N-1)\Delta\varphi]$$

式中：$A_1 = A_2 = \cdots = A_N = A_0$。由前面的讨论可知，合振动仍为简谐振动，表达式为

$$x = A\cos(\omega t + \varphi)$$

我们求合振动的振幅 A 和初相 φ，如图 7.18 所示，N 个旋转矢量 A_1，A_2，$\cdots$，A_N 依次相接，$\angle OPB = \Delta\varphi$，$PO = PB = \cdots = PQ = R$。过点 P 作 A_1，A_2 的垂线，则此两垂线对 P 所张的角就等于 $\Delta\varphi$。根据多个矢量合成的法则，由点 O 指向点 Q 的矢

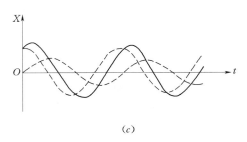

(c)

图 7.17　同方向同频率简谐运动的合成

(a) $\varphi_2 - \varphi_1 = 2k\pi$ $(k = 0, \pm1, \pm2, \cdots)$，$A = A_1 + A_2$；
(b) $\varphi_2 - \varphi_1 = (2k+1)\pi$ $(k = 0, \pm1, \pm2, \cdots)$，
$A = |A_1 - A_2|$；(c) $A_1 + A_2 \geqslant A \geqslant |A_1 - A_2|$

量 A 就是合矢量。显然，合矢量 A 对 P 张的角 $\angle OPQ = N\Delta\varphi$。由几何关系，有

$$A = 2R\sin\left(\frac{N\Delta\varphi}{2}\right)$$

$$A_0 = 2R\sin\left(\frac{\Delta\varphi}{2}\right)$$

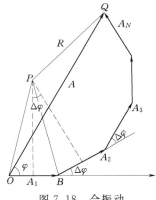

图 7.18　合振动

两式相比，得合振动的振幅

$$A = A_0 \frac{\sin\left(\dfrac{N\Delta\varphi}{2}\right)}{\sin\left(\dfrac{\Delta\varphi}{2}\right)} \tag{7-27}$$

又从等腰三角形 POQ 及 POB 可得

$$2\angle POQ = \pi - N\Delta\varphi$$

$$2\angle POB = \pi - \Delta\varphi$$

得合振动的初相为

$$\varphi = 2\angle POB - \angle POQ = \frac{N-1}{2}\Delta\varphi$$

下面讨论两种特殊情况：

（1）各分振动同相，即 $\Delta\varphi = 2k\pi(k = 0, \pm 1, \pm 2, \cdots)$，由式（7 - 27）给出

$$A = \lim_{\Delta\varphi \to 0} A_0 \frac{\sin\left(\dfrac{N\Delta\varphi}{2}\right)}{\sin\left(\dfrac{\Delta\varphi}{2}\right)} = NA_0$$

这时各分振动矢量得方向都相同，因而也得到最大的合振幅如图 7.19（a）所示。

（2）若 $N\Delta\varphi = 2k'\pi(k' \neq kN, k' = \pm 1, \pm 2, \cdots)$，这时矢量图 N 各分振幅矢量依次相接构成了一个闭合的正多边形［图 7.19（b）］，合振幅当然是零。

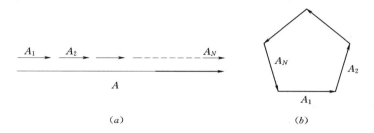

图 7.19　合振幅矢量图

以上讨论的多个分振动的合成，在说明后面章节中光的干涉和衍射规律时有重要作用。

7.6.2　同方向、不同频率简谐运动的合成、拍

如果物体参与两个方向相同、频率不同的简谐振动，由于两个分振动的频率不同，因而相位差随时间改变，故合成后不再是简谐运动，而是比较复杂的周期运动了。讨论两个简谐运动的频率 ν_1、ν_2 都比较大，而两频率之差却很小，满足

$$|\nu_2 - \nu_1| \ll \nu_1 + \nu_2$$

设两简谐运动不仅振幅相同（$A_1 = A_2$），而且初相都为零，则运动方程分别为

$$x_1 = A_1\cos\omega_1 t = A_1\cos 2\pi\nu_1 t$$
$$x_2 = A_2\cos\omega_2 t = A_2\cos 2\pi\nu_2 t$$

合振动的位移为

$$x = x_1 + x_2 = A_1\cos 2\pi\nu_1 t + A_2\cos 2\pi\nu_2 t$$

因此合振动的简谐方程为

$$x = \left(2A_1\cos 2\pi \frac{\nu_2 - \nu_1}{2}t\right)\cos 2\pi \frac{\nu_2 + \nu_1}{2}t \tag{7 - 28}$$

式中：$\dfrac{\nu_2 + \nu_1}{2}$ 可看成合振动的频率；$\left|2A_1\cos 2\pi \dfrac{\nu_2 - \nu_1}{2}t\right|$ 可看成合振动的振幅。由于

$|\nu_2 - \nu_1| \ll \nu_1 + \nu_2$，所以合振动的振幅随时间作缓慢的周期性变化，从而出现合振动的强度时强时弱地在周期性变化，这种现象称为拍。合振幅的数值在 $0 \sim 2A$ 范围内。且余弦函数绝对值以 π 为周期，所以合振幅变化的周期

$$T = \frac{1}{\nu_2 - \nu_1}$$

合振幅变化的频率，即拍频

$$\nu = \nu_2 - \nu_1 \tag{7-29}$$

拍频的数值为两个分振动的频率之差。

值得指出，实用上所研究的拍的现象，主要针对两个角频率较大，而两者之差又很小的同方向简谐运动的合振动而言的。例如，同时敲打两个并列的音叉，若它们频率相差很小，我们就会周而复始地听到嗡、嗡、……的声音，显示出声音时强时弱的周期性变化，察觉到拍的现象。

图 7.20 表示形成拍的情形。设两简谐振动的振幅分为 A_1 和 $A_2(A_1 = A_2)$，初相分别为 φ_1、φ_2，角频率分别为 ω_1、ω_2，设 $\omega_2 > \omega_1$。图 7.20（a）和图 7.20（b）分别表示分振动的位移—时间曲线，图 7.20（c）代表合振动的位移—时间曲线。在任一时刻，合振动的位移在图上直接由分振动的位移相加而得到。从图 7.20 中可以清楚地看出，合振动的振幅是随时间而变化的，并且这种变化时强时弱地显示出一定的周期性。因此，拍是一种周期性的非简谐运动。

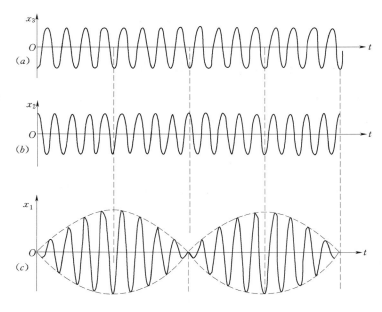

图 7.20　拍

用旋转矢量合成法也可以分析拍的现象。

在图 7.21 中，因 A_1 和 A_2 的角速度不同，它们的相位差

$$\Delta\varphi = (\omega_2 - \omega_1)t + (\varphi_2 - \varphi_1)$$

将随时间变化，可见合振动虽仍与原来振动的方向相同，但合振动明显不是简谐

运动。

由于 $\omega_1 > \omega_2$，所以旋转过程中，A_1 和 A_2 的方向有时一致（即同相），合振幅最大；有时相反（即反相），合振幅最小；在一般情况下，两者的相位差为

$$\Delta\varphi = (\omega_2 - \omega_1)t + (\varphi_2 - \varphi_1)$$

若令 $\varphi_1 = \varphi_2 = 0$，则 $\Delta\varphi = (\omega_2 - \omega_1)t$，于是合振幅

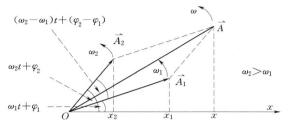

图 7.21　两个同方向不同频率简谐运动的合成

$$A = \sqrt{A_1^2 + A_2^2 + 2A_1 A_2 \cos\Delta\varphi}$$

如 $A_1 = A_2$，有

$$A = A_1 \sqrt{2(1 + \cos\Delta\varphi)} = \left| 2A_1 \cos\left(\frac{\omega_2 - \omega_1}{2}t\right) \right|$$

即合振幅 $A = \left| 2A_1 \cos\left(2\pi \dfrac{\nu_2 - \nu_1}{2}t\right) \right|$，其变化的频率即拍频为 $\nu = \nu_2 - \nu_1$。

由图 7.21 可知，在 $\varphi_1 = \varphi_2 = 0$ 的情况下，合矢量 $\vec{A}$ 与 Ox 轴的夹角为 ωt，于是由

$$\cos\omega t = \frac{x_1 + x_2}{A} = \frac{A_1 \cos\omega_1 t + A_1 \cos\omega_2 t}{2A_1 \cos\dfrac{\omega_2 - \omega_1}{2}t} = \cos\frac{\omega_2 + \omega_1}{2}t$$

即合振动的频率为 $\dfrac{\nu_2 + \nu_1}{2}$。

在声振动和电振荡中经常会碰到拍的现象。例如。超外差式无线电收音机，就是利用理收音机本身振荡系统的固有频率和所接受的电磁波频率产生拍频的原理。

7.6.3　两个相互垂直的同频率简谐运动的合成

在有些实际问题中，常会遇到一个质点同时参与两个不同方向的振动。这时质点的合位移是两个分振动的位移的矢量和。下面我们介绍相互垂直的两个简谐运动的合成。

设质点同时参与沿 Ox 轴和 Oy 轴方向进行的两个同频率的简谐运动，其振动表达式分别为

$$\left.\begin{array}{l} x = A_1 \cos(\omega t + \varphi_1) \\ y = A_2 \cos(\omega t + \varphi_2) \end{array}\right\} \tag{7-30}$$

质点在 Oxy 平面上的位置坐标 (x, y) 将随时间 t 改变。所以，式（7-30）就是质点运动轨道的参数方程。如将参数 t 削去，得到质点合成运动的轨道方程为

$$\frac{x^2}{A_1^2} + \frac{y^2}{A_2^2} - \frac{2xy}{A_1 A_2}\cos(\varphi_2 - \varphi_1) = \sin^2(\varphi_2 - \varphi_1) \tag{7-31}$$

一般地说，这个方程式是椭圆方程式，它的形状由两分振动的振幅及相位差 $\varphi_2 - \varphi_1$ 决定。下面讨论几种特殊情形。

（1）若 $\varphi_2 - \varphi_1 = 0$，即两个分振动的相位差为零，亦即，相位相同。这时式（7-31）变为

$$y = \frac{A_2}{A_1}x$$

说明质点的轨迹是一条通过坐标原点的直线，其斜率为两个分振动振幅之比 [图 7.22 (a)]。由式（7-30），令 $\varphi_2 = \varphi_1 = \varphi$，则在时刻 t，质点沿这条直线轨道相对于平衡位置 O 的位移为

$$r = \sqrt{x^2 + y^2} = \sqrt{A_1^2 + A_2^2}\cos(\omega t + \varphi)$$

所以合振动也是简谐振动，频率等于原来的频率，振幅等于 $\sqrt{A_1^2 + A_2^2}$。

如果 $\varphi_2 - \varphi_1 = \pi$，即相位相反，这时式（7-31）变为

$$y = -\frac{A_2}{A_1}x$$

质点的轨迹仍是一条通过坐标原点的直线，不过斜率为负值 [图 7.22 (b)]。合振动仍是简谐振动，频率与分振动相同，振幅也是 $\sqrt{A_1^2 + A_2^2}$。

（2）若 $\varphi_2 - \varphi_1 = \pi/2$，这时式（7-31）变为

$$\frac{x^2}{A_1^2} + \frac{y^2}{A_2^2} = 1$$

即质点的轨迹是以坐标轴为主轴的正椭圆 [图 7.22 (c)] 质点沿椭圆轨道的运动方向，可以这样来判断：设 $\varphi_1 = 0$，则 $\varphi_2 = \pi/2$。沿 Ox 轴的振动使质点由正的最大位移处向负方向运动时，沿 Oy 轴的振动使质点经平衡位置向负方向运动。因此合成运动是循顺时针旋转的（即右旋）；如果 $\varphi_2 - \varphi_1 = \frac{3\pi}{2}$ 或 $-\pi/2$，则质点仍做椭圆运动，不过是循逆时针旋转（即左旋）的，如图 7.22 (d) 所示。

在所述两种椭圆运动的情况下，如果两个分振动的振幅相等，即 $A_1 = A_2$，则质点作

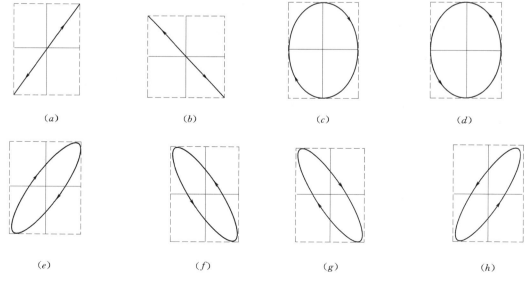

图 7.22 相互垂直的振动的合成

（a）$\varphi_2 - \varphi_1 = 0$；（b）$\varphi_2 - \varphi_1 = \pi$；（c）$\varphi_2 - \varphi_1 = \frac{\pi}{2}$；（d）$\varphi_2 - \varphi_1 = \frac{3\pi}{2}$；（e）$\varphi_2 - \varphi_1 = \frac{\pi}{4}$；

（f）$\varphi_2 - \varphi_1 = \frac{5\pi}{4}$；（g）$\varphi_2 - \varphi_1 = \frac{3\pi}{4}$；（h）$\varphi_2 - \varphi_1 = \frac{7\pi}{4}$

匀速圆周运动。

在一般情况下，相位差并非上述几种特殊值时，质点运动的轨道是一些方位不同的斜椭圆，如图 7.22 (e)、(f)、(g)、(h) 所示。

7.6.4 相互垂直的不同频率简谐运动的合成——利萨如图形

相互垂直的两简谐运动的角频率不同，则合成运动就比较复杂，而且轨迹也不稳定。若两个分振动的频率相差较大，但具有简单的整数比，则质点合成运动的轨道一般仍是稳定的封闭曲线，曲线的样式与分振动的频率比和相位差有关，这种曲线称为利萨如（Lissajous）图，如图 7.23 所示。工程上常借示波器荧屏所显示的这种图形来确定振动的频率和相位差。

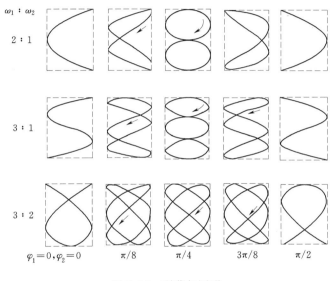

图 7.23 利萨如图形

7.7 阻尼振动、受迫振动、共振

7.7.1 阻尼振动

到现在为止，所讨论的简谐运动只是理想的情况，即在振动过程中，振动系统是不受阻尼作用的。在实际振动中，例如由于摩擦阻力的存在，所以振动系统最初所获得的能量，在振动过程中不断克服阻力作功而逐渐减小。随着能量的不断减小，振动强度逐渐衰减，振幅也就越来越小，以至最后停止运动。这种振幅（或）能量随时间逐渐减小的振动称为阻尼振动或减幅振动。

振动系统在振动时所受的摩擦阻力中，一般来讲，往往是考虑介质（即振动物体周围的空气或液体等流体）的黏滞阻力。实验指出，在物体运动速度不太大的情况下，物体所受到的阻力与其运动的速率成正比，即

$$F_r = -Cv$$

式中：C 为阻力系数，它与物体的形状、大小及介质的性质有关；负号表示阻力与速度方向相反。

对弹簧振子，在弹性力 F 和阻力 F_r 的作用下，根据牛顿第二定律，振子运动方程为

$$-kx - Cv = ma$$

或

$$m\frac{\mathrm{d}^2 x}{\mathrm{d}t^2} + C\frac{\mathrm{d}x}{\mathrm{d}t} + kx = 0$$

对一给定的振动系统，m、k、C 均为常量。令 $\dfrac{k}{m} = \omega_0^2$，$\dfrac{C}{m} = 2\delta$，则上式可写成

$$\frac{\mathrm{d}^2 x}{\mathrm{d}t^2} + 2\delta\frac{\mathrm{d}x}{\mathrm{d}t} + \omega_0^2 x = 0 \tag{7-32}$$

式中：ω_0 为振动系统的固有角频率，由系统本身的性质决定，$\omega_0 = \sqrt{\dfrac{k}{m}}$；$\delta$ 为阻尼系数，对一定的振动系统，它由阻力系数决定，$\delta = \dfrac{C}{2m}$。

当阻尼较小，即 $\delta^2 < \omega_0^2$ 时，式（7-32）的解为

$$x = Ae^{-\delta t}\cos(\omega t + \varphi) \tag{7-33}$$

这就是阻尼振动的表达式。式中 A，φ 为积分常数，由初始条件决定；而角频率为

$$\omega = \sqrt{\omega_0^2 - \delta^2}$$

式（7-33）所表示的阻尼振动，其位移 x 与时间 t 的关系曲线如图 7.24 和图 7.25 曲线 a 所示。它可以看成是振幅为 $Ae^{-\delta t}$、角频率为 ω 的振动。

阻尼振动的振幅 $Ae^{-\delta t}$ 随时间 t 作指数衰减，δ 越大，说明阻尼越大，振幅衰减的越快。在 $t=0$ 时，振幅为 A；在 $t \to \infty$ 时，振幅为零，即振动停止。阻尼振动的振幅按指数规律衰减的快慢，完全由阻尼强弱决定。当振动系统做无阻尼振动时，它有一定的周期，这就是系统本身的固有周期。阻尼振动不是简谐运动，而且也不是周期运动，因为每一次振动都不能完全重复上一次振动。但在阻尼不大时，阻尼振动可以近似看作周期性振动，它的周期为

$$T = \frac{2\pi}{\omega} = 2\pi / \sqrt{\omega_0^2 - \delta^2}$$

这周期由系统本身的性质和阻尼的强弱所共同决定。显然，对于一定的振动系统，有阻尼时的周期比无阻尼时的周期要长些。

如果阻尼很大，以至 $\delta^2 \geqslant \omega_0^2$ 时，式（7-33）不再是式（7-32）的解了。此时，振动系统甚至在未完成第一次振动以前，能量就消耗殆尽，继而通过非周期性运动的方式回到平衡位置。这种情况称为过阻尼，如图

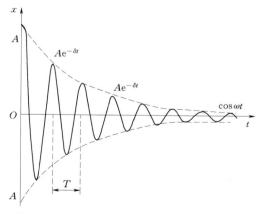

图 7.24　阻尼振动的位移—时间曲线（$\varphi=0$）

7.25 曲线 b 所示。

若 $\delta^2 = \omega_0^2$，则 $\omega = 0$，是物体不能做往复运动的临界情况，这时物体从最大位移处逐渐回到平衡位置并静止下来，这种情况称为临界阻尼，如图 7.25 曲线 c 所示。

在生产和技术上人们可以根据实际需要，用不同的方法改变阻尼的大小控制系统的振动情况。如在灵敏电流计内，表头中的指针是和通电线圈相连的，当它在磁场中运动时，会受到磁阻尼的作用；若磁阻尼过小或过大，会使

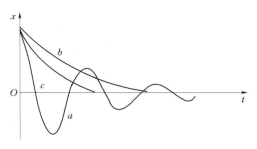

图 7.25　三种阻尼的比较
a—欠阻尼；b—过阻尼；c—临界阻尼

指针摆动不停或到达平衡点的时间过长，而不便于测量读书，所以必须调整电路电阻，使电表在 $\delta^2 = \omega_0^2$ 的临界阻尼状态下工作。

7.7.2　受迫振动

前面讨论的振动系统，一旦受外界扰动而离开平衡位置，就能自行振动；在振动过程中，除受到的弹性力和阻尼力外，并没有再施加用来维持振动的其他外力——即所谓驱动力，这种不受驱动力作用的振动称为自由振动。

实际的振动系统阻尼力总是存在的，要使振动持续不断地进行，须对系统施加一周期性的外力。系统在周期性驱动力的持续作用下发生的振动称为受迫振动。如发动机工作时，它的基础就受到发动机旋转时所作用的周期性力，使其作受迫振动。

设一系统在弹性力 $-kx$，黏滞阻力 $-Cv$ 和周期性外力 $F\cos\omega_p t$ 的作用下作受迫振动。F 是驱动力的最大值，称为驱动力的力幅，ω_p 是驱动力的角频率。按牛顿第二定律，有

$$-kx - Cv + F\cos\omega_p t = ma$$

或

$$m\frac{\mathrm{d}^2 x}{\mathrm{d}t^2} + C\frac{\mathrm{d}x}{\mathrm{d}t} + kx = F\cos\omega_p t$$

令 $\omega_0 = \sqrt{k/m}$，$2\delta = C/m$，$f = F/m$，则上式可写成

$$\frac{\mathrm{d}^2 x}{\mathrm{d}t^2} + 2\delta\frac{\mathrm{d}x}{\mathrm{d}t} + \omega_0^2 x = f\cos\omega_p t \qquad (7-34)$$

在 $\delta^2 < \omega_0^2$ 的情况下，上述二阶非齐次线性微分方程的解为

$$x = A_0 \mathrm{e}^{-\delta t}\cos(\omega t + \varphi) + A\cos(\omega_p t + \psi) \qquad (7-35)$$

式（7-35）说明，受迫振动是由含有阻尼恒量的减幅振动 $A_0 \mathrm{e}^{-\delta t}\cos(\omega t + \varphi)$ 和等幅的余弦振动 $A\cos(\omega_p t + \psi)$ 所合成的。

受迫振动开始时的情形很复杂。但经过较短时间的过渡状态后，式（7-35）右端的第一项的阻尼振动实际上已经衰减到可以忽略不计的程度；随后振动便过渡到一种稳定状态，受迫振动成为一种周期性的等幅余弦振动，其振动表达式为

$$x = A\cos(\omega_p t + \psi) \tag{7-36}$$

式中，振动的角频率就是驱动力的角频率 ω_p，而振幅 A 和初相 ψ 不仅决定于驱动力的力幅和角频率，还决定系统的固有角频率 ω_0 和阻尼恒量 δ，它们和开始时的运动状态无关。A 和 ψ 的表达式为

$$A = \frac{f}{\sqrt{(\omega_0^2 - \omega_p^2) + 4\delta^2\omega_p^2}} \tag{7-37}$$

$$\tan\psi = \frac{-2\delta\omega_p}{\omega_0^2 - \omega_p^2} \tag{7-38}$$

从能量的角度看，当受迫振动达到稳定后，周期性外力在一个周期内对振动系统作功而提供能量，恰好补偿系统在一个周期内克服阻力作功所消耗的能量，因而使受迫振动的振幅保持稳定不变。

7.7.3 共振

从式（7-36）看出，稳定状态下受迫振动的振幅 A 与驱动力的角频率 ω_p 有关。在不同的阻尼恒量 δ 的情形下，这两者之间的关系可大致画出，如图 7.26 所示。图 7.26 中 ω_0 为振动系统的固有角频率。由图 7.26 可见，当驱动力的角频率 $\omega_p \gg \omega_0$ 或 $\omega_p \ll \omega_0$ 时，受迫振动的振幅 A 较小；而当 ω_p 与 ω_0 接近或相等时，即 $\omega_p = \omega_0$ 时，受迫振动的振幅 A 急剧增大；在 ω_p 为某一定值时，振幅 A 达到最大值。我们把驱动力的角频率为某一定值时，受迫振动的振幅达到极大的现象称为共振。共振时的角频率称为共振角频率，用 ω_r 表示。用求极值的方法可求得共振角频率为

$$\omega_r = \sqrt{\omega_0^2 - 2\delta^2} \tag{7-39}$$

可见，系统的共振频率是由固有频率 ω_0 和阻尼系数 δ 决定的。相应的最大振幅为

$$A_r = \frac{f}{2\delta\sqrt{\omega_0^2 - \delta^2}} \tag{7-40}$$

从式（7-39）和式（7-40）可见，阻尼系数越小，共振角频率 ω_r 越接近系统的固有角频率 ω_0，同时共振振幅 A_r 越大，若阻尼系数趋近于零，则 ω_r 趋近于 ω_0，振幅趋近于无限大（图 7.26）。

共振现象很普遍，在声、光、无线电、原子内部及工程技术中都常遇到。共振现象有广泛的应用，例如钢琴、小提琴等乐器的木质琴身，就是利用了共振现象使其成为一共鸣盒，将优美的音乐发送出去，以提高音响效果。核物理学中的核磁共振现象被利用来进行物质结构的研究以及医疗诊断等；共振也有不利的一面，例如共振时因为系统振幅过大会造成机器设备的损坏等。1940 年著名的美国塔科马海峡大桥断塌的部分原因就是阵阵大风引起桥的共振。图 7.27（a）为该桥断前某一时刻的振动状态，图 7.27（b）为桥断后的惨状。

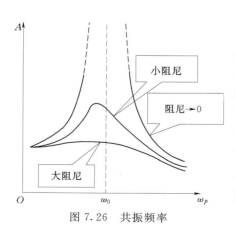

图 7.26 共振频率

(a) (b)

图 7.27 塔科马海峡大桥的共振断塌

实验链接：相互垂直的不同频率简谐运动的合成（利萨如图形）实验

思考与讨论：

（1）伽利略曾提出和解决了这样一个问题：一根线挂在又高又暗的城堡中，看不见它的上端而只能看见它的下端。如何测量此线的长度？

（2）怎样利用拍音来测定一音叉的频率？

（3）如果把一弹簧振子和一单摆拿到月球上去，振动的周期如何改变？

习　题

7.1　请填写复习简表。

项　目	简谐振动	简谐振动的特征量	简谐振动的旋转矢量法、相位差	常见的简谐振动例子	简谐振动的能量特征	简谐运动的合成	阻尼振动、受迫振动、共振
主要内容							
主要公式							
重点难点							
自我提示							

7.2　已知简谐振动的方程为

$$x = 0.12 \times 10^{-2} \cos\left(\frac{4\pi}{3}t + \frac{\pi}{4}\right)$$

式中，x 以 m 为单位，t 以 s 为单位。求振幅、频率、周期和初相。

7.3　一物体在光滑水平面上作简谐振动，振幅是 12cm，在距平衡位置 6cm 处速度是 24cm/s，求：

（1）周期 T。

（2）当速度是 12cm/s 时的位移。

7.4 一质点作简谐振动，其振动方程为

$$x = 6.0 \times 10^{-2}\cos\left(\frac{1}{3}\pi t - \frac{1}{4}\pi\right) \quad (SI)$$

（1）当 x 值为多大时，系统的势能为总能量的一半？

（2）质点从平衡位置移动到上述位置所需最短时间为多少？

7.5 在一轻弹簧下端悬挂 $m_0 = 100g$ 砝码时，弹簧伸长 8cm。现在这根弹簧下端悬挂 $m = 250g$ 的物体，构成弹簧振子。将物体从平衡位置向下拉动 4cm，并给以向上的 21cm/s 的初速度（令这时 $t=0$）。选 x 轴向下，求其振动方程。

7.6 质量 $m = 10g$ 的小球与轻弹簧组成的振动系统，按 $x = 0.5\cos\left(8\pi t + \frac{1}{3}\pi\right)$ 的规律作自由振动，式中 t 以 s 作单位，x 以 cm 为单位，求：

（1）振动的角频率、周期、振幅和初相。

（2）振动的速度、加速度的数值表达式。

（3）振动的能量 E。

（4）平均动能和平均势能。

7.7 在一竖直轻弹簧的下端悬挂一小球，弹簧被拉长 $l_0 = 1.2cm$ 而平衡。再经拉动后，该小球在竖直方向作振幅为 $A = 2cm$ 的振动，试证此振动为简谐振动；选小球在正最大位移处开始计时，写出此振动的数值表达式。

7.8 在竖直悬挂的轻弹簧下端系一质量为 100g 的物体，当物体处于平衡状态时，再对物体加一拉力使弹簧伸长，然后从静止状态将物体释放。已知物体在 32s 内完成 48 次振动，振幅为 5cm。

（1）上述的外加拉力是多大？

（2）当物体在平衡位置以下 1cm 处时，此振动系统的动能和势能各是多少？

7.9 一质点同时参与两个同方向的简谐振动，其振动方程分别为

$$x_1 = 5 \times 10^{-2}\cos(4t + \pi/3) \quad (SI), \quad x_2 = 3 \times 10^{-2}\sin(4t - \pi/6) \quad (SI)$$

画出两振动的旋转矢量图，并求合振动的振动方程。

第 8 章 机 械 波

学习建议

1. 课堂讲授为 8 学时左右。

2. 振动在空间的传播过程形成波动。本章是在波动的传播中进一步理解振动和波动。同时，为后面波动光学的学习建立基础。

3. 教学基本要求。

(1) 掌握描述简谐波的各物理量及各量间的关系。

(2) 理解机械波产生的条件。掌握由已知质点的简谐运动方程得出平面简谐波的波函数的方法。理解波函数的物理意义。了解波的能量传播特征及能流、能流密度概念。

(3) 了解惠更斯原理和波的叠加原理。理解波的相干条件，能应用相位差和波程差分析、确定相干波叠加后振幅加强和减弱的条件。

(4) 理解驻波及其形成，了解驻波和行波的区别。

(5) 了解机械波的多普勒效应及其产生的原因。在波源或观察者沿两者连线运动的情况下，能计算多普勒频移。

振动的传播过程称为波动。波动是物质的另一个主要运动形式。机械振动在介质内的传播称为机械波，例如水面的涟漪、绳子上的波、声波等皆为机械波；周期性变化的电场和磁场在空间的传播称为电磁波，例如无线电波、光波、X 射线等皆为电磁波。

机械波和电磁波在本质上是不同的。机械波在弹性媒质中传播，如声波是机械波，它不能在真空中传播，但电磁波可以在真空中传播，如星光和太阳光就是通过几乎是真空的空间传播到地球上来的。但它们有重要的共性，既有类似的波动方程，都有一定的传播速度，且都伴随着能量的传播，都能产生反射、干涉和衍射等现象。

8.1 机械波的基本概念

8.1.1 机械波

产生机械波必须有振源和传播振动的介质。引起波动的初始振动物体称为振源，振动赖以传播的媒质物称为介质。

机械振动在弹性介质中的传播称为弹性波。弹性介质可看作由大量质元所组成，各个质元之间由弹性力紧密相连，整个介质在宏观上呈连续状态。当质元受到邻近质元的弹性力作用时，偏离原来的平衡位置而产生位移，弹性力和位移之间满足胡克定律。当弹性力撤销时，质元回复到原来平衡位置。因此，当某一质元受到外界策动而持续、稳定地振动时，凭借着质元之间的弹性力，这一振动在介质中由近及远向外传播而形成波。若忽略各质元间的内摩擦力、黏滞性等因素，且介质无吸收，此振动可按原来的频率、方向，保持原有的振动特点，一直向前传播。这里，弹性介质是在研究波动传播机制中抽象出来的理想模型。绝对的、完全的弹性介质是不存在的，但当波扰动很小时，介质内的弹性力与质元的形变基本满足以上关系，此介质可近似看成弹性介质。例如，最强的声音在空气中传播时，引起的位移仅为 10^{-5} m，声波在其他媒质中传播时，引起的质元位移也很微小。因此，对声波而言，绝大部分物质都可近似看作弹性介质。若波的扰动很大，使质元发生的位移与质元受的力不再满足以上关系，则介质为非弹性介质。在非弹性介质中传播的波称为非弹性波。例如地震在空气中形成的冲击波，使空气质元产生较大位移，空气不能近似看成弹性介质。我们这里只讨论弹性波。

8.1.2 纵波和横波

机械波可分为横波和纵波两大类。振动方向与波的传播方向相互垂直的波称为横波，相互平行的称为纵波。

用手握住一根绳子，当手上下抖动时，绳子上各部分质点就依次上下振动起来，这种波称为横波。我们会看到绳子上交替出现凸起的波峰和凹下的波谷，并且它们以一定的速度沿绳传播，这是横波的外形特征。

将一根水平放置的长弹簧的一端固定，用手拍打另一端，各部分弹簧就依次振动起来，这是纵波。可以看到弹簧交替出现的"稀疏"和"稠密"区域，并以一定的速度传播出去。

从图 8.1 可以看出，无论是横波还是纵波，它们都只是振动状态（即振动相位）的传播，弹性介质中各质点仅在它们各自的平衡位置附近振动，并没有随振动的传播而流走。

8.1.3 描写波动过程中的物理量

（1）波长 λ。沿波的传播方向，两个相邻的、相位差为 2π 的振动质点之间的距离，称为波长。

（2）波的周期 T。波前进一个波长的距离所需要的时间。由于波源作一次完全振动，波就前进一个波长的距离，所以波的周期等于波源的振动周期。

（3）波的频率 ν。周期的倒数，即单位时间内波前进距离中所包含的完整波的数目，称为波的频率。

（4）波速 u。波动过程中，某一振动状态（即振动相位）单位时间内所传播的距离（相速）。

在一个周期内，波传播了一个波长的距离，故有

$$u = \lambda\nu \tag{8-1}$$

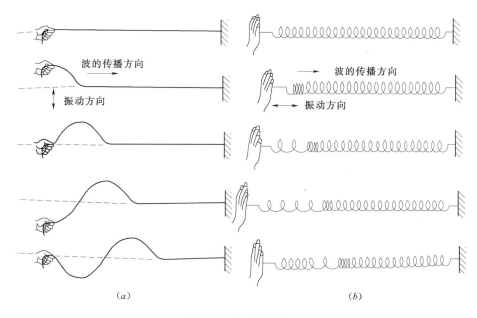

图 8.1　机械波形成
(a) 横波；(b) 纵波

或
$$u = \frac{\lambda}{T} \tag{8-2}$$

式（8-1）、式（8-2）对各类波都适用。由于机械波是通过介质的弹性力传播的，因此机械波的传播速度取决于介质的力学性质，而波的频率（或周期）仅由波源振动频率（或周期）决定，与介质无关，由式（8-2）波长也与介质有关。

理论和实验证明，固体内横波和纵波的传播速度为

$$u = \sqrt{\frac{G}{\rho}}（横波），u = \sqrt{\frac{E}{\rho}}（纵波）$$

式中：G、E、ρ 分别为固体的切变模量、弹性模量和密度。

在液体和气体中，纵波的传播速度为

$$u = \sqrt{\frac{K}{\rho}}（纵波）$$

式中：K 为体积模量。

8.1.4　波动过程的几何描述

波源在弹性介质中振动时，振动将向各个方向传播，形成波动，为了更全面地讨论波的传播情况，我们引入波线、波面和波前的概念。

如图 8.2 沿波的传播方向画一些带箭头的线，称为波线。介质中各个质点都在平衡位置附近振动，我们把不同波线上相位相同的点所连成的曲面，称为波面或同相面，在任一时刻，波面可以有任意多个，一般使相邻两个波面之间的距离等于一个波长。在某一时刻，由波源最初振动状态传到的各点所连成的曲面，称为波前或波阵面。波前是平面的

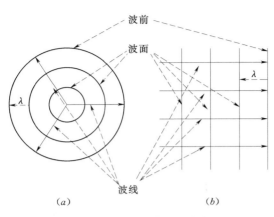

图 8.2　波线、波面和波前
（a）球面波；（b）平面波

波，称为平面波，波前是球面的波，称为球面波。在各向同性介质中，波线与波面垂直。

【例 8.1】　在室温下，已知空气中的声速 u_1 为 340m/s，水中的声速 u_2 为 1450m/s，求频率为 200Hz 和 2000Hz 的声波在空气中和水中的波长各为多少？

解： 由公式 $\lambda = u/\nu$。

频率为 200Hz 和 2000Hz 的声波在空气中的波长

$$\lambda_1 = \frac{u_1}{\nu_1} = \frac{340}{200} = 1.7(\text{m})$$

$$\lambda_2 = \frac{u_1}{\nu_2} = \frac{340}{2000} = 0.17(\text{m})$$

在水中的波长

$$\lambda_1' = \frac{u_2}{\nu_1} = \frac{1450}{200} = 7.25(\text{m})$$

$$\lambda_2' = \frac{u_2}{\nu_2} = \frac{1450}{2000} = 0.725(\text{m})$$

8.2　平面简谐波的波函数

8.2.1　平面简谐波的波函数描述

若在平面波的传播过程中，振源作简谐振动，波所经历的所有质元都按余弦（或正弦）规律振动，则此平面波称为平面简谐波。由于所有周期性的波皆可看作若干简谐波的合成，因此，平面简谐波是一种最基本的波动过程。描述波动过程中各质元的位移随时间和质元所在空间位置变化的函数关系称为波函数或波动方程。本节研究平面简谐波的波函数。

设一平面简谐波在无限大、均匀无吸收的介质中传播。首先讨论沿 Ox 轴正方向传播的简谐波。如图 8.3 所示，在原点 O 处有一质点作简谐运动，是其初相为零，其运动方程为

$$y_O = A\cos\omega t$$

式中：y_O 为质点在 t 时刻相对平衡位置的位移。

因假定介质均匀、无吸收，则各点的振幅将保持不变。为了找出 Ox 轴上所有质点在任意时刻的位移。可在 Ox 轴正方向上任取一点 P，距点 O 距离为 x。显然，当振动从点 O 传

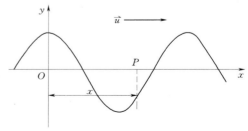

图 8.3　x 正方向简谐波

播到点 P 时，点 P 将以相同的振幅和频率重复点 O 的振动。我们从时间落后的角度考虑，由于 O 处质元振动传播到点 P 需要 $\frac{x}{u}$（u 为波速）的时间，所以，P 点在 t 时刻的振动状态应与 O 处质元在 $\left(t-\frac{x}{u}\right)$ 时相同，因此 P 点在时刻 t 的位移为

$$y_P = A\cos\omega\left(t-\frac{x}{u}\right) \tag{8-3a}$$

由于 P 点是 Ox 轴上任意一点，因此式（8-3a）给出了 Ox 轴上所有质点的运动规律，即为沿 Ox 轴正方向传播的平面简谐波的波函数，也称平面简谐波的波动方程。

因为 $\omega=\frac{2\pi}{T}=2\pi\nu$，$u=\lambda\nu=\frac{\lambda}{T}$，因此式（8-3a）可写成

$$y(x,t) = A\cos 2\pi\left(\frac{t}{T}-\frac{x}{\lambda}\right) \tag{8-3b}$$

又因 $k=\frac{2\pi}{\lambda}$，k 为角波数，波函数又可写成

$$y(x,t) = A\cos(\omega t - kx) \tag{8-3c}$$

如果波沿 Ox 轴负向传播，则 P 点振动应超前 O 点振动的时间为 $\frac{x}{u}$，相应的波函数为

$$y_= A\cos\omega\left(t+\frac{x}{u}\right) \tag{8-4a}$$

也可表示成下面两种常用形式

$$y= A\cos 2\pi\left(\frac{t}{T}+\frac{x}{\lambda}\right) \tag{8-4b}$$

$$y= A\cos(\omega t + kx) \tag{8-4c}$$

将以上的讨论推广到一般情形，若波沿 Ox 轴正方向传播，且 O 点振动规律为 $y_O=A\cos(\omega t+\varphi)$，则相应的波函数为

$$y = A\cos\left[\omega\left(t-\frac{x}{u}\right)+\varphi\right] \tag{8-5}$$

平面简谐波的波函数的几种标准形式如下

$$\begin{cases} y = A\cos\left[\omega\left(t\pm\frac{x}{u}\right)+\varphi\right] \\ y = A\cos\left[2\pi\left(\frac{t}{T}\pm\frac{x}{\lambda}\right)+\varphi\right] \\ y = A\cos(\omega t \pm kx + \varphi) \end{cases} \tag{8-6}$$

8.2.2 波函数的物理意义

波函数式（8-6）是平面简谐波运动规律的数学表述。它所能表达的物理意义：

（1）当 x 一定时，y 仅为时间 t 的函数。此时式（8-6）表示的是距原点 O 为 x 处的质点在不同时刻的位移，即该质点做简谐运动的情况。图 8.4 表示出波线上不同质点的位移—时间曲线。从这些曲线可看出，它们的初相位依次为 0、$-\frac{\pi}{2}$、$-\pi$、$-\frac{3\pi}{2}$、-2π。

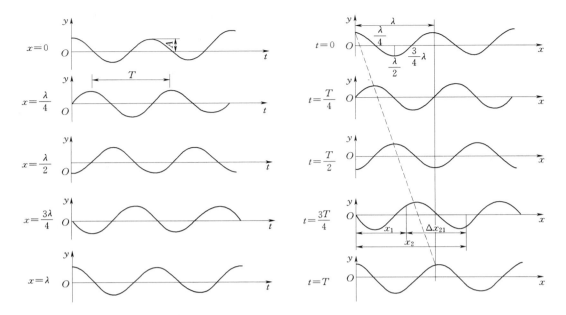

图 8.4　波线上各质点简谐运动的位移—时间曲线　图 8.5　不同时刻波线上各质点的位移分布

就是说 $x = \dfrac{\lambda}{4}$ 处质点的相位比 $x = 0$ 出质点的相位落后 $\dfrac{\pi}{2}$，其他质点则依次又落后 $\dfrac{\pi}{2}$。

　　（2）当 t 一定时，Ox 轴上所有质点的位移 y 仅为 x 的函数。此时式（8-6）表示了给定时刻各质点的位移分布情况。图 8.5 表示出不同时刻的 $y-x$ 曲线，又称波形图，从图中可看出，经过一个周期，波向前传播了一个波长的距离。

　　由波形图也可看出，同一时刻，距离波源 O 分别为 x_1 和 x_2 的两质点的相位是不同的。由式（8-6）可得两质点的相位分别为

$$\varphi_1 = \omega\left(t - \frac{x_1}{u}\right) = 2\pi\left(\frac{t}{T} - \frac{x_1}{\lambda}\right)$$

$$\varphi_2 = \omega\left(t - \frac{x_2}{u}\right) = 2\pi\left(\frac{t}{T} - \frac{x_2}{\lambda}\right)$$

相位差为
$$\Delta\varphi_{12} = \varphi_1 - \varphi_2 = 2\pi\frac{x_2 - x_1}{\lambda} = 2\pi\frac{\Delta x_{21}}{\lambda}$$

式中 $\Delta x_{21} = x_2 - x_1$ 称为波程差，上式可写为

$$\Delta\varphi_{12} = 2\pi\frac{\Delta x_{21}}{\lambda} \tag{8-7}$$

　　从图 8.5 可看出 $x_2 > x_1$，所以 $\Delta\varphi_{12} > 0$，即 x_2 处的相位落后于 x_1 处的相位，通常在不需要明确谁的相位超前或落后时，式（8-7）可写成

$$\Delta\varphi = 2\pi\frac{\Delta x}{\lambda} \tag{8-8}$$

　　（3）当 t 和 x 都变化时，波函数表达了所有质点位移随时间变化的整体情况。图 8.6 分别画出了 t 时刻和 $t + \Delta t$ 时刻的波形图，从而描绘出波动在 Δt 时间内传播了 Δx 距离的情形。换句话说，波在 t 时刻 x 处的相位，经过 Δt 时间已传至 $x + \Delta x$ 处，按式（8-6），

$$\frac{2\pi}{\lambda}(ut-x)=\frac{2\pi}{\lambda}\big[u(t+\Delta t)-(x+\Delta x)\big]$$

上式可解为

$$\Delta x = u\Delta t$$

因此，波的传播是相位的传播，也是振动形式的传播，或说是整个波形的传播，波速 u 是相位或波形向前传播的速度。总之，当 t 和 x 都变化时，波函数描述了波的传播过程，所以这种波称为行波，也称前进波。

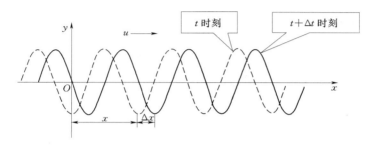

图 8.6　波形的传播

【例 8.2】　已知波动方程 $y=$（5cm）$\cos\pi\big[(2.50\text{s}^{-1})t-(0.01\text{cm}^{-1})x\big]$，求波长、周期和波速。

解：方法一（比较系数法）：把波动方程改写成

$$y=(5\text{cm})\cos 2\pi\Big[\Big(\frac{2.50}{2}\text{s}^{-1}\Big)t-\Big(\frac{0.01}{2}\text{cm}^{-1}\Big)x\Big]$$

与式（8-3b）比较，得

$$T=\frac{2}{2.5}\text{s}=0.8\text{s},\lambda=\frac{2\text{cm}}{0.01}=200\text{cm},u=\frac{\lambda}{T}=250\text{cm/s}$$

方法二（由各物理量的定义解之）：

（1）波长是指同一时刻 t，波线上相位差为 2π 的两点间的距离，则

$$\pi\big[(2.50\text{s}^{-1})t-(0.01\text{cm}^{-1})x_1\big]-\pi\big[(2.50\text{s}^{-1})t-(0.01\text{cm}^{-1})x_2\big]=2\pi$$

得

$$\lambda=x_2-x_1=200\text{cm}$$

（2）周期为相位传播一个波长所需的时间，即时刻 t_1 点 x_1 的相位在时刻 $t_2=t_1+T$ 传至点 x_2。

$$\pi\big[(2.50\text{s}^{-1})t_1-(0.01\text{cm}^{-1})x_1\big]=\pi\big[(2.50\text{s}^{-1})t_2-(0.01\text{cm}^{-1})x_2\big]$$

得

$$T=t_2-t_1=0.8\text{s}$$

（3）波速为振动状态（相位）传播的速度，即时刻时刻 t_1 点 x_1 的相位在时刻 t_2 传至点 x_2 处，得

$$u=\frac{x_2-x_1}{t_2-t_1}=250\text{cm/s}$$

【例 8.3】　一平面简谐波沿 Ox 轴正方向传播，已知振幅 $A=1.0$m，周期 $T=2.0$s，波长 $\lambda=2.0$m，在 $t=0$ 时，坐标原点处的质点位于平衡位置沿 Oy 轴正方向运动。求波动方程。

（1）求 $t=1.0\text{s}$ 时各质点的位移分布，并画出该时刻的波形图。

（2）求 $x=0.5\text{m}$ 处质点的振动规律，并画出该质点的位移和时间的关系曲线。

解：（1）取波动方程如下形式

$$y = A\cos\left[2\pi\left(\frac{t}{T}-\frac{x}{\lambda}\right)+\varphi\right]$$

其中 φ 为坐标原点振动的初相，据题意求得

$$\varphi = -\frac{\pi}{2}$$

代入所给数据，得波动方程

$$y = (1.0\text{m})\cos\left[2\pi\left(\frac{t}{2.0\text{s}}-\frac{x}{2.0\text{m}}\right)-\frac{\pi}{2}\right] \tag{1}$$

将 $t=1.0\text{s}$ 代入式（1），此时刻各质点的位移分布为

$$y = (1.0\text{m})\cos\left[2\pi\left(\frac{t}{2.0\text{s}}-\frac{x}{2.0\text{m}}\right)-\frac{\pi}{2}\right]$$

$$= (1.0\text{m})\cos\left[\frac{\pi}{2}-(\pi\text{m}^{-1})x\right]$$

$$= (1.0\text{m})\sin(\pi\text{m}^{-1})x \tag{2}$$

根据式（2），可画出波形图，如图 8.7 所示。

（2）将 $x=0.5\text{m}$ 代入式（1），得该处质点的振动规律

$$y = (1.0\text{m})\cos\left[2\pi\left(\frac{t}{2.0\text{s}}-\frac{x}{2.0\text{m}}\right)-\frac{\pi}{2}\right]$$

$$= (1.0\text{m})\cos\left[(\pi\text{s}^{-1})t-\pi\right]$$

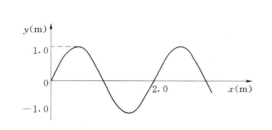

图 8.7　$t=1.0\text{s}$ 时刻的波形图

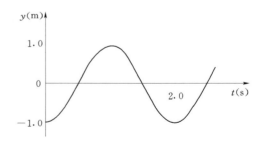

图 8.8　$x=0.5\text{m}$ 处质点的振动规律

该质点的位移和时间的关系曲线如图 8.8 所示。

【例 8.4】　一平面简谐波以速度 $u=20\text{m/s}$ 沿直线传播，波线上点 A（图 8.9）的简谐运动方程为 $y_A = (3\times10^{-2}\text{m})\cos(4\pi\text{s}^{-1})t$。

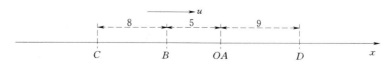

图 8.9　例 8.4 图（单位：m）

（1）以 A 为坐标原点，写出波动方程。

（2）以 B 为坐标原点，写出波动方程。

（3）写出传播方向上点 C、点 D 的简谐运动方程。

（4）分别求出 BC，CD 两点间的相位差。

解：由点 A 的简谐运动方程可得

$$\nu = \frac{\omega}{2\pi} = \frac{4\pi s^{-1}}{2\pi} = 2 s^{-1}, \lambda = \frac{u}{\nu} = \frac{20 m/s}{2 s} = 10 m$$

（1）点 A 的波动方程为

$$y = (3 \times 10^{-2} m) \cos\left[(4\pi s^{-1})\left(t - \frac{x}{u}\right)\right]$$

$$= (3 \times 10^{-2} m) \cos\left[(4\pi s^{-1})\left(t - \frac{x}{20 m/s}\right)\right]$$

$$= (3 \times 10^{-2} m) \cos\left[(4\pi s^{-1})t - \left(\frac{\pi}{5} m^{-1}\right)x\right]$$

（2）由于波由左向右传播，故点 B 的相位比点 A 的相位超前，其简谐运动方程为

$$\varphi_B - \varphi_A = 2\pi \frac{AB}{\lambda} = 2\pi \times \frac{5}{10} = \pi$$

又因 $\varphi_A = 0$，则 $\varphi_B = \pi$

所以 $y_B = (3 \times 10^{-2} m) \cos\left[(4\pi s^{-1})t + \pi\right]$

则以 B 为原点的波动方程为

$$y = (3 \times 10^{-2} m) \cos\left[(4\pi s^{-1})\left(t - \frac{x}{u}\right) + \pi\right]$$

$$= (3 \times 10^{-2} m) \cos\left[(4\pi s^{-1})t - \left(\frac{\pi}{5} m^{-1}\right)x + \pi\right]$$

（3）由于点 C 的相位比点 A 超前，故

$$y_C = (3 \times 10^{-2} m) \cos\left[(4\pi s^{-1})\left(t + \frac{AC}{u}\right)\right]$$

$$= (3 \times 10^{-2} m) \cos\left[(4\pi s^{-1})t + \frac{13}{5}\pi\right]$$

点 D 的相位落后于点 A，故

$$y_D = (3 \times 10^{-2} m) \cos\left[(4\pi s^{-1})\left(t - \frac{AD}{u}\right)\right]$$

$$= (3 \times 10^{-2} m) \cos\left[(4\pi s^{-1})t - \frac{9}{5}\pi\right]$$

（4）如图 8.9 所示，BC 和 CD 间的距离分别为 $\Delta x_{BC} = 8 cm$，$\Delta x_{CD} = 8 cm$，由式（8-7）可得它们的相位差分别为

$$\varphi_B - \varphi_C = -2\pi \frac{x_B - x_C}{\lambda} = -2\pi \frac{8}{10} = -1.6\pi$$

$$\varphi_C - \varphi_D = -2\pi \frac{x_C - x_D}{\lambda} = -2\pi \frac{-22}{10} = 4.4\pi$$

8.3 波 的 能 量

8.3.1 波动过程中能量的传播

在弹性介质中有波传播时，介质的各质元由于运动而具有动能，同时又产生了形变，所以还具有弹性势能。这样，随同扰动的传播就有机械能量的传播，这是波动过程的一个重要特征。本节以棒内简谐纵波为例说明能量传播（图 8.10）。

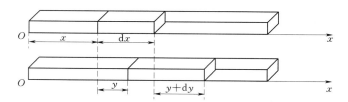

图 8.10 能量传播

先求任一质元的动能和弹性势能。

当波传播到图 8.10 中的体积元时，其振动动能为

$$dW_k = \frac{1}{2}(dm)v^2 = \frac{1}{2}(\rho dV)v^2$$

由式（8-3a），得体积元的振动速度为

$$v = \frac{\partial y}{\partial t} = -\omega A \sin\omega\left(t - \frac{x}{u}\right)$$

因此振动动能

$$dW_k = \frac{1}{2}\rho dV A^2\omega^2\sin^2\omega\left(t - \frac{x}{u}\right) \tag{8-9}$$

体积元的弹性势能 $dW_P = \frac{1}{2}k(dy)^2$，$k$ 为棒的劲度系数

由 $\frac{F}{S} = E\frac{\Delta l}{l} \Rightarrow F = \frac{ES}{l}\Delta l$ 得到 $k = \frac{SE}{dx}$

因此弹性势能为

$$dW_P = \frac{1}{2}k(dy)^2 = \frac{1}{2}ESdx\left(\frac{dy}{dx}\right)^2 \tag{8-10}$$

又因为 $dV = Sdx$，$u = \sqrt{\frac{E}{\rho}}$，式（8-10）可写成

$$dW_P = \frac{1}{2}\rho u^2 dV\left(\frac{dy}{dx}\right)^2$$

由式（8-3a），可求得 $\frac{dy}{dx} = \frac{\partial y}{\partial x} = -\frac{\omega}{u}A\sin\omega\left(t - \frac{x}{u}\right)$，因此势能表达式为

$$dW_P = \frac{1}{2}\rho dV A^2\omega^2\sin^2\omega\left(t - \frac{x}{u}\right) \tag{8-11}$$

体积元的总机械能

$$\mathrm{d}W = \mathrm{d}W_k + \mathrm{d}W_P = \rho \mathrm{d}V A^2 \omega^2 \sin^2 \omega \left(t - \frac{x}{u} \right) \tag{8-12}$$

由式（8-9）和式（8-11）可见，任一时刻一质元的动能和势能具有相同的数值，它们同时达到最大值，同时为零。例如（图 8.11），某一瞬时，某质元 A 处于最大位移处，振动速度为零，且就整个体积元而言基本上不发生形变，动能势能皆为零；而质元 B 此时处于平衡位置，振动速度最大，体积元形变也最大，因此动能和势能都达到最大值。可见，对于任意体积元，机械能是不守恒的，即沿着波动的传播方向，该体积元不断从后面的介质获得能量，又不断地将能量传递给前面的介质。这样，能量就随波动的行进，从介质的一部分传向另一部分。所以，波动是能量传递的一种方式。

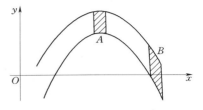

图 8.11　质元 A、B 位置

介质中所有质元的动能与势能之和称为波的能量。为了定量地反映能量在介质中的分布和随时间变化的情况，引入能量密度的概念。能量密度表示介质中单位体积内的能量，用 w 表示：

$$w = \frac{\mathrm{d}W}{\mathrm{d}V} = \rho A^2 \omega^2 \sin^2 \omega \left(t - \frac{x}{u} \right) \tag{8-13}$$

式（8-13）说明，介质中任一点处波的能量密度是随时间 t 而变化的，通常可取其在一个周期内的平均值，称为平均能量密度 $\overline{w}$，因为 $\sin^2 \omega \left(t - \frac{x}{u} \right)$ 在一个周期内的平均值为 $1/2$，所以

$$\overline{w} = \frac{1}{T} \int_0^T w \mathrm{d}t = \frac{1}{2} \rho \omega^2 A^2 \tag{8-14}$$

8.3.2　能流和能流密度

波的传播过程伴随着能量的传播或能量的流动。为了表述波动能量的这一特性，我们引入能流的概念。

单位时间内垂直通过某一面积的能量，称为通过该面积的能流，用 P 表示。如图 8.12 所示，设想在介质内取垂直于波速 u 的面积 S，则 $\mathrm{d}t$ 时间内通过 S 的能量应等于体积 $Su\mathrm{d}t$ 中的能量，于是有

$$P = wuS$$

取其时间平均值，便有平均能流

$$\overline{P} = \overline{w}uS \tag{8-15}$$

能流的单位为 W（瓦特），波的能流也称为波的功率。

垂直通过单位面积的平均能流，称为能流密度，用 I 表示

$$I = \frac{\overline{P}}{S} = \overline{w}u = \frac{1}{2} \rho A^2 \omega^2 u \tag{8-16}$$

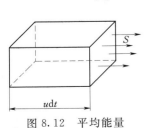

图 8.12　平均能量

显然能流密度越大，单位时间垂直通过单位面积的能量就

越多，表示波动越强烈，所以能流密度 I 也称为波的强度，它的单位为 W/m^2。

8.4　惠更斯原理及波的衍射、反射和折射

8.4.1　惠更斯原理

如图 8.13 所示，当观察水面上的波时，如果波遇到障碍物，当障碍物小孔的大小与波长相差不多时，就可以看到小孔的后面出现了圆形的波，与原来波的形状无关。这圆形波好像是以小孔为波源产生的一样。

荷兰物理学家惠更斯于 1679 年首先提出：介质中波动传播到的各点都可以看作是发射子波的波源，而在其后的任意时刻，这些子波的包络就是新的波前，这就是惠更斯原理。

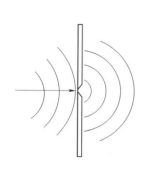

图 8.13　小孔的圆形波

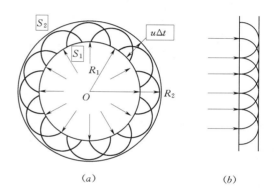

图 8.14　用惠更斯原理求波前

（a）球面波；（b）平面波

根据惠更斯原理，只要知道某一时刻的波阵面就可以用几何作图法确定下一时刻的波阵面。因此，这一原理又称惠更斯作图法，它在很大程度上解决了波的传播方向问题。对任何波动过程（机械波或电磁波），惠更斯原理都是适用的，不论其传播波动的介质是均匀的还是非均匀的，是各向同性的还是各向异性的。

如图 8.14（a）以 O 为中心的球面波以波速 u 在介质中传播，在时刻 t 是半径为 R_1 的球面 S_1。根据惠更斯原理，S_1 上的各点可以看成是子波波源。以 $r=u\Delta t$ 为半径画出许多球形子波，那么，这些子波的包络 S_2 即为 $t+\Delta t$ 时刻新的波前。显然，S_2 是以 O 为中心，以 $R_2=R_1+u\Delta t$ 为半径的球面。如法炮制即可不断获得新的波前，如图 8.14（b）所示。

8.4.2　波的衍射

波在传播过程中遇到障碍物时，能够绕过障碍物的边缘，在障碍物的阴影区内继续传播，这种现象称为波的衍射。衍射现象是波动的重要特征之一。

用惠更斯原理能够定性地说明衍射现象。如图 8.15 所示，平面波到达一宽度与波长

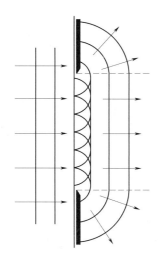

图 8.15 波的衍射

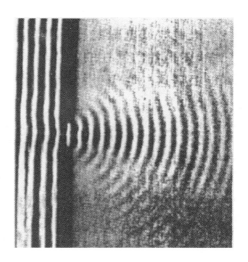

图 8.16 水波的衍射现象

相近的缝时,缝上各点可看作发射子波的波源,作出子波的包络,即新的波前。可看到此时的波阵面已不再是平面,在靠近边缘处波阵面进入了阴影区域,表示波已绕过障碍物的边缘而传播了。如图 8.16 是水波通过狭缝时说发生的衍射现象。

用惠更斯原理能够定性地说明衍射现象。但它不能定量解释波的衍射现象,也没有说明子波是否向后传播的问题。衍射现象的定量解释需运用惠更斯—菲涅尔原理。

衍射现象显著与否,是和障碍物(缝、遮板等)的大小与波长之比有关的,若障碍物的宽度远大于波长,衍射现象不明显;若障碍物的宽度与波长差不多,衍射现象就比较明显;若障碍物的宽度小于波长,则衍射现象更加明显。

8.4.3 波的反射和折射

1. 反射和折射现象

波传播到两种介质的分界面时,一部分从界面上返回原介质,形成反射波;另一部分进入另一种介质,形成折射波。波的反射和折射现象也是波动的特征。如图 8.17 所示,i 和 i' 分别为入射角和反射角,γ 为折射角。

2. 反射定律

根据实验,可得到反射定律:

(1)反射线、入射线和界面的法线在同一平面内。

(2)反射角等于入射角,即 $i = i'$。

现在用惠更斯原理证明这个定律,设一平面波以波速 u 入射到两种介质的界面上,根据惠更斯原理,入射波到达分界面上的各点,都可作为子波的波源,如图 8.18(a)所示。

在时刻 t,入射波 I 的波前为 AA_3,此后,AA_3

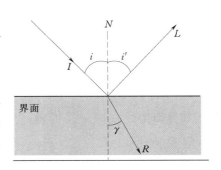

图 8.17 波的反射和折射

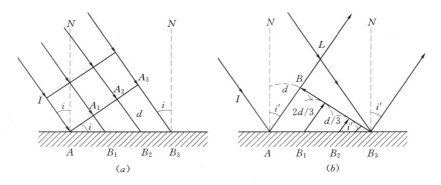

图 8.18　用惠更斯原理证明波的反射定律

(a) 时刻 t；(b) 时刻 $t+\Delta t$

上的 A_1、A_2 各点，将先后到达界面上 B_1、B_2 各点。在时刻 $t+\Delta t$，点 A_3 到达点 B_3，于是在图 8.18 (b) 中，我们可作界面上各点子波在此时刻的包络，为清楚起见，取 $AB_1 = B_1B_2 = B_2B_3$。由于波速 u 未变，所以在时刻 $t+\Delta t$，从 A、B_1、B_2 各点所发射的子波与纸面的交线，分别是半径为 d、$2d/3$ 和 $d/3$ 的圆弧（$d = u\Delta t$），显然，这些圆弧的包络是通过点的 B_3 直线 B_3B。作波前的垂直线，即得反射线 L。

从图 8.18 (b) 中可以看出，反射线、入射线和界面法线都在同一平面内，根据几何关系，可知 $i = i'$，即反射角等于入射角。

3. 折射定律

根据实验，折射定律为：

（1）折射线、入射线和界面法线在同一平面内。

（2）入射角的正弦与折射角的正弦之比，等于波在第一种介质中的波速 u_1 与在第二种介质中的波速 u_2 之比，即 $\dfrac{\sin i}{\sin \gamma} = \dfrac{u_1}{u_2}$。

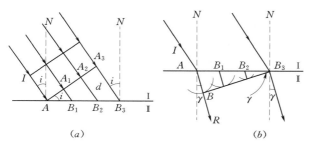

图 8.19　用惠更斯原理证明波的折射定律

(a) 时刻 t；(b) 时刻 $t+\Delta t$

用惠更斯原理证明这个定律：仍用作图法先求出折射波的波前，从而定出折射波的方向如图 8.19 所示。注意波在不同介质中传播的速度是不同的。u_1 和 u_2 分别是两种介质中的波速，在同一时间 Δt 内，波在两种介质中通过的距离分别为 $A_3B_3 = u_1\Delta t$ 和 $AB = u_2\Delta t$，因此 $\dfrac{A_3B_3}{AB} = \dfrac{u_1}{u_2}$。

从图 8.19 可看出，折射线、入射线和界面法线在同一平面内；$\angle A_3AB_3 = i$，$\angle BB_3A = \gamma$，且 $A_3B_3 = AB_3\sin i$，$AB = AB_3\sin\gamma$，因此

$$\frac{\sin i}{\sin \gamma} = \frac{A_3B_3}{AB} = \frac{u_1}{u_2}$$

8.5　波　的　干　涉

8.5.1　波的叠加

实验事实证明，如果有数列波同时在空间传播，它们将各自保持原有的振幅、波长、振动方向等特性，互不相干地独立向前传播。由于独立传播，各列波将按各自原来的方式激发它们共同经历的空间各点振动，因而各点的振动是各列波单独存在时所激发的振动的合振动这就是波的叠加原理。如听男声三重唱，我们能清楚地分辨出发自三个人的不同声调，但耳内鼓膜在每一时刻的位移却是三列波各自引起鼓膜位移的叠加。

波的叠加原理是大量实验事实的总结，它是波动在波的强度较小时所遵循的基本规律。波的强度过大时，叠加原理失效。遵守叠加原理的波称为线性波，否则，称为非线性波。

8.5.2　波的干涉

人们把频率相同、振动方向平行、相位相同或相位差恒定的两列波相遇时，使某些地方振动始终加强，而使另一些地方振动始终减弱的现象，称为波的干涉现象，能够产生干涉现象的两列波称为相干波，而它们的波源就称为相干波源。波的干涉现象是波动的又一重要特征。

例如图 8.20 是只用单一波源干涉的一种方法。在波源 S 附近放置一个开有两个小孔 S_1 和 S_2 的障碍物，根据惠更斯原理，S_1 和 S_2 可看成两个子波源，它们发出的子波具有同频率、振动方向平行、相位差恒定的特性，所以能产生干涉现象。从图 8.20 可见，从两子波源发出的球形波阵面，其波峰和波谷分别以实线和虚线的圆弧表示，两相邻波峰和波峰或波谷和波谷间的距离为一个波长 λ。当两波在空间相遇时，若它们波峰和波峰或波谷和波谷，振动加强，合振幅最大；若两波的波峰和波谷重合，振动始终减弱，合振幅最小。

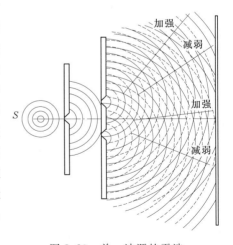

图 8.20　单一波源的干涉

下面我们从波的叠加原理出发，应用同方向、同频率振动合成的结论，来分析干涉现象的产生并确定干涉加强和减弱的条件。

如图 8.21 所示，设有两相干波源 S_1、S_2，它们在点 P 引起的振动分别为

$$y_1 = A_1\cos(\omega t + \varphi_1)$$
$$y_2 = A_2\cos(\omega t + \varphi_2)$$

现在来考察 P 点的振动情况。由振源 S_1 和 S_2 分别引出两条波线，r_1 和 r_2 代表在波

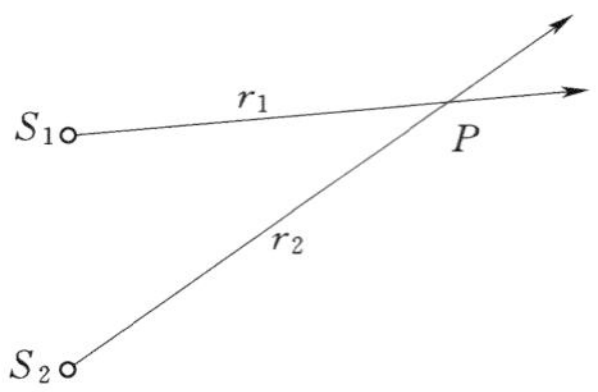

线上两个波源至 P 点的距离，则 S_1 和 S_2 在 P 点激发的振动的振动方程分别为

$$y_{1P} = A_1 \cos(\omega t + \varphi_1 - 2\pi \frac{r_1}{\lambda})$$

$$y_{2P} = A_2 \cos(\omega t + \varphi_2 - 2\pi \frac{r_2}{\lambda})$$

图 8.21　两相干波源线　　P 点的振动为两个同方向、同频率谐振动的合成。其合振动也应为简谐运动，合振动的运动方程为

$$y_P = y_{1P} + y_{2P} = A\cos(\omega t + \varphi)$$

式中：φ 为合振动的初相，由式（7-24）得

$$\tan\varphi = \frac{A_1 \sin\left(\varphi_1 - \dfrac{2\pi r_1}{\lambda}\right) + A_2 \sin\left(\varphi_2 - \dfrac{2\pi r_2}{\lambda}\right)}{A_1 \cos\left(\varphi_1 - \dfrac{2\pi r_1}{\lambda}\right) + A_2 \cos\left(\varphi_2 - \dfrac{2\pi r_1}{\lambda}\right)}$$

由式（7-23），其合振幅为

$$A = \sqrt{A_1^2 + A_2^2 + 2A_1 A_2 \cos\Delta\varphi}$$

$\Delta\varphi$ 为两个分振动在 P 点的相位差，其值为

$$\Delta\varphi = \varphi_2 - \varphi_1 - 2\pi \frac{r_2 - r_1}{\lambda}$$

我们可以从波的叠加原理出发，应用同方向、同频率振动合成的结论，来分析干涉现象的产生并推导得出干涉加强和减弱的条件如下：

（1）在 $\Delta\varphi = \varphi_2 - \varphi_1 - 2\pi \dfrac{r_2 - r_1}{\lambda} = \pm 2k\pi$（$k = 0$，1，2，3，$\cdots$）的空间各点，合振幅最大，为 $A_1 + A_2$。

记 δ 为两相干波源各自到点 P 的波程差，即 $\delta = r_2 - r_1$，如果两相干波源的初相相同，即 $\varphi_2 = \varphi_1$，那么当

$$\delta = r_2 - r_1 = \pm k\lambda (k = 0,1,2,\cdots) \tag{8-17}$$

时，合振幅最大。

（2）当 $\varphi = \varphi_2 - \varphi_1 - 2\pi \dfrac{(r_2 - r_1)}{\lambda} = \pm (2k+1)\pi$（$k = 0$，1，2，3，$\cdots$）时，且若 $\varphi_2 = \varphi_1$，则在

$$\delta = r_2 - r_1 = \pm (2k+1) \frac{\lambda}{2} (k = 0,1,2,3,\cdots) \tag{8-18}$$

的空间各点合振幅最小，为 $|A_1 - A_2|$。

在其他情况下，合振幅的数值则在最大值 $A_1 + A_2$ 和最小值 $|A_1 - A_2|$ 之间。由式（8-17）、式（8-18）可知，两相干波在空间任一点相遇时，其干涉加强和减弱的条件，除了两波源的初相差之外，只取决于该点至两相干波源间的波程差。

干涉现象是波动遵从叠加原理的表现。某种物质运动若能产生干涉现象便可证明其具有波动的特性。

【例8.5】　如图 8.22 所示，A、B 两点为同一介质中两相干波源。其振幅皆为 5cm，

频率皆为 100Hz，但当点 A 为波峰时，点 B 适为波谷。设波速为 10m/s，试写出由 A、B 发出的两列波传到点 P 时干涉的结果。

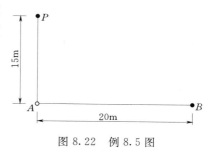

图 8.22　例 8.5 图

解：由图 8.22 可知 $BP=\sqrt{15^2+20^2}=25$（m）

又已知 $\nu=100\text{Hz}$，$u=10\text{m/s}$，因此

$$\lambda=\frac{u}{\nu}=\frac{10}{100}\text{m}=0.10\text{m}$$

设 A 的相位较 B 超前，则 $\varphi_A-\varphi_B=\pi$。根据相位差和波程差的关系，有

$$\Delta\varphi=\varphi_B-\varphi_A-2\pi\frac{BP-AP}{\lambda}=-\pi-2\pi\frac{25-15}{0.1}=-201\pi$$

这样的 $\Delta\varphi$ 符合合振幅最小的条件，如若介质不吸收波的能量，则两波振幅相同，因而合振幅 $A=|A_1-A_2|=0$。故在点 P 处，因两波干涉减弱而不发生振动。

8.6　驻　　波

8.6.1　驻波的产生

如果让两列波在同一直线上沿相反方向传播而振幅又相同的相干波叠加，便可形成驻波。驻波是一种重要的干涉现象，一般情况下，驻波是由一列前进波与它在界面的反射波叠加而成。例如，我们轻轻波动小提琴或胡琴的琴弦，在波动处发出的入射波与由琴轴返回的反射波叠加，便在琴弦上形成驻波，这些乐器演奏时所发出悠扬的琴声，就是由于在琴弦上、琴盒内形成各种不同波长不同形式的驻波所致。

如图 8.23 是用弦线作驻波实验的示意图，弦线的一端系在音叉上，另一端系着砝码使弦线拉紧，当音叉振动时，调节劈尖至适当的位置，可以看到，AB 段弦线被分成几段长度相等的作稳定振动的部分，即在整个弦线上，并没有波形的传播，线上各点的振幅不同，有些点始终静止不动，即振幅为零，而另一些点则振动最强，即振幅为最大，这就是驻波。

图 8.23　弦线驻波实验示意图

驻波是怎样形成的呢？当音叉带动 A 端振动所引起的波向右传播到点 B 时，产生的反射波沿弦线向左传播，这样，由向右的入射波和向左的反射波干涉的结果，在弦线上就产生驻波。

8.6.2　驻波方程

为对驻波有进一步的认识，我们进行定量分析，来推导驻波的波函数表达式。

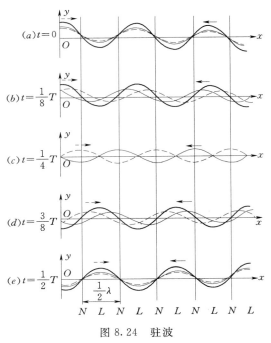

图 8.24 驻波

如图 8.24 假设两个振幅相同、频率相同、初相皆为零且分别沿 Ox 轴正、负方向传播的简谐波的波动方程为

$$y_1 = A\cos 2\pi\left(\nu t - \frac{x}{\lambda}\right)$$

$$y_2 = A\cos 2\pi\left(\nu t + \frac{x}{\lambda}\right)$$

在两波交叠处，质点在任意时刻的合位移为

$$y = y_1 + y_2$$

$$= A\cos 2\pi\left(\nu t - \frac{x}{\lambda}\right) + A\cos 2\pi\left(\nu t + \frac{x}{\lambda}\right)$$

运用简单的三角运算可得驻波函数，也称驻波方程

$$y = 2A\cos 2\pi \frac{x}{\lambda}\cos 2\pi\nu t \qquad (8-19)$$

驻波方程以严格的数学形式对驻波作了准确的描述。方程由两个因子组成，后一个因子 $\cos 2\pi\nu t$ 表示两波交叠地区的每个质元都作频率为 ν 的简谐运动。而其振幅由前一个因子的绝对值 $\left|2A\cos 2\pi \frac{x}{\lambda}\right|$ 决定。

下面对驻波方程进行讨论。

1. 波节和波腹

因弦线上各点作振幅为 $\left|2A\cos 2\pi \frac{x}{\lambda}\right|$ 的简谐运动，所以凡满足 $\left|2A\cos 2\pi \frac{x}{\lambda}\right| = 0$ 的那些点，振幅都为零，这些点始终静止不动，称为波节（图 8.24 中由 N 表示的点）。而满足 $\left|2A\cos 2\pi \frac{x}{\lambda}\right| = 1$ 的那些点，它们的振幅最大，等于 $2A$，这些点振动最强，称为波腹（图 8.24 中由 L 表示的点）；弦线上其余各点的振幅在零与最大值之间。

接着讨论波节、波腹的位置。

因在波节处 $\cos 2\pi \frac{x}{\lambda} = 0$，则 $2\pi \frac{x}{\lambda} = \pm\left(k + \frac{1}{2}\right)\pi$ （$k = 0,1,2,\cdots$），因此，波节的位置

$$x = \pm\left(k + \frac{1}{2}\right)\frac{\lambda}{2} \quad (k = 0,1,2,\cdots) \qquad (8-20)$$

在波腹处，$\left|\cos 2\pi \frac{x}{\lambda}\right| = 1$，则 $2\pi \frac{x}{\lambda} = \pm k\pi$ （$k = 0,1,2,\cdots$），因此，波腹的位置

$$x = \pm k\frac{\lambda}{2} \quad (k = 0,1,2,\cdots) \qquad (8-21)$$

由式（8-20）、式（8-21）也可算出相邻的两个波节和相邻的两个波腹之间的距离都是

$\frac{\lambda}{2}$。这点为我们提供了一种测定行波波长的方法，只要测出相邻两波节或波腹之间的距离就可以确定原来两列行波的波长 λ。

2. 各点的相位

由驻波方程可以看出，弦线上各点的相位与 $y = A\cos 2\pi\left(\frac{t}{T} - \frac{x}{\lambda}\right)$ 的正负有关，在波节两边的点，$\cos 2\pi \frac{x}{\lambda}$ 有相反的符号，因此波节两边的相位相反。在两波节间，$\cos 2\pi \frac{x}{\lambda}$ 具有相同的符号，各点的振动相位相同，也就是说，波节两边各点同时沿相反方向达到各自位移的最大值，又同时沿相反的方向通过平衡位置；而两波节之间各点则沿相同方向达到各自的最大值，又同时沿相同方向通过平衡位置（图 8.24），可见，弦线不仅作分段振动，而且各段作为一个整体，一齐同步振动，在每一时刻，驻波都有一定的波形，但此波形既不左移，也不右移，各点以确定振幅在各自的平衡位置附近振动。这些性质与前面所讲的行波不同，因此称为驻波。

8.6.3 相位的跃变

图 8.23 的实验中，在反射点 B 处绳是固定不动的，因此此处只能是波节。从振动合成考虑，这意味着反射波与入射波的相在此处正好相反，或者说，入射波在反射时有 π 的相位跃变。由于 π 的相位跃变相当于波程差半个波长，所以这种入射波在反射时发生反相的现象也称为半波损失。当波在自由端反射时，则没有相跃变，在此端驻波将出现波腹。

一般情况下，在两种介质分界处是形成波节，还是形成波腹，与波的种类、两种介质的性质等有关，定量研究证实，对机械波而言，它由介质的密度 ρ 和波速 u 的乘积 ρu（称波阻）所决定，将 ρu 较大的介质，称为波密介质；ρu 较小的介质，称为波疏介质，波从波疏介质垂直入射到波密介质，被反射回到波疏介质时，在反射处形成波节；反之，则在反射处形成波腹。

8.6.4 驻波的能量

图 8.23 弦线作驻波实验中，当弦线上各质点达到各自的最大位移时，振动速度为零，因而动能为零，但此时弦线各段有了不同程度的形变，且越靠近波节处的形变就越大，因此，这时驻波的能量具有势能的形式，基本上集中于波节附近。当弦线上各质点同时回到平衡位置时，弦线的形变基本消失，势能为零，但此时驻波的能量具有动能的形式，基本上集中于波腹附近。至于其他时刻，则动能与势能同时存在。可见，在弦线上形成驻波时，动能和势能不断相互转化，形成了能量交替地又波腹附近转向波节附近，再由波节附近转回波腹附近的情形，这说明驻波的能量并没有作定向的传播，换言之，驻波不传播能量。这是驻波与行波的又一重要区别。

8.6.5 振动的简正模式

将一根弦线的两端用一定的张力固定在相距为 l 的两点间，当拨动弦线时，弦线中将产生来回的波，合成而形成驻波。但并不是所有波长的波都能形成驻波。由于弦线的两个

端点固定不动，这两点必须是波节，因此波长 λ_n 和弦线长度应满足

$$l = n\frac{\lambda_n}{2} \quad (n = 1, 2, \cdots) \tag{8-22}$$

这是说，只有当弦线长度等于半波长的整数倍时，才能在两端固定的弦线上的形成驻波。由式（8-22）可得 $\lambda_n = \dfrac{2l}{n}$（$n=1$，2，$\cdots$），可见，在弦线上形成驻波的波长值是不连续的。再由关系式 $\nu = \dfrac{u}{\lambda}$ 可得出弦线驻波的频率为

$$\nu_n = n\frac{u}{2l} \quad (n = 1, 2, \cdots) \tag{8-23}$$

其中 $u = \sqrt{\dfrac{F}{\rho_1}}$ 为弦中的波速。其中每一频率对应于整个弦线的一种可能的振动方式，而这些频率就称为弦振动的本征频率。对应的各种振动方式，统称为弦线振动的简正模式。各个本征频率（也即简正频率）中，最低频率 ν_1 常称为基频，其他较高的频率，ν_2，ν_3，$\cdots$各为基频的某一整数倍，并常称为二次、三次……图 8.25 画出了频率为 ν_1，ν_2，ν_3 的三种简正模式。

简正模式的频率称为系统的固有频率。如上所述，一个驻波系统有许多个固有频率。这和弹簧振子只有一个固有频率是不同的。

应当指出，当外界策动源的频率与振动系统的某个简正频率相同，就会激起高强度的驻波，这种现象又称共振或谐振。每种乐器无论弦、管、锣和鼓等实质上都是驻波系统，它们的振动都按其各自相应的某些简正模式进行并发生共振。

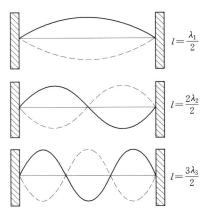

图 8.25 两端固定弦振动的简正模式

8.7 声波、超声波、次声波

8.7.1 声波

声波是机械纵波。其中频率在 $20 \sim 20000\,\mathrm{Hz}$ 范围的声波，能够引起人的听觉，就是常说的声波或可听声；频率低于 $20\,\mathrm{Hz}$ 的称为次声波；而高于 $20000\,\mathrm{Hz}$ 便称为超声波。

声波的能流密度称为声强，根据式（8-16），声强为

$$I = \frac{1}{2}\rho A^2 \omega^2 u$$

人们能够听见的声波不仅受到频率范围的限制，而且还要求处于一定的声强范围之内，声强太小，不能引起听觉；声强太大，只能使耳朵产生痛觉，也不能引起听觉。能够引起人们听觉的声强的变化范围是很大的，约为 $10^{-12} \sim 1\,\mathrm{W/m^2}$，数量级相差很大（达 10^{12}），因此，为了比较介质中各点声波的强弱，不是使用声强，而是使用两声强之比的

以 10 为底的对数值，称为声强级，人们规定声强（即相当于频率为 1000Hz 的声波能引起听觉的最弱的声强）为测定声强的标准，如某声波的声强 I，则比值 I/I_0 的对数 L_I，称为相应于的声强级，即

$$L_I = \lg \frac{I}{I_0} \tag{8-24}$$

L_I 的单位为 B（贝尔）通常采用贝尔的 1/10，即 dB（分贝）为单位，则

$$L_I = 10\lg \frac{I}{I_0} (\text{dB}) \tag{8-25}$$

人耳感觉的声音响度与声强级有一定的关系，声强级越高，人耳感觉越响。为了对声强级和响度有较具体的认识，表 8.1 给出了常遇到的一些声音的声强、声强级和响度。

8.7.2 超声波

超声波的显著特点是频率高，波长短，衍射不严重，因而具有良好的定向传播特性，而且易聚焦。也由于其频率高，因而超声波的声强比一般声波大得多，用聚焦的方法，可以获得声强高达 $10^9\,\text{W/m}^2$ 的超声波。超声波穿透本领很大，特别是在液体、固体中传播时，衰减很小。在不透明的固体中，能穿透几十米的厚度。超声波的这些特性，在技术上得到广泛的应用。

表 8.1 几种声音近似的声强、声强级和响度

声源	声强 （W/m²）	声强级 （dB）	响度
引起痛觉的声音	1	120	
钻岩机或铆钉机	10^{-2}	100	震耳
交通繁忙的街道	10^{-5}	70	响
通常的谈话	10^{-6}	60	正常
耳语	10^{-10}	20	轻
树叶沙沙声	10^{-11}	10	极轻
引起听觉的最弱声音	10^{-12}	0	

利用超声波的定向发射性质，可以探测水中物体，如探测鱼群、潜艇等，也可用来探测海水的深度。由于海水的导电性良好，电磁波在海水中传播时，吸收非常严重，因而电磁波无法使用。

因为超声波碰到杂质或介质分界面时有显著的反射，所以可以用来探测工件内部的缺陷。超声波探伤的优点是不损伤工件，而且由于穿透力强，因而可以探测大型工件。此外，在医学上可以用来探测人体内部的病变，如"B超"仪就是利用超声波来显示人体内部结构的图像。

目前超声波探伤正向着显像方向发展，如用声电管把声信号变换成电信号，再用显像管显示出目的物的像来。随着激光全息技术的发展，声全息也日益发展起来。把声全息记录的信息再用光显示出来，可直接看到被测物体的图像。声全息在地质、医学等领域有着重要的意义。

由于超声能量大而集中，所以也可以用来切削、焊接、钻孔、清洗机件，还可以用来处理种子和促进化学反应等。

超声波在介质中的传播特性，如波速、衰减、吸收等与介质的某些特性（如弹性模量、浓度、密度、化学成分、黏度等）状态参量（如温度、压力、流速等）密切有关，利用这些特性可以间接测量其他有关物理量。这种非声量的声测法具有测量精度高、速度快等优点。

由于超声的频率与一般无线电波的频率相近，因此利用超声元件代替某些电子元件，可以起到电子元件难以起到的作用。超声延迟线就是其中一例。因为超声波在介质中的传播速度比起电磁波小得多，利用超声延迟时间就方便得多。

8.7.3 次声波

次声波一般指频率在 $10^{-4}\sim20\,\mathrm{Hz}$ 的机械波，人耳听不到。它与地球、海洋和大气等的大规模运动有密切关系。例如火山爆发、地震、陨石落地、大气湍流、雷暴、磁暴等自然活动中，都有次声波产生，因此已成为研究地球、海洋、大气等大规模运动的有力工具。

次声波频率低，衰减极小，具有远距离传播的突出优点。在大气中传播几千公里后，吸收还不到万分之几分贝。因此对它的研究和应用受到越来越多的重视，已形成现代声学的一个重要分支——次声学。

8.8 多普勒效应

本章中上述各节，我们在波源与观察者相对于介质均为静止的情况下研究了波，这时，介质中各点的振动频率与波源的频率相等，即观察者接受到的频率与波源的频率相同。在介质中，如果波源或接收器或两者相对于介质运动，则发现接收器接受到的频率和波源的振动频率不同。这种接收器接收到的频率有赖于波源或观察者运动的现象，成为多普勒效应。例如，当一列急驰而来的鸣笛火车接近人们时，感觉到汽笛声的音调变高，即人耳接收的声波频率变高；而当火车离开人们时，则感觉到汽笛的音调变低，即人耳接收的声波频率变低，这种火车鸣笛的音调未变而人耳接收到的音调（频率）发生变化的现象，即为声波的多普勒效应。

为简单起见，假定波源和接收器在同一直线上运动。波源的频率 ν，是波源在单位时间内振动的次数，或在单位时间内发出完整波的数目；观察者接受到的频率为 ν'，是观察者在单位时间内接收到的完整波数；而波的频率 ν_b，是介质内质点在单位时间内振动的次数，并且 $\nu_b=u/\lambda_b$，其中 u 为介质中波的波速，λ_b 为介质中的波长。这三个频率可能不相同，下面分集中情况讨论。

8.8.1 波源不动，观察者相对介质以速度 v_0 运动

若观察者在 P 点向着波源（S 点）运动。如图 8.26 所示，先假定观察者不动，波以速度 u 向着 P 传播，dt 时间内波传播距离为 $u\,dt$，观察者接收到的完整波数，即为分布在

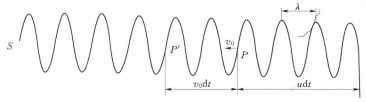

图 8.26　观察者运动时的多普勒效应

距离 $u\mathrm{d}t$ 中的波数。而现在观察者是以 v_0 迎着波的传播方向运动的，$\mathrm{d}t$ 时间内移动距离为 $v_0\mathrm{d}t$，因而分布在距离 $v_0\mathrm{d}t$ 中的波也应被观察者接受到。总体来讲，应在 $(v_0+u)\,\mathrm{d}t$ 距离内的波都被观察者接收到了，所以观察者接收到的频率（完整波数）为

$$\nu' = \frac{v_0+u}{\lambda_b}$$

式中：λ_b 为介质中的波长，且 $\lambda_b = \mu/\nu_b$。

由于波源在介质中静止的，所以波的频率 ν_b 等于波源 ν。上式可写成

$$\nu' = \frac{u+v_0}{u}\nu \qquad\qquad (8-26)$$

这表明，当观察者向着静止波源运动时，观察者接受到的频率为波源频率的 $\left(1+\dfrac{v_0}{u}\right)$ 倍，即 ν' 高于 ν。

当观察者远离波源运动时，不难求得观察者接受到的频率为

$$\nu' = \frac{u-v_0}{u}\nu \qquad\qquad (8-27)$$

即此时接收到的频率低于波源的频率。

8.8.2 观察者不动，波源相对介质以速度 v_s 运动

当波源运动时，介质中的波长将发生变化。如图 8.27 是波源在水中向右运动时所激起的水面波照片，它显示出波沿着波源运动的方向，波长变短了；而背离运动的方向，波长变长了。因为波长是介质中相位差为 2π 的两个振动状态之间的距离，由于波源是运动的，它发出的这两个相位差为 2π 的振动状态，就是在不同地点发出的了。

图 8.27 水面波

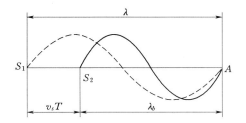

图 8.28 波源运动时的前方波长变短

如图 8.28 所示，假设波源以速度 v_s 向着观察者运动，则当波源从 S_1 发出的某振动状态经过一个周期 T 的时间传到位置 A 时，波源已运动到了 $S_2(S_1S_2 = v_sT)$，此时才发出与该振动状态相位差 2π 的下一个振动状态，可见 S_2 与 A 之间的距离即为此情形下介质中的波长 λ_b。若波源静止时的波长为 $\lambda(= uT)$，则从图 8.28 可见，此时介质中的波长为

$$\lambda_b = \lambda - v_sT = (u-v_s)T = \frac{u-v_s}{\nu}$$

即现在波的频率为

$$\nu_b = \frac{u}{\lambda_b} = \frac{u}{u-v_s}\nu$$

由于观察者静止，所以他接受到的频率就是波的频率，即 $\nu' = \nu_b$，因此观察者接收到的频率为

$$\nu' = \frac{u}{u - v_s}\nu \qquad (8-28)$$

这表明当波源向着静止的观察者运动时，观察者接受到的频率高于波源的频率。

如果波源远离观察者运动，可求得观察者接收到的频率为

$$\nu' = \frac{u}{u + v_s}\nu \qquad (8-29)$$

此时接收到的频率低于波源的频率。

8.8.3 波源与观察者同时相对介质运动

当波源与观察者同时相对介质运动时，观察者接收到的频率为

$$\nu' = \frac{u \pm v_0}{u \mp v_s}\nu \qquad (8-30)$$

式（8-30）中，观察者向着波源运动时，v_0 前取正号，远离时取负号；波源向着观察者运动时，v_s 前取负号，远离时取正号。

综上所述，无论波源运动还是观察者运动，或是同时运动，只要两者互相接近，接收到的频率就高于原来波源的频率；两者互相远离，接受到的频率就低于原来波源的频率。

如果波源与观察者不是沿着它们的连线运动，式（8-30）仍成立。其中 v_0 和 v_s 应作为运动速度连线方向的分量，而垂直于连线方向的分量是不产生多普勒效应的。

电磁波（如光）也有多普勒现象。因为电磁波传播不需介质，因此只是光源和接收器的相对速度 v 决定接收的频率。可证明，当光源和接收器在同一直线上运动时，如果两者相互接近，则

$$\nu_R = \sqrt{\frac{1 + v/c}{1 - v/c}}v_s \qquad (8-31a)$$

如果两者相互远离

$$\nu_R = \sqrt{\frac{1 - v/c}{1 + v/c}}v_s \qquad (8-31b)$$

由此可见，当光源远离接收器运动时，接收到的频率变小，因而波长变长，这种现象称为"红移"，即在可见光谱中移向红色一端。

天文学家将来自星球的光谱与地球上相同元素的光谱比较，发现星球光谱几乎都发生红移，这说明星体都在远离地球向四面飞去。这一观察结果被"大爆炸"的宇宙理论的倡导者视为其理论的重要证据。

应指出，如果波源向着观察者运动速度大于波速（即 $v_s > u$），那么式（8-28）将失去意义。实际上，这种情况下急速运动着的波源的前方不可能有任何波动产生，所有的波前被挤压聚集在一圆锥面上，如图8.29所

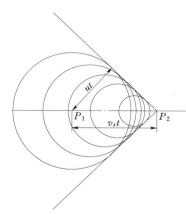

图 8.29 冲击波或激波

示，在这个圆锥上，波的能量高度集中，容易造成巨大破坏，这种波称为冲击波或激波。当飞机、炮弹等以超音速飞行时，或火药爆炸时，都会在空气中激起冲击波。

【例 8.6】 如图 8.30 所示，A、B 为两个汽笛，其频率皆为 500Hz，A 静止，B 以 60m/s 的速率向右运动。在两个汽笛之间有一观察者 O，以 30m/s 的速度也向右运动。已知空气中的声速为 330m/s，求：

(1) 观察者听到来自 A 的频率。

(2) 观察者听到来自 B 的频率。

(3) 观察者听到的拍频。

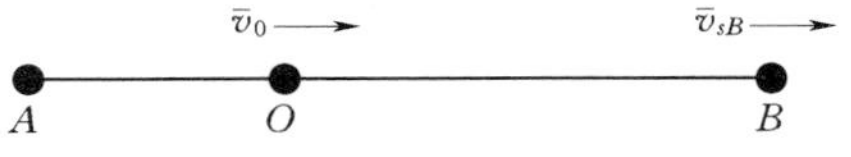

图 8.30 例 8.6 图

解： 利用式 $\nu' = \dfrac{u \pm v_0}{u \mp v_s}\nu$ 中，

$u = 330\text{m/s}$，$v_{sA} = 0$，$v_{sB} = 60\text{m/s}$，$v_0 = 30\text{m/s}$，$\nu = 500\text{Hz}$

(1) 由于观察者远离波源 A 运动，v_0 应取负号，故观察者听到来自 A 的频率为

$$\nu' = \frac{330 - 30}{330} \times 500 = 454.5 (\text{Hz})$$

(2) 观察者向着波源 B 运动，v_0 取正号，而波源 B 远离观察者运动，v_{sB} 也取正号，故观察者听到来自 B 的频率为

$$\nu'' = \frac{330 + 30}{330 + 60} \times 500 = 461.5 (\text{Hz})$$

(3) 拍频

$$\Delta\nu = |\nu' - \nu''| = 7\text{Hz}$$

知识扩展：多普勒效应测速

1. 多普勒声纳测速

多普勒声纳是根据多普勒效应研制的一种利用水下声波来测速的精密仪器。下面简单介绍多普勒声纳的原理。

由多普勒效应知，当波源与观察者相对介质运动时（图 8.31），观察者接收到的频率 ν' 为

$$\nu' = \nu_0 \frac{u \pm v_0}{u \mp v_s} \tag{8-32}$$

式中：ν_0 为波源的频率；u 为波在介质中传播的速度；v_0 为观察者运动的速度；v_s 为波源运动的速度。

当观察者向着波源运动时，v_0 前取正号，离开时取负号；当波源向着观察者运动时，v_s 前取负号，离开时取正号。

如果波源和观察者的运动方向不在波源和观察者的瞬时位置的连线或其延长线上，如图 8.30 所示，则式（8-32）中的 v_s 及 v_0 应以波源

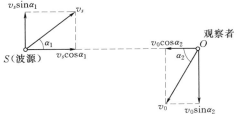

图 8.31 原理图

速度 v_s 和观察者速度 v_0 在波源与观察者的瞬时位置连线 SO 方向上的速度分量 $v_s\cos\alpha_1$ 及 $v_0\cos\alpha_2$ 来代替，可得

$$\gamma = \gamma_0 \frac{u \pm v_0\cos\alpha_2}{u \pm v_s\cos\alpha_1} \tag{8-33}$$

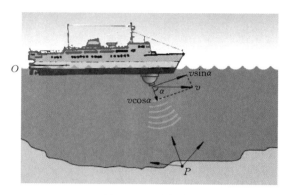

图 8.32　示意图

多普勒声纳一般安装在船体底部，由一个发射器和一个接收器组成（图 8.32 中 O 处），发射器沿着固定的倾角 α，斜向海底发射一束超声波 OP（考虑到尽可能减小测量误差和能量衰减等技术问题，一般选用 $150\sim600\text{kHz}$ 的超声）。该束超声波在海底漫反射，其中必有一定强度的波沿 PO 方向反射回位于 O 处的接收器。

由于超声波在水中的传播速度（约 1500m/s）大大超过船舶前进的速度，所以在超声波沿 OP 方向来回传播期间船舶前进的距离是很小的，在超声波从 O 向 P 传播时，O 是波源，P 相当于观察者，假定船舶前进的速度为 v，那么波源以 $v\cos\alpha$ 的速度向着观察者运动，在超声波从 P 返回 O 时，P 相当于波源，O 相当于观察者，此时观察者以 $v\cos\alpha$ 的速度向着波源运动，根据式（8-33），船上接收器接收到的频率为

$$\gamma = \gamma_0 \frac{u + v\cos\alpha}{u - v\cos\alpha} = \gamma_0\left(1 + \frac{v}{u}\cos\alpha\right)\left(1 - \frac{v}{u}\cos\alpha\right)^{-1}$$

由于 $v\ll u$，因此可将上式按级数展开，并略去 $\dfrac{v}{u}\cos\alpha$ 的高次项，得

$$\gamma = \gamma_0\left[1 + \frac{v}{u}\cos\alpha\right]\left[1 + \frac{v}{u}\cos\alpha + \left(\frac{v}{u}\right)^2\cos^2\alpha + \cdots\right]$$
$$\approx \gamma_0\left[1 + 2\frac{v}{u}\cos\alpha + \left(\frac{v}{u}\right)^2\cos^2\alpha\right] \tag{8-34}$$

其中，发射频率 γ_0、水中声速 v 及发射倾角 α 均已知，因此，只要测得接收频率 γ，就可以求得航速 v。

为了消除船舶上下垂直运动和左右前后摇摆对测速的影响，除安装一对向前的发射器和接收器外，一般还再在同一位置安装一对向后的发射器和接收器，并且使向后的发射倾角也为 α 角，如图 8.33 所示，称为詹纳斯（Janus）配置，詹纳斯配置可使式（8-34）大大简化，由图 8.33 所示，对于向后发射的超声波，航速 v 沿波束 OP' 方向的分量 $v\cos\alpha$ 是远离海底的。根据式（8-33），此时船上接收到的频率 γ' 应为

$$\gamma' = \gamma_0 \frac{u - v\cos\alpha}{u + v\cos\alpha} = \gamma_0\left(1 - \frac{v}{u}\cos\alpha\right)\left(1 + \frac{v}{u}\cos\alpha\right)^{-1} \tag{8-35}$$

同样方法按级数展开，并略去高次项，得

$$\gamma' = \gamma_0\left[1 - 2\frac{v}{u}\cos\alpha + 2\left(\frac{v}{u}\right)^2\cos^2\alpha\right] \tag{8-36}$$

由式（8-34）及式（8-36）即得向前和向后两接收器接收到的频率之差为

$$\Delta\gamma = \gamma - \gamma' = \frac{4\gamma_0 v}{u}\cos\alpha$$

由此得到船舶前进的航速

$$v = \frac{u}{4\gamma_0\cos\alpha}\Delta\gamma \qquad\qquad (8-37)$$

一般选择 $\alpha=600$，则船舶前进的航速为

$$v = \frac{u}{2\gamma_0}\Delta\gamma \qquad\qquad (8-38)$$

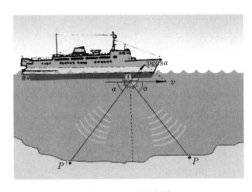

图 8.33 测量图

根据发射器发射的微波频率和探测器接收到的反射波的频率之差算出车速

图 8.34 雷达测速

2. 雷达测速

电磁波也具有多普勒效应，但是由于真空中电磁波的速度为 $3\times10^8\ \mathrm{m/s}$，因此，在讨论电磁波的多普勒效应时，必须应用狭义相对论原理。

如果有一电磁波源以速度 v 朝着观测者作直线运动，而且此电磁波源发出频率为 γ_0 的脉冲波，由相对论可以算得，观测者接收到此脉冲波的频率 γ 为

$$\gamma = \gamma_0\sqrt{\frac{c+v}{c-v}}\text{（波源朝着观测者运动）} \qquad\qquad (8-39)$$

式（8-39）表示当观测者与电磁波源以相对速度 v 彼此趋近时，观测者所接收到的电磁波频率 γ 将大于波源所发射的电磁波频率 γ_0。

公路上用于监测车辆速度的监测器就是利用上述原理制成的（图 8.34），速度监测器是由微波雷达发射器、探测器及数据处理系统等组成，同样可以通过发射器发射的微波频率 γ_0 和控测器所接收到从汽车上反射的波的频率 γ' 之间的微小差别，而产生的拍频率现象测出汽车的速度。

思考与讨论：

（1）为什么在没有看见火车也没有听到火车鸣笛的声音的情况下，把耳朵贴靠在铁轨上可以判断远处是否有火车驶来？（提示：从声音的强度和传播速度两方面考虑）

（2）二胡调音时，要旋转上部的旋杆，演奏时手指压触弦线的不同部分，就能发出各种音调不同的声音。这都是什么缘故？

（3）曾经说过，波传播时，介质的质元并不随波迁移。但水面上有波形成时，可以看

到飘在水面上的树叶沿水波前进方向移动。这是为什么？

（4）如果在你做健身操时，头顶有飞机飞过，你会发现你向下弯腰和向上直起时所听到的飞机声音音调不同。这是为什么？何时听到的音调高些？

习　题

8.1　请填写复习简表。

项　　　目	机械波的基本概念	平面简谐波的波函数	波的能量	惠更斯原理及波的衍射、反射和折射	波的干涉	驻波	声波、超声波次声波	多普勒效应
主要内容								
主要公式								
重点难点								
自我提示								

8.2　声波在空气中的波长是 0.25m，波速为 340m/s，它进入另一种介质中，波长变为 0.79m，它在该介质中的波速是多少？

8.3　一简谐波，振动周期 $T = \frac{1}{2}$ s，波长 $\lambda = 10$ m，振幅 $A = 0.1$ m。当 $t = 0$ 时，波源振动的位移恰好为正方向的最大值。若坐标原点和波源重合，且波沿 Ox 轴正方向传播，求：

（1）此波的表达式。

（2）$t_1 = T/4$ 时刻，$x_1 = \lambda/4$ 处质点的位移。

（3）$t_2 = T/2$ 时刻，$x_1 = \lambda/4$ 处质点的振动速度。

8.4　在弹性媒质中有一沿 x 轴正向传播的平面波，其表达式为：$y = 0.01\cos\left(4t - \pi x - \frac{1}{2}\pi\right)$（SI）。若在 $x = 5.00$ m 处有一媒质分界面，且在分界面处反射波相位突变 π，设反射波的强度不变，试写出反射波的表达式。

8.5　已知一平面简谐波的表达式为 $y = A\cos\pi(4t + 2x)$（SI）。

（1）求该波的波长 λ、频率 ν 和波速 u 的值。

（2）写出 $t = 4.2$ s 时刻各波峰位置的坐标表达式，并求出此时离坐标原点最近的那个波峰的位置。

（3）求 $t = 4.2$ s 时离坐标原点最近的那个波峰通过坐标原点的时刻 t。

8.6　平面简谐波沿 x 轴正方向传播，振幅为 2cm，频率为 50Hz，波速为 200m/s。在 $t = 0$ 时，$x = 0$ 处的质点正在平衡位置向 y 轴正方向运动，求 $x = 4$ m 处媒质质点振动的表达式及该点在 $t = 2$ s 时的振动速度。

8.7　沿 x 轴负方向传播的平面简谐波在 $t = 2$ s 时刻的波形曲线如图 8.35 所示，设波速 $u = 0.5$ m/s。求：原点 O 的振动方程。

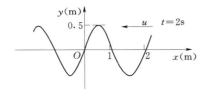

图 8.35 题 8.7 图

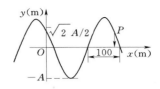

图 8.36 题 8.8 图

8.8 如图 8.36 所示为一平面简谐波在 $t=0$ 时刻的波形图，设此简谐波的频率为 250Hz，且此时质点 P 的运动方向向下，求：

（1）该波的表达式。

（2）在距原点 O 为 100m 处质点的振动方程与振动速度表达式。

8.9 如图 8.37 所示，S_1，S_2 为两平面简谐波相干波源。S_2 的相位比 S_1 的相位超前 $\pi/4$，波长 $\lambda=8.00$m，$r_1=12.0$m，$r_2=14.0$m，S_1 在 P 点引起的振动振幅为 0.30m，S_2 在 P 点引起的振动振幅为 0.20m，求 P 点的合振幅。

8.10 图 8.38 中 A、B 是两个相干的点波源，它们的振动相位差为 π（反相）。A、B 相距 30cm，观察点 P 和 B 点相距 40cm，且 $\overline{PB} \perp \overline{AB}$。若发自 A、B 的两波在 P 点处最大限度地互相削弱，求波长最长能是多少。

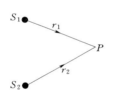

图 8.37 题 8.9 图

图 8.38 题 8.10 图

第9章 光 的 干 涉

9.1 相 干 光

在波动一章中，我们介绍了机械波的干涉，本章中要介绍光的干涉，这两者的共性都是波的干涉，前面所介绍的机械波相干条件、干涉时出现的特征及振动加强和减弱的条件等在这里也适用。

9.1.1 光源

在前面章节已经指出：频率相同、振动方向相同、相位差恒定的两个波源发出的波是相干波，在两相干波相遇的区域内，有些点的振动始终加强，有些点的振动始终减弱或完全抵消，即产生干涉现象。

光波是电磁波，振动的是电场强度 $\vec{E}$ 和磁场强度 $\vec{H}$，其中能引起人眼视觉和照片感光的是 $\vec{E}$，故通常把 $\vec{E}$ 矢量称为光矢量。若两束光的光矢量满足相干条件，则它们是相干光，相应的光源称为相干光源。

机械波满足相干条件并不太困难，比如两个同频率的音叉发出的声波就可以发生干涉。但是在光学中，要满足这些条件是很难的。例如，在房间里放着两个发光频率完全相同的钠光灯，在它们发出的光都能照射到的区域，观察不到光强有明暗变化。这表明两个独立的、频率相同的光源，不能构成相干光源。

这是由光源的发光机制（图 9.1）决定的。光是光源中的原子或分子的运动状态发生变化时的辐射现象，被激发到较高能级的原子跃迁到较低能级时，把多余的能量以光的形式辐射出去。原子跃迁时间的数量级为 $10^{-8} \sim 10^{-10}\,\mathrm{s}$，一个原子一次发射的波列持续时间

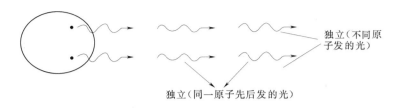

图 9.1 普通光源发光 (自发辐射)

也是这个数量级。原子或分子发光是间歇的，当它们发出一个波列之后，要间隔若干时间才能发出第二个波列。所以，同一原子不同时间段发出的波，频率、振动方向和相位不一定相同。

另外，不同原子或分子是各自独立地发出一个个波列，它们的发射是偶然的，彼此之间没有任何联系。因此，同一时刻，各原子或分子所发出的光，即使频率相同，相位和振动方向也不一定相同，不能满足相干条件。

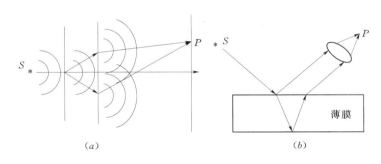

图 9.2 用普通光源获得相干光的典型途径
(a) 分波面法；(b) 分振幅法

9.1.2 获得相干光的途径

怎样才能获得相干波列呢？怎样才能获得两束相干光呢？通常有两种方法：第一种方法，设想在光源发出的某一波阵面上，取出两部分面元，它们是相干光源。这种用分光束获得相干光的方法，称为波阵面分割法［图 9.2 (a)］，下面将要介绍的杨氏双缝、双镜和劳埃镜等光的干涉实验，都是用波阵面分割法实现的。第二种方法，设想将一普通光源上同一点发出的光，利用反射和折射的方法使它"一分为二"，沿两条不同的路径传播并相遇。原来的每一个波列都分成了频率相同、振动方向相同、相位差恒定的两部分，当他们相遇时，就能产生干涉现象。这种方法称为振幅分割法［图 9.2 (b)］。本章中

图 9.3 生活中的干涉现象 (光盘)

要介绍的薄膜干涉，是通过振幅分割法获得相干光的。

日常生活中所看到的油膜、光盘等所呈现的彩色条纹就是一种光的干涉现象。太阳光中含有各种波长的光波，当太阳光照射到光盘时，有的地方红光得到加强，有些地方绿光得到加强……这样便形成了彩色干涉条纹（图 9.3）。

9.2 光的干涉现象

9.2.1 杨氏双缝干涉实验

杨氏双缝干涉实验是最早利用单一光源形成两束相干光，从而获得干涉现象的实验。

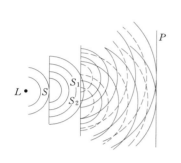

图 9.4　杨氏双缝干涉实验

实验中，由光源 L 发出的光照射到单缝 S 上（图 9.4），使 S 成为实施本实验的缝光源。在 S 前面放置两个相距很近的狭缝 S_1 和 S_2，且 S 与 S_1、S_2 之间的距离均相等。这样 S_1 和 S_2 形成了两个缝光源，发出的光在空间叠加。

显然，由 S_1 和 S_2 射出的光束来自同一光波波阵面的不同部分，因此由 S_1 和 S_2 射出的光具有相同的频率。尽管从 S 陆续射出的原子光波列的初相位是不断变化的，但是任何变化都同时发生在 S_1 和 S_2 处，从而能使 S_1 和 S_2 射出的光波间的相位差始终保持不变。此外，在靠近 S_1 和 S_2 连线的中垂线两侧附近，S_1 和 S_2 射出光波的光矢量也近于平行。因此，这两束光是相干光，在屏幕 P 上将会出现明暗交替的干涉条纹。双缝干涉实验是采用分波阵面法获得相干光的实际例子。

上述实验就是著名的杨氏双缝干涉实验。在历史上杨氏是用太阳光作光源的，现在可以利用激光束直接入射双缝获得更为清晰的干涉图样。

下面定量分析屏幕上形成干涉明、暗条纹的条件。如图 9.5 所示，设 S_1 和 S_2 间的距离为 d，双缝与屏平行，两者垂直距离为 D。今在屏幕上取一点 B，它与 S_1 和 S_2 的距离分别为 r_1 和 r_2，O' 为 S_1 和 S_2 的中点，点 B 与点 O 的距离为 x。

通常情况下双缝到屏幕间的垂直距离远大于双缝间的距离，即 $D \gg d$，这时，由 S_1、S_2 发出的光到达屏上点 B 的波程差 Δr 为

$$\Delta r = r_2 - r_1 \approx d\sin\theta$$

此处 θ 也是 OO' 和 BO' 所成之角。

若 Δr 满足条件

$$d\sin\theta = \pm k\lambda \qquad (9-1)$$

则点 B 处是一条明纹的中心。正负号表示干涉条纹在 O 点两侧对称分布。在点 O 处，$\theta = 0, \Delta r = 0, k = 0$，

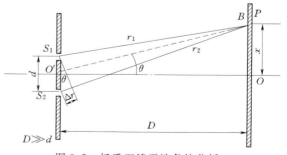

图 9.5　杨氏双缝干涉条纹分析

所以 O 处也是一条明纹的中心，此明条纹叫做中央明纹。在点 O 的两侧与 $k = 1,2,\cdots$ 相应的明纹分别叫第一级、第二级、……明条纹。

因为 $D \gg d$，所以 $\sin\theta \approx \mathrm{tg}\theta = x/D$。于是上述干涉加强的条件可改写成

$$\Delta r \approx d\frac{x}{D} = \pm k\lambda \quad (k = 0,1,2,\cdots)$$

即在屏上

$$x = \pm k\frac{D}{d}\lambda \quad (k = 0,1,2,\cdots) \tag{9-2}$$

的各处，都是明条纹的中心。

当点 B 处满足

$$\Delta r \approx d\frac{x}{D} = \pm(2k+1)\frac{\lambda}{2} \quad (k = 0,1,2,\cdots)$$

即

$$x = \pm\frac{D}{d}(2k+1)\frac{\lambda}{2} \quad (k = 0,1,2,\cdots) \tag{9-3}$$

时，两束光相互减弱（最弱），则此处为暗条纹中心。

在屏幕上可以看到，在中央明纹两侧对称地分布着明暗相间的干涉条纹。根据明、暗条纹的条件公式，得到相邻明纹（或暗纹）间的距离为

图 9.6　白光入射双缝的干涉图样

$$\Delta x = x_{k+1} - x_k = \frac{D}{d}\lambda \tag{9-4}$$

即干涉明、暗条纹是等距离分布的。若已知 d、D，且测出 Δx，则由式（9-4）可以算出单色光的波长 λ。由式（9-4）还可以看到，相邻条纹间的距离 Δx 与入射光的波长 λ、双缝与屏幕间的垂直距离 D 成正比，与双缝间的距离 d 成反比。若用白光照射，则在中央明纹（白色）两侧将出现彩色条纹。图 9.6 即为白光入射双缝的干涉图样。

讨论：如图 9.7 所示当光源 S 下移时，条纹会怎么变化？

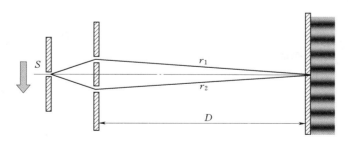

图 9.7　双缝干涉条纹的变化

【**例 9.1**】　以单色光照射到相距为 0.2mm 的双缝上，双缝与屏幕的垂直距离为 1m。

（1）从第一级明纹到同侧的第四级明纹的距离为 7.5mm，求单色光的波长。

（2）若入射光的波长为 600nm，求相邻两明纹间的距离。

解：（1）根据双缝干涉条纹之间的间距

$$x = \pm k \frac{D}{d}\lambda \quad (k = 0,1,2,\cdots)$$

以 $k = 1$ 和 $k = 4$ 代入上式，得

$$\Delta x_{1-4} = x_4 - x_1 = \frac{D}{d}(k_4 - k_1)\lambda$$

所以

$$\lambda = \frac{d}{D}\frac{\Delta x_{1-4}}{(k_4 - k_1)} = 500\text{nm}$$

（2）当 $\lambda = 600$nm 时，相邻两明纹的距离为

$$\Delta x = \frac{D}{d}\lambda = 3.0\text{mm}$$

【例 9.2】 在双缝干涉实验中，单色光源 S_0 到两缝 S_1 和 S_2 的距离分别为 l_1 和 l_2，并且 $l_1 - l_2 = 3\lambda$，λ 为入射光的波长，双缝之间的距离为 d，双缝到屏幕的距离为 D（$D \gg d$），如图 9.8 所示。求：

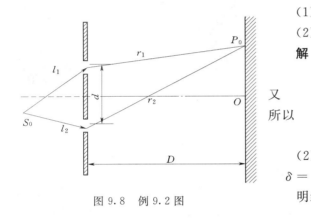

图 9.8 例 9.2 图

（1）零级明纹到屏幕中央 O 点的距离。

（2）相邻明条纹间的距离。

解：（1）设 P_0 为零级明纹中心

$$r_2 - r_1 \approx \text{d}x/D$$

又

$$(l_2 + r_2) - (l_1 + r_1) = 0$$

所以

$$r_2 - r_1 = l_1 - l_2 = 3\lambda$$

$$x = D(r_2 - r_1)/d = 3D\lambda/d$$

（2）在屏上距 O 点为 x 处，波程差

$$\delta = (l_2 + r_2) - (l_1 + r_1) \approx (\text{d}x/D) - 3\lambda$$

明纹条件 $\delta = \pm k\lambda$

$$x_k = (\pm k\lambda + 3\lambda)D/d$$

所以

$$\Delta x = x_{k+1} - x_k = D\lambda/d$$

9.2.2 杨氏双缝干涉的光强分布

狭缝 S_1、S_2 发出的光波单独到达屏上任一点 B 处，合振幅分别为 E_1、E_2，光强分别为 I_1、I_2，则根据振动合成的公式，两光波更加后的振幅为

$$E = \sqrt{E_1^2 + E_2^2 + 2E_1 E_2 \cos\Delta\varphi} \tag{9-5a}$$

其中相位差

$$\Delta\varphi = \frac{2\pi}{\lambda}(r_2 - r_1)$$

因光强和振幅的关系为 $I = E^2$，因此叠加后的光强为

$$I = I_1 + I_2 + 2\sqrt{I_1 I_2}\cos\Delta\varphi \tag{9-5b}$$

假定 $E_1 = E_2 = E_0$，则 $I_1 = I_2 = I_0$，于是上式可简化为

$$I = 4I_0 \cos^2\left(\pi\frac{\Delta r}{\lambda}\right) \tag{9-5c}$$

关于双缝干涉的光强，在 $\Delta r = \pm k\lambda$（$k = 0$，1，2，…）的地方，光强 $I = 4I_0$，是明纹的中心；在 $\Delta r = \pm (2k+1) \dfrac{\lambda}{2}$（$k = 0$，1，2，…）的地方，光强 $I = 0$，是暗纹的中心。从干涉光强的分布可以看出，干涉只是使光的能量进行了重新分布，而光的总能量仍然守恒，如图 9.9 所示。

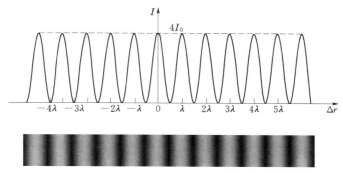

图 9.9 双缝干涉的光强分布

9.2.3 其他分波面干涉实验

在双缝干涉中，只有当缝 S、S_1、S_2 都很窄时，干涉条纹才较清晰，但这时通过缝的光又太弱。1818 年菲涅耳作了双镜干涉实验，其装置如图 9.10 所示。狭缝光源 S 的光射向以微小夹角装在一起的两平面镜 M_1 和 M_2，使从 M_1 和 M_2 反射的两束光交叠发生干涉。由于两束反射光好像是来自虚光源 S_1 和 S_2，所以双镜干涉是双缝干涉的变形，干涉所遵循的规律相同。

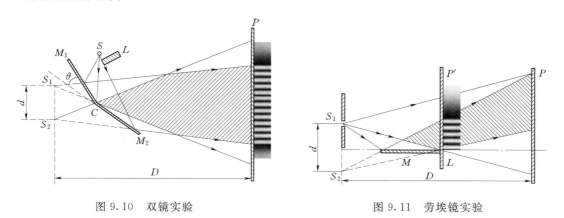

图 9.10 双镜实验   图 9.11 劳埃镜实验

1834 年，劳埃做了洛埃镜干涉，如图 9.11 所示。图中 S_1 为一狭缝光源，它发出的部分光直接射到屏上，另一部分光几乎与镜面平行地（入射角近于 90°）射向平面镜并被反射到屏上，从而产生光的干涉。显然，这两束光的干涉也好像是来自 S_1 的光与虚光源 S_2 的光间的干涉。

若把屏幕放到和镜面 M 相接触的位置，此时从 S_1、S_2 发出的光到达接触点的路程相等。在接触点处似乎应出现明纹，但是实验事实是在接触处为一暗纹。这表明，直接射到屏幕上的光与由镜面反射出来的光在接触点相位相反，即相位差为 π。由于入射光的相位没有变化，所以只能是反射光（从空气射向玻璃并反射）的相位跃变了 π。

进一步实验表明，光从光速较大（折射率较小）的介质射向光速较小（折射率较大）的介质时，反射光的相位较之入射光的相位跃变了 π。由于这一相位跃变，相当于反射光与入射光之间附加了半个波长（$\frac{\lambda}{2}$）波程差，故常称作半波损失。

那么，双镜干涉中为什么没有考虑半波损失呢？在双镜干涉实验中的 M_1 和 M_2 两平面镜上反射的两束光，虽然都发生了 π 的相位跃变，但两者抵消，光程差（或相位差）是不变的。

9.3 光程与薄膜干涉

9.3.1 光程与光程差

1. 光程

在前面讨论的干涉现象中，两相干光束始终在同一介质（空气）中传播，它们到达某一点叠加时，两光振动的相位差决定于两相干光束间的路程差。若讨论两束光经过不同介质时，常引入光程的概念。

我们知道单色光的振动频率 ν 在不同的介质中是相同的，但传播速度将发生改变。当它在折射率为 n 的介质中传播时，传播速度变为 $v = \frac{c}{n}$，波长变为 $\lambda' = \frac{\lambda}{n}$。这说明，一定频率的光在折射率为 n 的介质中传播时，其波长为真空中波长的 $\frac{1}{n}$。波行进一个波长的距离，相位变化 2π，若光波在该介质中传播的几何路程为 r，则相位的变化为

$$\Delta\varphi = 2\pi\frac{r}{\lambda_n} = 2\pi\frac{nr}{\lambda} \tag{9-6a}$$

式（9-6a）表明，光波在介质中传播时，其相位的变化不仅与光波传播的几何路程和真空中的波长有关，而且还与介质的折射率有关。光在折射率为 n 的介质中通过几何路程 r 所发生的相位变化，相当于光在真空中通过 nr 的路程所发生的相位变化。

所以，人们把折射率 n 和几何路程 r 的乘积 nr，称为光程。光程就是光在媒质中通过的几何路程，按相位改变相等的条件折合到真空中的路程。

2. 光程差

有了光程这一概念，我们就可以把单色光在不同介质中的传播路程，都折算为该单色光在真空中的传播路程。由此可见，两相干光分别通过不同的介质在空间某点相遇时，所产生的干涉情况与两者的光程差（用符号 Δ 表示）有关。

从同一点光源发出的相干光，它们的光程差 Δ 与相位差 Δφ 的关系为

$$\Delta\varphi = 2\pi\frac{\Delta}{\lambda} \tag{9-6b}$$

所以，当

$$\Delta = \pm k\lambda \quad (k = 0, 1, 2, \cdots) \tag{9-7}$$

时，有 $\Delta\varphi = \pm 2k\pi$，干涉加强；当

$$\Delta = \pm(2k+1)\frac{\lambda}{2} \quad (k = 0, 1, 2, \cdots) \tag{9-8}$$

时，有 $\Delta\varphi = \pm(2k+1)\pi$，干涉减弱。

【例 9.3】 如图 9.12 所示，在 S_2P 间插入折射率为 n、厚度为 d 的媒质。求：光由 S_1、S_2 到 P 的相位差 $\Delta\varphi$。

解： 根据光程差和相位差的关系，得

$$\Delta\varphi = 2\pi \frac{(r_2 - d) + nd - r_1}{\lambda}$$

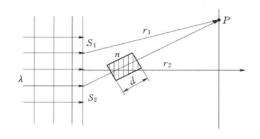

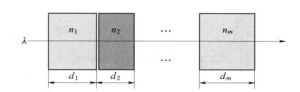

图 9.12 例题 9.3 图

图 9.13 光程差

根据光程的含义，当光通过多种媒质时如图 9.13 所示，其光程为

$$\Delta = \sum_i (n_i d_i)$$

3. 透镜不会产生附加光程差

平行光束通过透镜后，将会聚于焦平面上汇聚一点。也可以这样来理解，某时刻平行光束波前上各点（图 9.14 中 A、B、C、D、E 各点）的相位相同，到达焦平面 F 后，虽然光 AaF 比 CcF 经过的几何路径长，但是光 AaF 在透镜中经过的路程比光 CcF 的长，因此折算成光程，AaF 的光程与 CcF 的光程相等。对于斜入射的平行光，原理一样。可见，使用透镜不引起附加的光程差。

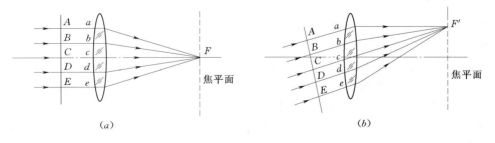

图 9.14 透镜不产生附加光程差

9.3.2 薄膜干涉

薄膜干涉是利用分振幅法来获得相干光的。实验装置如图 9.15 所示。这里，由光源

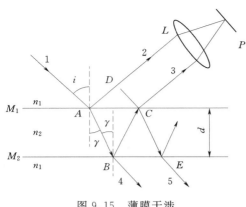

图 9.15 薄膜干涉

发出的光线 1 经薄膜上表面反射形成的光线 2 和经薄膜下表面反射再折射形成的光线 3 是相干光。现在我们计算光线 2 和 3 的光程差。做 $CD \perp AD$，则 CP 和 DP 的光程相等。由图 9.15 可知，光线 3 在折射率为 n_2 的介质中的光程为 $n_2(AB + BC)$；光线 2 在折射率为 n_1 的介质中的光程为 $n_1 AD$。因此，它们的光程差为 $\Delta' = n_2(AB + BC) - n_1 AD$。

由几何关系可推导出：

$$\Delta' = 2d \sqrt{n_2^2 - n_1^2 \sin^2 i} \qquad (9-9)$$

此外，由于两介质的折射率不同，还必须考虑光在界面反射时有 π 的相位跃变，或附加光程差 $\dfrac{\lambda}{2}$。因此，两反射光的总光程差为

$$\Delta_r = 2d \sqrt{n_2^2 - n_1^2 \sin^2 i} + \frac{\lambda}{2} \qquad (9-10)$$

根据干涉加强或减弱的条件，有

$$\Delta_r = 2d \sqrt{n_2^2 - n_1^2 \sin^2 i} + \frac{\lambda}{2} = \begin{cases} k\lambda \quad (k=1,2,\cdots)（加强） \\ (2k+1)\dfrac{\lambda}{2}(k=0,1,2,\cdots)（减弱） \end{cases} \qquad (9-11)$$

当光垂直入射时（即 $i=0$）时

$$\Delta_r = 2n_2 d \frac{\lambda}{2} \begin{cases} k\lambda(k=1,2,\cdots)（加强） \\ (2k+1)\dfrac{\lambda}{2}(k=0,1,2,\cdots)（减弱） \end{cases} \qquad (9-12)$$

透射光也有干涉现象。光线 AB 到达点 B 处时，一部分直接经界面 M_2 折射而出（光线 4），还有一部分经点 B 和点 C 两次反射后在点 E 处折射而出（光线 5）。因此，两透射光线 4、5 的总光程差为

$$\Delta_t = 2d \sqrt{n_2^2 - n_1^2 \sin^2 i} \qquad (9-13)$$

与反射光的光程差相比较，Δ_r 与 Δ_t 相差 $\dfrac{\lambda}{2}$，即当反射光的干涉相互加强时，透射光的干涉相互减弱。显然，这是符合能量守恒定律的要求的。

两束相干光的光程差决定于薄膜的厚度 d 和入射角 i，一般情况下薄膜干涉的分析比较复杂（因 Δ 和 d、i 两因素有关），通常只研究两个极端情形（只有 d 在变或只有 i 在变），分别对应两种干涉现象。薄膜厚度 d 不变，光的入射角变的情况，相同的入射倾角对应相同的干涉条纹，这种干涉称为等倾干涉；光的入射角 i 不变，仅薄膜厚度 d 变的情况，相同的厚度对应相同的干涉条纹，这种干涉称为等厚干涉，在下一节要研究的劈尖干涉就属于等厚干涉。

9.3.3 薄膜干涉的应用：增透膜与增反膜

在比较复杂的光学系统中，光能因反射而损失严重。例如，较高级的照相机镜头由六

七个透镜组成，反射损失的光能约占入射的一半，同时反射的杂散光还要影响成像的质量。为了减少入射光在透镜玻璃表面上反射时所引起的损失，常在镜面上镀一层厚度均匀的透明薄膜（常用的如氟化镁 MgF_2，它的折射率 $n = 1.38$，介于玻璃与空气之间），利用薄膜的干涉使反射光减到最小、这样的薄膜称为增透膜。

最简单的单层增透膜如图 9.16 所示。设膜的厚度为 d，光垂直入射时，根据薄膜干涉的规律，薄膜两表面反射光的光程差为

$$\Delta' = 2nd$$

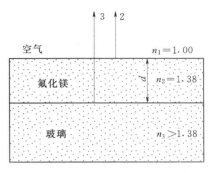

图 9.16 增透膜

由于在膜的上、下表面反射时都有半波损失，结果没有附加的相位差。薄膜两表面的总光程差为

$$\Delta_r = \Delta' = 2nd$$

当两反射光的光程差满足关系

$$\Delta_r = 2nd = (2k+1)\frac{\lambda}{2} \quad (k = 0,1,2,\cdots)$$

反射干涉相消，根据能量守恒定律，反射光减少，透射光就增强了。这就增透膜的原理。

在镀膜工艺中，常把 nd 称为薄膜的光学厚度，镀膜时控制厚度 d，使膜的光学厚度等于入射光波长的 1/4。单层增透膜只能使某个特定波长 λ 的光尽量减小反射。对于相近波长的其他反射光也有不同程度的减弱，但不是减到最弱，对于一般的照相机和目视光学仪器，常选入眼最敏感的波长 $\lambda = 550\text{nm}$ 作为"控制波长"，使膜的光学厚度等于此波长的 1/4。在白光下观看此薄膜的反射光，黄绿色光最弱，红光蓝光相对强一些，因此一些仪器镜头表面呈蓝紫色。

有些光学器件却需要减少其透射光，以增加反射光的强度。例如，氦氖激光器中的谐振腔反射镜，要求对波长 $\lambda = 632.8\text{nm}$ 的单色光的反射率达 99% 以上。从上面可以得到，如果把低折射率的膜改成同样光学厚度的高折射率的膜，由于存在半波损失，则薄膜上下表面的两反射光将是干涉加强，这就使反射光增强了，而透射光就将减弱，这样的薄膜就是增反膜。在玻璃表面镀一层 $\lambda/4$ 硫化锌（ZnS，折射率 $n = 2.40$）膜，反射率可提高到 30% 以上。如要进一步提高反射率，可采用多层膜。通常在玻璃表面交替镀上高折射率的 ZnS 膜和低折射率的 MgF_2 膜，每层光学厚度均为 $\lambda/4$，这样的膜系反射率可达到 90% 以上。由于这种介质膜对光的吸收很少，所以比镀银、镀铝的反射镜有更理想的效果。利用类似的方法，采用多层镀膜使某一特定波长的单色光能透过，这就制成了干涉滤光片。

【例 9.4】 一油轮漏出的油（折射率 $n_1 = 1.20$）污染了某海域，在海水（$n_2 = 1.30$）表面形成一层薄薄的油污。

（1）如果太阳正位于海域上空，一直升机的驾驶员从机上向下观察，他所正对的油层厚度为 460nm，则他将观察到油层呈什么颜色？

（2）如果一潜水员潜入该区域水下，又将看到油层呈什么颜色？

解：这是薄膜干涉的问题。太阳光垂直照射在海面上，驾驶员和潜水员看到的分别是

反射光的干涉结果和透射光的干涉结果。

（1）由于油层的折射率 n_1 小于海水的折射率 n_2，大于空气的折射率，所以在油层上、下表面反射的太阳光均发生的相位跃变。两反射光的光程差为

$$\Delta_r = 2dn_1 = k\lambda$$

当 $\Delta_r = k\lambda$，即 $\lambda = \dfrac{2n_1 d}{k}$（$k=1，2，\cdots$）时，反射光干涉形成亮纹，把 $n_1 = 1.20, d = 460$nm 代入，得干涉加强得光波波长为

$$k=1，\quad \lambda = s2n_1 d = 1104\text{nm}$$
$$k=2，\quad \lambda = n_1 d = 552\text{nm}$$
$$k=3，\quad \lambda = \frac{2}{3}n_1 d = 368\text{nm}$$

其中，波长 $\lambda_2 = 552$nm 的绿光在可见光范围内，而 λ_1 和 λ_2 则分别在红外光和紫外光的波长范围内，所以，驾驶员将看到油膜呈绿色。

（2）此题中透射光的光程差为

$$\Delta_t = 2dn_1 + \lambda/2 = k\lambda$$

令 $\Delta_t = k\lambda$（$k=1,2,\cdots$）得

$$k=1，\quad \lambda = \frac{2n_1 d}{1-1/2} = 2208\text{nm}$$
$$k=2，\quad \lambda = \frac{2n_1 d}{2-1/2} = 736\text{nm}$$
$$k=3，\quad \lambda = \frac{2n_1 d}{3-1/2} = 441.6\text{nm}$$
$$k=4，\quad \lambda = \frac{2n_1 d}{4-1/2} = 315.4\text{nm}$$

其中，波长为 $\lambda_2 = 736$nm 的红光和 $\lambda_3 = 441.6$nm 的紫光在可见光范围内，而 λ_1 是红外光，λ_4 是紫外光。所以，潜水员看到的油膜呈紫红色。

9.4 等 厚 干 涉

当一束平行光入射到厚度不均匀的透明介质薄膜上，在薄膜表面上也可以产生干涉现象。在实际应用中，通常使光线垂直入射膜面，即 $i = 0$ 情况下，光程差公式可简化为

$$\Delta_r = 2nd\left(+\frac{\lambda}{2}\right) \tag{9-14}$$

是否存在半波损失要根据实际情况判定。

干涉明纹和暗纹出现的条件为

$$\left\{
\begin{array}{l}
\Delta_r = 2nd\left(+\dfrac{\lambda}{2}\right) = k\lambda \quad (k=0,1,2,\cdots)（\text{明纹}） \\[2mm]
\Delta_r = 2nd\left(+\dfrac{\lambda}{2}\right) = (2k+1)\dfrac{\lambda}{2} \quad (k=0,1,2,\cdots)（\text{暗纹}）
\end{array}
\right.$$

$$\tag{9-15}$$
$$\tag{9-16}$$

等厚干涉条纹的形状决定于膜层厚薄不匀的分布情况。在实验室中观察等厚条纹的常

见装置是劈尖和牛顿环。

9.4.1 劈尖干涉

如图 9.17 所示，两块平面玻璃片，一端互相叠合、只一端夹一细丝，这时，在两玻璃片之间形成的空气薄膜称为空气劈尖。两玻璃片的交线称为棱边，在平行于棱边的线上，劈尖的厚度是相等的。当发自 S 的单色光经凸透镜 L 成为平行光，再经过以 45°角放置的半透半反射玻璃片 M 反射后，垂直入射到空气劈尖上，产生等厚干涉条纹。

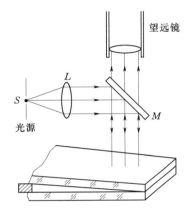

图 9.17 劈尖干涉实验

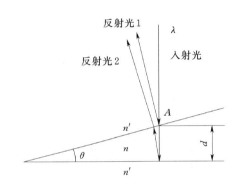

图 9.18 劈尖薄膜的干涉（$n < n'$）

下面定量讨论劈尖干涉条纹的形成原理。如图 9.18 所示，波长为 λ 的光垂直入射，在空气劈尖的上表面和下表面发生反射，两条光线来自同一条光线，是相干光。如图 9.18 所示，在 A 点处的厚度为 d，反射光 1 和 2 的光程差为

$$\Delta = 2nd + \frac{\lambda}{2} \tag{9-17}$$

式（9-17）中前一项式由于光线 2 在介质中经过了 $2d$ 的几何路程引起的，后一项 $\frac{\lambda}{2}$ 来自反射本身。由于介质相对空气属于光密物质，在上表面时无半波损失，而在下表面时有半波损失。这个反射时的差别就引起了附加的光程差 $\frac{\lambda}{2}$。

由于各处膜的厚度 d 不同，所以光程差也不同，因而会产生相长干涉和相消干涉。相长反射出现明纹的条件是

$$\Delta = 2nd + \frac{\lambda}{2} = k\lambda \quad (k = 1,2,\cdots)(\text{明纹}) \tag{9-18}$$

相消干涉产生暗纹的条件是

$$\Delta = 2nd + \frac{\lambda}{2} = (2k+1)\frac{\lambda}{2} \quad (k = 0,1,2\cdots)(\text{暗纹}) \tag{9-19}$$

式（9-18）、式（9-19）可以看出，凡劈尖内厚度 d 相同的地方均满足相同的干涉条件。因此，劈尖的干涉条纹是一系列平行于劈尖楞边的明暗相间的直条纹。

在两玻璃片相接触处（劈尖厚度 $d = 0$），$\Delta = \frac{\lambda}{2}$，故在棱边处应为暗条纹。这和实

际观察的结果相一致。

根据以上讨论，不难求出两相邻明纹（或暗纹）处劈尖的厚度差。设第 k 级明纹处劈尖的厚度为 d_k，第 $k+1$ 级明纹处的劈尖厚度为 d_{k+1} 由前式，很容易得到

$$d_{k+1} - d_k = \frac{\lambda}{2n} = \frac{\lambda_n}{2} \qquad (9-20)$$

式中：λ_n 为光在折射率为 n 的介质中的波长。

由式（9-20）可见，相邻两明纹处劈尖的厚度差为光在劈尖介质中波长的 1/2；同理，两相邻暗纹处劈尖的厚度差也为光在该介质中波长的 1/2。

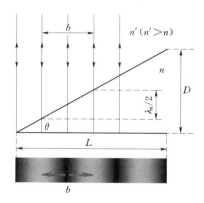

图 9.19　劈尖干涉的分析

一般劈尖的夹角 θ 很小，D 表示劈尖的高度，L 表示劈尖的宽度，相邻两明（或暗）纹间的距离为 b，如图 9.19 所示，则有

$$\theta \approx \frac{D}{L}, \theta \approx \frac{\frac{\lambda_n}{2}}{b}$$

得相邻明纹（或暗纹）的宽度

$$b = \frac{\lambda_n}{2\theta} = \frac{\lambda}{2n\theta} \qquad (9-21)$$

劈尖的厚度

$$D = \frac{\lambda_n}{2b}L = \frac{\lambda}{2nb}L \qquad (9-22)$$

所以，若已知劈尖长度 L、光在真空中的波长 λ 和劈尖介质的折射率 n，并测出相邻暗纹（或明纹）间的距离 b，就可从式（9-22）计算出劈尖的高的 D。

【例 9.5】　有一玻璃劈尖，放在空气中，劈尖夹角 $\theta = 8 \times 10^{-5} \text{rad}$，用波长 $\lambda = 589 \text{nm}$ 的单色光垂直入射时，测得干涉条纹的宽度 $b = 2.4 \text{mm}$，求这玻璃的折射率。

解：根据劈尖干涉相邻明纹（或暗纹）的宽度，有

$$b = \frac{\lambda}{2n\theta}$$

因此，有

$$n = \frac{\lambda}{2\theta b} = \frac{5.89 \times 10^{-7} \text{m}}{2 \times 8 \times 10^{-5} \times 2.4 \times 10^{-3} \text{m}} = 1.53$$

9.4.2　牛顿环

在一块光平的玻璃片上，放一曲率半径 R 很大的平凸透镜（图 9.20），在两者之间形成一劈尖形空气薄层。当平行光束垂直地射向平凸透镜时，可以观察到在透镜表面出现一组干涉条纹，这些干涉条纹是以接触点 O 为中心的同心圆环，称为牛顿环（图 9.20）。

牛顿环是由透镜下表面反射的光和平面玻璃发生干涉而形成的，这也是一种等厚条纹。明暗条纹处所对应的空气膜厚度 d 应满足：

$$2d + \frac{\lambda}{2} = k\lambda \quad (k = 1, 2, \cdots)(\text{明纹})$$

$$2d + \frac{\lambda}{2} = (2k+1)\frac{\lambda}{2} \quad (k = 0, 1, 2, \cdots)(\text{暗纹})$$

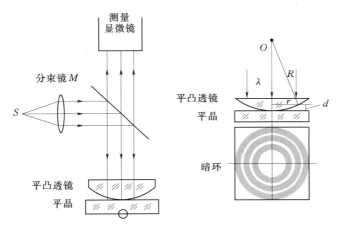

图 9.20　牛顿环

在中心处，$d=0$，由于有半波损失，两相干光光程差为 $\frac{\lambda}{2}$，所以形成一暗斑。

为了描述干涉条纹的分布，设干涉圆环的半径为 r，在 r 和 R 为两边的直角三角形中

$$r = R^2 - (R-d)^2 = 2Rd - d^2$$

因 $R \gg d$，式中略去 d^2，代入上面明纹式，可得明环半径为

$$r = \sqrt{\frac{(2k-1)R\lambda}{2}} \quad (k=1,2,3,\cdots) \tag{9-23}$$

同理，暗环半径为

$$r = \sqrt{kR\lambda} \quad (k=0,1,2,3,\cdots) \tag{9-24}$$

式（9-23）、式（9-24）说明，k 越大，相邻明（暗）纹之间的间距越小，条纹的分布是不均匀的。

此外，还可以观察到透射光的干涉条纹，它们和反射光干涉条纹明暗互补，即反射光为明环处，透射光为暗环。

9.4.3　等厚干涉的应用

等厚干涉在生产中有很多应用，下面举几个例子。

1. 干涉膨胀仪

由上讨论可知，如将空气劈尖的上表面（或下表面）往上（或往下）平移 $\frac{\lambda}{2}$ 的距离，则光线在劈尖上下往返一次所引起的光程差，就要增加（或减少）一个 λ。这时，劈尖表面上每一点的干涉条纹都要发生明—暗—明（或暗—明—暗）的变化，即原来亮的地方变暗后又变亮（或原来暗的地方变亮后又变暗），就好像干涉条纹在水平方向上移动了一条。这样数出在视场中移过条纹的数目，就能测得劈尖表面移动的距离，干涉膨胀仪就是利用这个原理制成的。图 9.21 是它的结构示意图，它有一个用线膨胀系数很小的由石英制成的套框，框内放置一上表面磨成稍微倾斜的样品，框顶放一平板玻璃，这样在玻璃和样品之间构成一空气劈尖。套框的线膨胀系数很小，所以空气劈尖的上表面不会因温度变化面

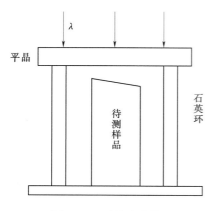

图 9.21　干涉膨胀仪

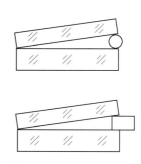

图 9.22　劈尖干涉测厚度

移动。当样品受热膨胀时，劈尖下表面的位置升高，使干涉条纹发生了移动，测出条纹移过的数目，就可算得劈尖下表面位置的升高量，从而可求出样品的线膨胀系数。

2. 测厚度

对于一些直径非常小的金属细丝，可利用劈尖干涉测量其厚度 D。如图 9.22 所示，把金属细丝夹在两块平板玻璃之间，形成空气劈尖。某波长 λ 垂直入射，测出相邻明纹或暗纹的距离 b，金属丝和棱边的距离 L，根据公式

$$D = \frac{\lambda}{2b}L$$

即可得到金属丝的直径或物体的厚度。

在制造半导体元件时，经常要在硅片上生成一层很薄的二氧化硅（SiO_2）膜。要测量其厚度，可将二氧化硅薄膜制成劈尖形状，用图 9.23 所示的装置，测出劈尖干涉明纹的数目，就可算出二氧化硅薄膜的厚度。

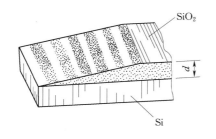

图 9.23　劈尖干涉测厚度

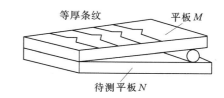

图 9.24　检查平整度

3. 光学元件表面的检查

由于每一条明纹（或暗纹）都代表一条等厚线，所以劈尖干涉可用于检查光学表面的平整度。在图 9.24 中，M 为透明标准平板，其平面是理想的光学平面，N 为待验平板。如待验平板的表面也是理想的光学平面，其干涉条纹是一组间距为 b 的平行的直线，若待验平板的平面凹凸不平，则干涉条纹将不是平行的直线。根据某处条纹弯曲尺度，以及条纹弯曲的方向，就可判断待检平板平面在该处式凹还是凸，并可由条纹弯曲的程度估算出凹凸的不平整度。

4. 测透镜球面的半径

在实验室，常用牛顿环测定平凸透镜的曲率半径。根据牛顿环干涉暗环（或明环）半径为

$$r = \sqrt{kR\lambda} \quad (k = 0, 1, 2, 3, \cdots)$$

若测得第 k 个暗环的半径与 $k+m$ 个暗环的半径，则有

$$r_{k+m}^2 - r_k^2 = mR\lambda$$

则平凸透镜的曲率半径 R 为

$$R = \frac{r_{k+m}^2 - r_k^2}{m\lambda}$$

利用该公式，还可以测定光波的波长。

另外，在工业上还常利用牛顿环来检查透镜的质量。如图 9.25 所示，把一块样板（表面经过精密加工和测定，用来检验工件质量的玻璃板）放在待测透镜的表面上，则可由看到的牛顿环（又称光圈）的疏密情况，检测出透镜和样板的差异，环纹越疏，说明透镜和样板的差异越小。

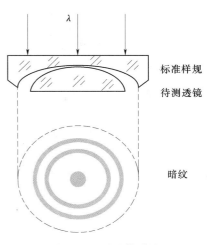

图 9.25　测透镜质量

9.5　等　倾　干　涉

在空气中，用单色光照射厚度为 d、折射率为 n 的薄膜，由于空气的折射率 $n_1 < n_2$。根据薄膜干涉的规律，薄膜上下表面反射光的光程差为

$$\Delta_r = 2d \sqrt{n_2^2 - n_1^2 \sin^2 i} + \frac{\lambda}{2}$$

这里由于 d 一定，光程差就只与光的入射角 i 有关。即对于厚度 d 均匀的薄膜，具有相同入射角 i 的光线间的光程差相同。显然，这些光线将同时干涉增强（或减弱），这就是等倾干涉。

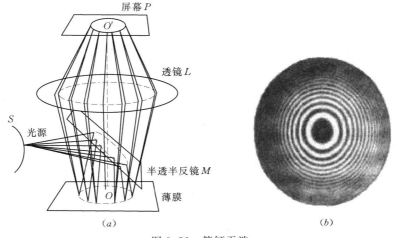

图 9.26　等倾干涉
（a）观察等倾干涉的装置；（b）等倾干涉条纹

图 9.26 为一观察等倾干涉的装置的原理图。其中 S 为具有一定发光面的单色光源，M 为倾斜 45°角放置的半透明半反射平面镜，L 为一透镜，屏幕 P 置于 L 的焦平面处。先考虑 S 上某一点发出的光线。在这些光线中，能以相同入射角射向薄膜表面的光处在同一圆锥面上，而它们的反射光经透镜 L 会聚后，将在 L 的焦平面上形成一个圆形条纹。所以，呈现在屏幕上的等倾干涉条纹，是一组明暗相间的同心圆环，如图 9.26（b）所示。至于光源 S 上的其他各发光点，显然也都产生一组这样的干涉圆环，且 S 上所有各点发出的光中，入射角相同的光线都将聚焦在屏幕上的同一圆周上。由于光源上不同点发出的光线彼此不相干。所以所有的干涉圆环将彼此进行非相干叠加，从而提高了条纹的清晰度，这就是为什么常用扩展光源观察等倾干涉的缘故。

9.6 迈克耳逊干涉仪

1881 年，迈克耳逊为了研究光速问题，制作了迈克耳逊干涉仪，并用它做了检验"以太"是否存在的著名实验。由于现代科技中由许多干涉仪都是从迈克耳逊干涉仪衍生而来的，所以我们需要对其结构和原理有一些了解。

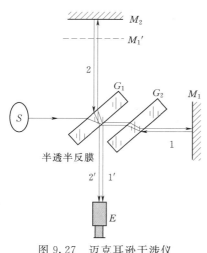

图 9.27 迈克耳逊干涉仪

干涉仪的结构如图 9.27 所示。图中 M_1 和 M_2 是两面平面反射镜，分别装在相互垂直的两臂上，M_2 固定，而 M_1 可通过精密丝杆沿臂长方向移动。G_1 和 G_2 是两块完全相同的玻璃板，在 G_1 的后表面上镀有半透明的银膜，能使入射光分为振幅相等的反射光和透射光，称为分光板。G_1 和 G_2 与 M_1 和 M_2 成 45°角倾斜安装。由光源 S 发出的光束，射向分光板 G_1 分成反射光束 1 和透射光束 2，分别射向 M_1 和 M_2，并折反射回到 G_1，光束 1 透过银膜的部分与光束 2 从银膜反射的部分按目镜会聚于观察屏上，由于两束光是相干光，从而产生干涉。干涉仪中 G_2 称为补偿板，是为了使光束 2 也同光束 1 一样地三次通过玻璃板，以保证两光束间的光程差不致过大。

由于 G_1 银膜的反射，使在 M_1 附近形成 M_2 的一个虚像 M_2'，因此，光束 1 和光束 2 的干涉等效于由 M_1 和 M_2' 之间空气薄反产生的干涉。当调节 M_2 使 M_1 与 M_2 相互精确地垂直，并且调节目镜使光屏位于它的焦平面上时，就能观察到圆形的等倾条纹。如果 M_1 和 M_2 偏离相互垂直的方向，这时就能观察到等厚条纹。

迈克耳逊干涉仪的主要特点时两相干光束在空间上时完全分开的，并且可用移动反射镜或在光路中加入另外介质的方法改变两束光的光程差，这就使干涉仪具有广泛的用途，如用于测长度（可精确到 $\lambda/20$，以 λ 为尺度），测折射率和检查光学元件的质量等。迈克耳逊干涉仪及产生的干涉条纹如图 9.28 所示。

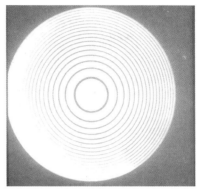

图 9.28 迈克耳逊干涉仪及产生的干涉条纹

历史链接：托马斯·杨和杨氏双缝干涉实验

托马斯·杨，1773 年 6 月 13 日出生在英国一个富裕的教友派家庭。在少儿时期，托马斯·杨就表现出惊人的才华，2 岁时能流畅地读书，4 岁时已连续读了两遍《圣经》，八九岁时掌握了车工手艺，能制作多种物理仪器，14 岁时已熟悉微分学。在语言学方面，托马斯·杨学会了希腊语、拉丁语、法语、意大利语及阿拉伯语等文字。19 岁时，杨到伦敦学习医学，但对医学的兴趣不大，后来转到爱丁堡、哥廷根、剑桥大学继续学习，学习期间主要的兴趣放在物理学尤其是光学和声学上面。1796 年，托马斯·杨获哥廷根大学博士学位；1802 年，应邀担任英国皇家学会的外事秘书；1807 年任皇家学院自然哲学（在当时自然哲学是物理学的别称）教授，曾三次主持该院的贝克莱讲座；1818 年兼任经度局秘书，1829 年 5 月 10 日去世。

托马斯·杨兴趣广泛，涉猎多种学科，在生理学、光学、声学、考古学以及文学艺术等许多学科领域中都有所建树。杨在物理学史上影响最大的就是杨氏干涉实验。

杨氏干涉实验，又称为杨氏双缝干涉实验，是著名的双光束干涉实验之一。杨在研究光学时发现，声音和光有类似之处。1800 年，杨在发表的"关于声和光的实验与研究提纲"论文中指出，光的微粒说存在着两个缺点：一是既然发射出光微粒的力量是多种多样的，那么，为什么又认为所有发光体发出的光都具有同样的速度？二是透明物体表面产生部分反射时，为什么同一类光线有的被反射，有的却透过去了呢？杨认为，如果把光看成类似于声音那样的波动，上述两个缺点就会避免。

1801 年，杨在英国皇家学院贝克莱讲座上，作了名为"光和色的理论"的讲演。1802 年，该文在《皇家学会哲学会刊》上发表。在论文中，杨提出了声波的叠加原理，即由于叠加的结果，声音可能加强，也可能减弱。杨在观察两组水波交叠处发生的现象时发现，"一组波的波峰与另一组波的波峰相重合，将形成一组波峰更高的波；如果一组波的波峰与另一组波的波谷相重合，那么波峰恰好填满波谷"。

为了证明光是波动的，杨在论文中把"干涉"一词引入光学领域，提出光的"干涉原理"，即"同一光源的部分光线当从不同的渠道，恰好由同一个方向或者大致相同的方向进入眼睛时，光程差是固定长度的整数倍时最亮，相干涉的两个部分处于均衡状态时最暗，这个长度因颜色而异"。杨氏对此进行的实验，称为"杨氏干涉实验"或"双缝干涉实验"。该实验可表述如下：

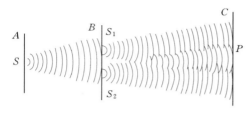

图 9.29　杨氏双缝实验

用日光照明，从点光源 S 发射出的窄的日光呈球面波形状，通过不透明屏 B 上的两个针孔 S_1 和 S_2，再把一个不透明屏 C 放在屏 B 后面。当穿过针孔的光线在屏 C 上互相重叠时，就有一种颜色鲜亮的光带出现，这些光带是由于从两个针孔光源处出来的同类光波互相叠加（即干涉）而形成的。在两个波峰相遇的地方，我们看到的是光亮；而在一个波峰和一个波谷相遇的地方，我们见到的则是黑暗。用数学语言表达就是：凡是从两条狭缝出来的光路程的差是一个波长或一个波长的整数倍的地方，我们就得到光亮；而在这个差为半波长的奇数倍的地方，我们得到的则是黑暗，如图 9.29 所示。

理论计算表明，从光源 S_1 和 S_2 发出的光波在观察屏 C 上某点产生的光强为

$$I = 4I_0 \cos^2 \frac{\Delta\varphi}{2}$$

式中：$\Delta\varphi$ 为 S_1 和 S_2 发出的光波在观察点的位相差。

两光波在观察屏 C 上的不同点有不同的位相差，因而屏上各点的光强不同。在 $\Delta\varphi = 2m\pi$（$m = 0$，± 1，$\cdots$）处，光强最大；而在 $\Delta\varphi = （2m+1）\pi$（$m = 0$，$\pm 1$，$\cdots$）处，光强为零。

1803 年 11 月 24 日，托马斯·杨在《哲学学报》上发表了"关于物理光学的实验和计算"一文，对"干涉原理"作了进一步的论述，光的条纹的出现并不像牛顿所说的那样，是由物质和光的相互作用或光的"激化"产生的，而是完全由于自由光线的叠加（干涉）所致。杨用干涉原理成功地解释了牛顿环现象。在对牛顿环的测定中，杨计算了各种颜色对应的波长和频率，红色光的波长为 $0.7\mu m$，对应的频率是 4.82×10^{14} Hz；紫色光的波长为 $0.42\mu m$，对应的频率为 7.07×10^{14} Hz。在该文中，杨还指出，把光看成是纵波不能说明偏振光现象，但自己又不能给出满意的解释。直到 1817 年，杨才提出光波是横波的思想，用横波可以说明偏振光现象。

杨的光波动学说对后世影响极大，但在当时并没有得到人们的重视，反而遭到种种粗暴的攻击。种种攻击的出现，除牛顿的光微粒说占绝对统治地位，人们的思想保守并屈从于权威外，杨的光波动理论本身也存在着缺陷，如光波动说的推论经常依赖于类比，没有能以大量的数字计算来证明自己的解释，也没有能给出波动理论以最后的数学形式。杨氏理论的缺陷后来被菲涅耳弥补，才使光的波动说得以确立。

习　　题

9.1　请填写复习简表。

项 目	相干光	光的干涉现象	光程与薄膜干涉	等厚干涉	等倾干涉	迈克耳逊干涉仪
基本内容						
基本公式						
重点难点						
自我提示						

9.2 白色平行光垂直入射到间距为 $a=0.25$mm 的双缝上，距 $D=50$cm 处放置屏幕，分别求第一级和第五级明纹彩色带的宽度（设白光的波长范围是 $400 \sim 760$nm。这里说的"彩色带宽度"指两个极端波长的同级明纹中心之间的距离。1nm$=10^{-9}$m）。

9.3 在双缝干涉实验中，波长 $\lambda=550$nm 的单色平行光垂直入射到缝间距 $a=2 \times 10^{-4}$ m 的双缝上，屏到双缝的距离 $D=2$m。求：

（1）中央明纹两侧的两条第 10 级明纹中心的间距。

（2）用一厚度为 $e=6.6 \times 10^{-5}$ m、折射率为 $n=1.58$ 的玻璃片覆盖一缝后，零级明纹将移到原来的第几级明纹处（1nm $= 10^{-9}$ m）？

9.4 在双缝干涉实验中，用波长 $\lambda=546.1$nm（1nm$=10^{-9}$m）的单色光照射，双缝与屏的距离 $D=300$mm。测得中央明条纹两侧的两个第五级明纹的间距为 12.2mm，求双缝间的距离。

9.5 在图 9.30 所示的双缝干涉实验中，若用薄玻璃片（折射率 $n_1=1.4$）覆盖缝 S_1，用同样厚度的玻璃片（但折射率 $n_2=1.7$）覆盖缝 S_2，将使原来未放玻璃时屏上的中央明条纹处 O 变为第五级明纹。设单色光波长 $\lambda=480$nm（1nm$=10^{-9}$m），求玻璃片的厚度 d（可认为光线垂直穿过玻璃片）。

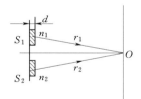

图 9.30 题 9.5 图

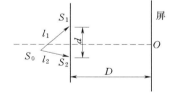

图 9.31 题 9.6 图

9.6 在双缝干涉实验中，单色光源 S_0 到两缝 S_1 和 S_2 的距离分别为 l_1 和 l_2，并且 $l_1-l_2=3\lambda$，λ 为入射光的波长，双缝之间的距离为 d，双缝到屏幕的距离为 D（$D \gg d$），如图 9.31 所示。求：

（1）零级明纹到屏幕中央 O 点的距离。

（2）相邻明条纹间的距离。

9.7 用波长为 λ_1 的单色光垂直照射牛顿环装置时，测得中央暗斑外第 1 和第 4 暗环半径之差为 l_1，而用未知单色光垂直照射时，测得第 1 和第 4 暗环半径之差为 l_2，求未知单色光的波长 λ_2。

9.8 折射率为 1.60 的两块标准平面玻璃板之间形成一个劈形膜（劈尖角 θ 很小）。

用波长 $\lambda = 600\text{nm}$（$1\text{nm} = 10^{-9}\text{m}$）的单色光垂直入射，产生等厚干涉条纹。假如在劈形膜内充满 $n = 1.40$ 的液体时的相邻明纹间距比劈形膜内是空气时的间距缩小 $\Delta l = 0.5\text{mm}$，那么劈尖角 θ 应是多少？

9.9　用波长 $\lambda = 500\text{nm}$（$1\text{nm} = 10^{-9}\text{m}$）的单色光垂直照射在由两块玻璃板（一端刚好接触成为劈棱）构成的空气劈形膜上。劈尖角 $\theta = 2 \times 10^{-4}$ rad。如果劈形膜内充满折射率为 $n = 1.40$ 的液体。求从劈棱数起第五个明条纹在充入液体前后移动的距离。

9.10　在 Si 的平表面上氧化了一层厚度均匀的 SiO_2 薄膜。为了测量薄膜厚度，将它的一部分磨成劈形（图 9.32 中的 AB 段）。现用波长为 600nm 的平行光垂直照射，观察反射光形成的等厚干涉条纹。在图中 AB 段共有 8 条暗纹，且 B 处恰好是一条暗纹，求薄膜的厚度（Si 折射率为 3.42，SiO_2 折射率为 1.50）。

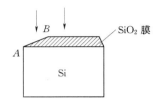

图 9.32　题 9.10 图

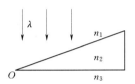

图 9.33　题 9.11 图

9.11　波长为 λ 的单色光垂直照射到折射率为 n_2 的劈形膜上，如图 9.33 所示，图 9.33 中 $n_1 < n_2 < n_3$，观察反射光形成的干涉条纹。

（1）从形膜顶部 O 开始向右数起，第五条暗纹中心所对应的薄膜厚度 e_5 是多少？

（2）相邻的二明纹所对应的薄膜厚度之差是多少？

第10章 光 的 衍 射

学习建议

1. 课堂讲授为 6 学时左右。

2. 本章讨论光的衍射现象，是干涉规律的进一步应用，要解决多束光的干涉叠加问题。在学习过程中，要和干涉规律相对应，同时注意衍射中为解决多束光叠加而提出的一些特殊方法。

3. 教学基本要求：

(1) 了解惠更斯—菲涅耳原理及它对光的衍射现象的定性解释。

(2) 理解用波带法来分析单缝的夫琅禾费衍射条纹分布规律的方法，会分析缝宽及波长对衍射条纹分布的影响。

(3) 理解光栅衍射公式，会确定光栅衍射谱线的位置，会分析光栅常数及波长对光栅衍射谱线分布的影响。

(4) 了解衍射对光学仪器分辨率的影响。

(5) 了解 X 射线衍射现象和布拉格公式的物理意义。

10.1 衍射现象、惠更斯—菲涅耳原理

10.1.1 光的衍射现象

衍射和干涉一样，也是波动的重要特征之一。波在传播过程中遇到障碍物时，能够绕过障碍物的边缘前进，这种偏离直线传播的现象称为波的衍射现象。例如，水波可以绕过闸口，声波可以绕过门窗、无线电波可以绕过高山等，都是波的衍射现象（图 10.1）。光波也同样存在着衍射现象，但是由于光的波长很短，因此在一般光学实验中，衍射现象不显著。只有当障碍物的大小比光的波长大得不多时，才能观察到衍射现象。在光的衍射现象中，光不仅在"绕弯"传播，而且还能产生明暗相间的条纹，即在该场中能量将重新分布。

观察衍射现象的实验装置一般由光源、遮光屏和观察屏三部分组成。按它们相互间距离的不同情况，通常将衍射分为两类：一类是衍射屏离光源或

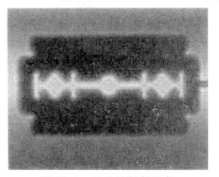

图 10.1 刀片的衍射现象

185

接收屏的距离为有限远时的衍射，称为菲涅耳衍射 ［图 10.2 （a）］；另一类是衍射屏与光源和接收屏的距离都是无穷远的衍射，也就是照射到衍射屏上的入射光和离开衍射屏的衍射光都是平行光的衍射，称为夫琅禾费衍射 ［图 10.2 （b）］；在实验室中，夫琅禾费衍射可用两个会聚透镜来实现 ［图 10.2 （c）］。由于夫琅禾费衍射在实际应用和理论上都十分重要，而且这类衍射的分析与计算都比菲涅耳衍射简单，因此我们只讨论夫琅禾费衍射。

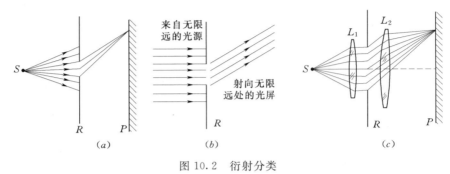

图 10.2 衍射分类

（a）菲涅耳衍射；（b）夫琅禾费衍射；（c）在实验室中产生夫琅禾费衍射

10.1.2 惠更斯—菲涅耳原理

对于衍射的理论分析，可以应用惠更斯原理作定性说明，能够成功解释衍射现象中光的传播方向的问题。

但惠更斯原理不能解释光的衍射图样中光强的分布。菲涅耳发展了惠更斯原理，为衍射理论奠定了基础。菲涅耳假定：波在传播过程中，从同一波阵面上各点发出的子波，经传播而在空间某点相遇时，产生相干叠加。这个发展了的惠更斯原理称为惠更斯—菲涅耳原理。

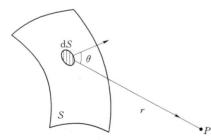

图 10.3 惠更斯—菲涅耳原理

菲涅耳还指出，给定波振面 S 上，每一个面元 dS 发出的子波，在波振面前方某点 P 所引起的光振动的振幅大小与面元面积 dS 成正比，与面元到 P 点的距离 r 成反比，并且随面元法线与 r 的夹角 θ 增大而减小。计算这个波正面上所有面元发出的子波在 P 点引起的光振动的总和，就可得到 P 点处的光强（图 10.3）。

应用惠更斯—菲涅耳原理原则上可以解决一般衍射问题，但计算过程相当复杂。我们将采用菲涅耳半波带法来分析衍射现象。

10.2 单缝的夫琅禾费衍射

10.2.1 夫琅禾费衍射实验

如图 10.4 所示，当一束平行光垂直照射宽度可与光的波长相比较的狭缝时，会绕过缝的边缘向阴影区衍射，衍射光经透镜会聚到焦平面处的屏幕上，形成衍射条纹，这种条纹称为单缝夫琅禾费衍射条纹。

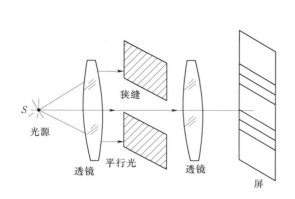

图 10.4　单缝夫琅禾费衍射

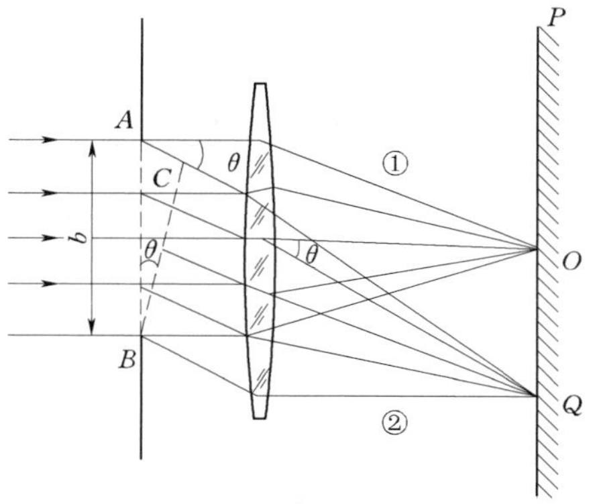

图 10.5　单缝夫琅禾费衍射示意图

我们采用菲涅耳半波带法研究单缝夫琅禾费衍射的规律。如图 10.5 是单缝衍射的示意图，AB 为单缝的截面，其宽度为 b。按照惠更斯—菲涅耳原理，波面 AB 上的各点都是相干的子波源。先来考虑沿入射方向传播的各子波射线（图 10.5 中的光束①），它们被透镜 L 会聚于焦点 O。由于 AB 是同相面，而透镜又不会引起附加的光程差，所以它们到达点 O 时仍保持相同的相位而互相加强。这样，在正对狭缝中心的 O 处将是一条明纹的中心，这条明纹称为中央明纹。

我们接着讨论与入射方向成 θ 角的子波射线（如图 10.5 中的光束②），θ 称为衍射角。平行光束②被透镜会聚于屏幕上的点 Q，但要注意光束②中各子波到达点 Q 的光程并不相等，所以它们在点 Q 的相位也不相同。显然，由垂直于各子波射线的面 BC 上各点到达点 Q 的光程都相等，换句话说，从 AB 面发出的各子波在点 Q 的相位差，就对应于从面 AB 到面 BC 的光程。由图 10.5 可见，点 A 发出的子波比点 B 发出的子波多走了 $AC = b\sin\theta$ 的光程，这是沿 θ 角方向各子波的最大光程差。如何从上述分析获得各子波在点 Q 处叠加的结果呢？为此，我们采用菲涅耳提出的波带法。

设 AC 恰好等于入射单色光束半波长的整数倍，即

$$b\sin\theta = \pm k\frac{\lambda}{2} \quad (k = 1, 2, \cdots) \tag{10-1}$$

这相当于把 AC 分成 k 等份。作彼此相距 $\frac{\lambda}{2}$ 的平行于 BC 的平面，这些平面把波面 AB 切割成了 k 个波带。图 10.6（a）表示在 $k = 4$ 时，波面 AB 被分成 AA_1、A_1A_2、A_2A_3 和 A_3B 四个面积相等的波带，可以近似地认为，所有波带发出的子波的强度都是相等的，且相邻两个波带上的对应点（如 AA_1 与 A_1A_2 的中点）所发出的子波，到达点 Q 处的光程差均为 $\frac{\lambda}{2}$。这就是把这种波带称为半波带的缘由。

于是，相邻两半波带的各子波将两两成对地在点 Q 处相互干涉抵消，依此类推，偶数个半波带相互干涉的总效果，是使点 Q 处呈现为干涉相消。所以，对于某确定的衍射

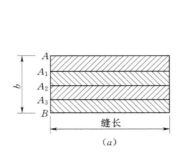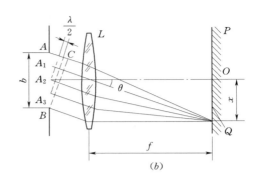

图 10.6　菲涅耳半波带法 $\left(k=4,\ AC=4\dfrac{\lambda}{2}\right)$

角 θ，若 AC 恰好等于半波长的偶数倍，即单缝上波面 AB 恰好能分成偶数个半波带，则在屏上对应处将呈现为暗条纹的中心。

若 AB，如图 10.7（a）所示，波面 AB 可分成三个半波带。此时，相邻两半波带（AA_1 与 A_1A_2）上各对应点的子波，相互干涉抵消，只剩下一个半波带（A_2B）上的子波到达点 Q 处时没有被抵消，因此点 Q 将是明条纹。依次类推，$k=5$ 时，可分为五个半波带，其中四个相邻半波带两两干涉抵消，只剩下一个半波带的子波没有被抵消，因此也将出现明条纹。所以，对于某确定的衍射角 θ，若 AC 恰好等于半波长的奇数倍，即单缝上波面 AB 恰好能分成奇数个半波带，则在屏上对应处将呈现为明条纹的中心。

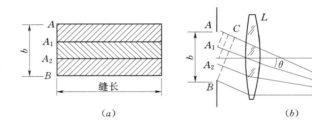

图 10.7　菲涅耳半波带法 $\left(k=3,\ AC=3\dfrac{\lambda}{2}\right)$

但是对同一缝宽而言，$k=5$ 时每个半波带的面积，要小于 $k=3$ 时每个半波带的面积，因此波带越多，即衍射角 θ 越大时，明条纹的亮度越小，而且都比中央明纹的亮度小得多。若对应于某个 θ，AB 不能分成整数个半波带，则屏幕上对应点将介于明暗之间。

上述诸结论可用数学方式表述如下，当衍射角 θ 适合

$$b\sin\theta = \pm 2k\frac{\lambda}{2} = \pm k\lambda \quad (k=1,2,\cdots) \qquad (10-2)$$

时，点 Q 处为暗条纹（中心）。对应于 $k=1$，2，……分别称为第一级暗条纹、第二级暗条纹……式中正、负号表示条纹对称分布于中央明纹的两侧。

而当衍射角 θ 适合

$$b\sin\theta = \pm(2k+1)\frac{\lambda}{2} \quad (k=1,2,\cdots) \qquad (10-3)$$

时，为明条纹（中心）。对应于 $k=1$，2，……分别叫第一级明条纹，第二级明条纹。

应当指出，式（10-2）和式（10-3）均不包括 $k=0$ 的情形，因为对式（10-2）来说，$k=0$ 对应着 $\theta=0$，但这却是中央明纹的中心，不符合该式的含义。而对式（10-3）来说，$k=0$ 虽对应于一个半波带形成的亮点，但仍处在中央明纹的范围内，仅是中央明纹的一个组成部分，呈现不出是个单独的明纹。另外，式（10-2）、式（10-3）与杨氏干涉条纹的条件，在形式上正好相反，切勿混淆。

10.2.2 夫琅禾费衍射的条纹分布

我们把 $k=\pm1$ 的两个暗点之间的角距离作为中央明纹的角宽度。由于 $k=\pm1$ 时的暗点对应衍射角 θ_1，显然它就是中央明纹的半角宽度 θ_0，我们可以很容易地求出条纹的半角宽度

$$\sin\theta_0 = \sin\theta_1 = \frac{\lambda}{b}$$

又由于衍射角通常很小，近似有

$$\theta_0 \approx \sin\theta_0 = \frac{\lambda}{b}$$

以 f 表示透镜 L 的焦距，则得中央明纹的线宽度为

$$l_0 = 2\mathrm{tg}\theta_0 f \approx 2\frac{\lambda}{b}f \tag{10-4}$$

其他任意两相邻明纹或暗纹的距离（即其他明纹的宽度）为

$$l = \theta_{k+1}f - \theta_k f = \frac{\lambda}{b}f \tag{10-5}$$

单缝衍射条纹是在中央明纹两侧对称分布着明暗纹的一组衍射图样。所有其他明纹均有同样的宽度，而中央明纹的宽度是其他明纹宽度的两倍。另外，中央明条纹的亮度也是最强的，其他明条纹的亮度随 k 的增大而下降，明暗纹的分界越来越不明显，所以一般只能看到中央明纹附近的若干条的明、暗条纹。这是因为衍射角越大，分成的波带数越多，未被抵消的波带面积仅占单缝面积的很小一部分，所以强度越来越弱。

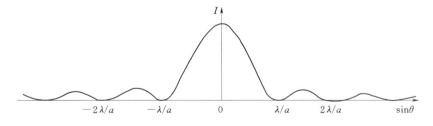

图 10.8 单缝衍射的条纹分布

从以上各式可以看出，当单缝宽度 b 很小时，图样较宽，光的衍射效应越明显。当 b 变大时，条纹相应变得狭窄而密集。当单缝很宽时，各级衍射条纹都收缩于中央明纹附近而分辨不清，只能观察到一条亮线，这时光线可看成是直线传播的。此外，当缝宽一定时，入射光的波长越长，条纹越宽。因此，白光入射，单缝衍射图样的中央明纹将是白色的，但其两侧则依次呈现为一系列由紫到红的彩色条纹。

上一节讲双缝的干涉时，曾利用了波的叠加的规律，本节分析单缝的衍射时，也利用了波的叠加规律。由此可见，干涉和衍射都光波相干叠加的表现。那么，干涉和衍射有什么区别呢？从本质上讲，确实并无区别。习惯上讲，干涉总是指那些有限多的（分立的）光束的相干叠加，而衍射总是指波振面上（连续的）无穷多子波发出的光波的相干叠加。两者常常出现于同一现象中。例如，双缝干涉的图样实际上是两个缝发出的光束的干涉和每个缝自身发出的光的衍射的总和效果。下面要说的光栅衍射实际就是多光束干涉和单缝衍射的综合效果。

【例 10.1】 已知一雷达位于路边 $d=15\text{m}$ 处，射束与公路成 15°角，天线宽度 $b=0.10\text{m}$，射束 $\lambda=18\text{mm}$。求该雷达监视范围内公路长？

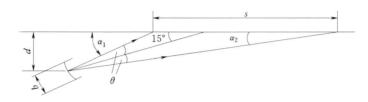

图 10.9　例 10.1 用图

解：将雷达天线的输出口堪称时发出衍射波的单缝，则衍射波的能量主要集中在中央明纹的范围内，由此即可估计出雷达在公路上的监视范围。根据单缝衍射第一级暗纹条件，由

$$b\sin\theta = \lambda$$

此解得第一级暗纹的衍射角

$$\theta = \arcsin\frac{\lambda}{b} = 10.37°$$

监视范围内公路长度为

$$s = s_2 - s_1 = d(\cot\alpha_2 - \cot\alpha_1) = d[\cot(15° - \theta) - \cot(15° + \theta)] = 153\text{m}$$

10.3　圆孔衍射与光学仪器的分辨本领

10.3.1　圆孔衍射

借助光学仪器观察小物体时，不仅要有一定的放大倍数，还要有足够的分辨本领，这就涉及到了圆孔的衍射问题，所以研究圆孔的衍射具有重要的意义。

如果在观察单缝夫琅禾费衍射的实验装置中，用小圆孔代替狭缝。当平行单色光垂直照射到圆孔上，光通过圆孔后被透镜会聚。按照几何光学，在光屏上只能出现一个亮点。但是实际上在光屏上看到的是圆孔的衍射图样，中央是一个较亮的圆斑，外围是一组同心的暗环和明环。这个由第一暗环所围的中央光斑，称为艾里斑（图 10.10）。

若艾里斑的直径为 d，透镜的焦距为 f，圆孔直径为 D，单色光波长为 λ，则由理论计算可得，艾里斑对透镜光心的角宽度 2θ（图 10.11）与圆孔直径 D、单色光波长 λ 有如下关系

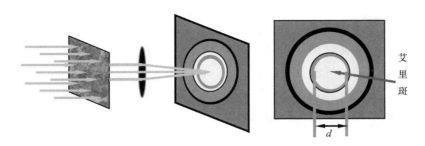

图 10.10   圆孔夫琅禾费衍射

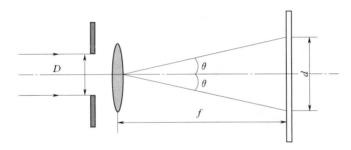

图 10.11   圆孔衍射示意图

$$2\theta = \frac{d}{f} = 2.44\,\frac{\lambda}{D} \qquad\qquad (10-6)$$

10.3.2   光学仪器的分辨本领

　　光学仪器中的透镜、光阑等相当于一个透光的小圆孔。从几何光学的观点来说，物体通过光学仪器成像时，每一物点就有一对应的像点。但由于光的衍射，像点已不是一个几何的点，而是有一定大小的艾里亮斑。因此对相距很近的两个物点，其对应的两个艾里斑就会互相重叠甚至无法分辨出两个物点的像。

　　怎样才能分辨呢？瑞利提出了一个标准，称作瑞利判据。对于两个强度相等的不相干的点光源，一个点光源的衍射图样的主极大刚好和另一个点光源的衍射图样的第一个极小相重合时（即两点光源的距离恰好使两个艾里斑中心的距离等于每一个艾里斑的半径），两个衍射图样的合成光强的谷、峰比约为 0.8，两个点光源（或物点）恰为这一光学仪器所分辨。若两点光源相距很近，两个艾里斑中心的距离小于艾里斑的半径。这时，两个衍

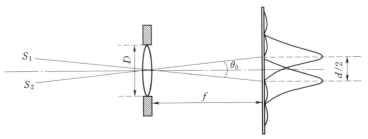

图 10.12   最小分辨角

射图样重叠而混为一体，两物点就不能被分辨出来。

而这一临界情况下两个物点 S_1 和 S_2 对透镜光心的张角 θ_0 称为最小分辨角（图10.11），由式（10 - 6）式可知

$$\theta_0 = 1.22 \frac{\lambda}{D} \qquad (10 - 7)$$

图 10.13　哈勃太空望远镜

在光学中，光学仪器的最小分辨角的倒数 $\frac{1}{\theta_0}$ 称为分辨率。由式（10 - 7）可以看出：最小分辨率与波长 λ 成反比，与透光孔径 D 成正比。在天文观察上，为提高望远镜的分辨率，通常要采用直径很大的透镜。

1990 年发射的哈勃太空望远镜（图10.13）的凹面物镜的直径为 2.4m，最小分辨角为 $1''$，在大气层外 615km 的高空绕地球运行。它可观察 130 亿光年远的太空深处，发现了 500 亿各星系。它将于今年"退役"。目前，科学家正在准备将第二代太空望远镜发射上天，以取代哈勃望远镜，期望能观察到"大爆炸"开端的宇宙实体。

【例 10.2】　设人眼在正常照度下的瞳孔直径约为 3mm，而在可见光中，人眼最敏感的波长为 550nm，问：

（1）人眼的最小分辨角有多大？

（2）若物体放在距人眼 25cm（明视距离）处，则两物点间距为多大时才能被分辨？

解：（1）人眼的最小分辨角为

$$\theta_0 = 1.22 \frac{\lambda}{D} = \frac{1.22 \times 5.5 \times 10^{-7} \text{m}}{3 \times 10^{-3} \text{m}} = 2.2 \times 10^{-4} (\text{rad})$$

（2）设两物点间的距离为 d，它们于人眼的距离 $l = 25\text{cm}$，此时恰好能够被分辨。这是人眼的最小分辨角 $\theta_0 = \frac{d}{l}$，所以

$$d = l\theta_0 = 25\text{cm} \times 2.2 \times 10^{-4} = 0.0055\text{cm} = 0.055(\text{mm})$$

两物点间的距离大于上述数值时才能清楚分辨。

10.4　光　栅　衍　射

在单缝衍射中，若缝较宽，明纹亮度虽较强，但相邻明条纹的间隔很窄而不易分辨；若缝很窄，间隔虽可加宽，但明纹的亮度却显著减小。在这两种情况下，都很难精确地测定条纹宽度，所以用单缝衍射并不能精确地测定光波波长。那么，我们是否可以使获得的明纹本身既亮又窄，且相邻明纹分得很开呢？利用衍射光栅可以获得这样的衍射条纹。

10.4.1 光栅

我们在玻璃片上刻划出许多等距离、等宽度的平行直线，刻痕处相当于毛玻璃（不透光），而两刻痕间可以透光，相当于一个单缝，这样平行排列的许多等距离、等宽度的狭缝就构成了透射式平面衍射光栅。此外，还有反射式平面光栅，它是在不透明的材料上刻画一系列等距的平行槽纹而形成的，入射光经过槽纹反射形成衍射条纹。在本书中，我们只讨论透射光栅。

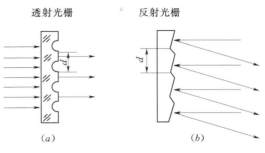

图 10.14 光栅

图 10.14（a）是透射式平面衍射光栅示意图。设不透光的宽度为 b'，透光的宽度为 b，则（$b'+b$）为相邻两缝之间的距离，称为光栅常数。实际的光栅，通常在 1cm 内刻划有成千上万条平行等距离的透光狭缝，一般光栅的光栅常数约为 $10^{-5} \sim 10^{-6}$ m 的数量级。

当一束平行单色光照射到光栅上时，每一缝都要产生衍射，而缝与缝之间透过的光又要发生干涉。用透镜 L 把光束会聚到屏幕上，就会呈现出光栅衍射条纹。实验表明，随着狭缝的增多，明条纹的亮度将增大，且明纹也变细了（图 10.15）。

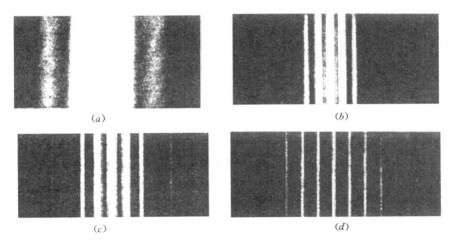

图 10.15 光栅缝数对条纹分布的影响
（a）1 条缝；（b）3 条缝；（c）5 条缝；（d）20 条缝

10.4.2 光栅衍射

对光栅中每一条透光缝，由于衍射，都将在屏幕上呈现衍射图样。而由于各缝射出的衍射光都是相干光，所以还会产生缝与缝间的干涉效应，因此，光栅的衍射条纹是衍射和干涉的总效果。

在图 10.16 中，试选取任意相邻两透光缝来分析。设这相邻两缝发出沿衍射角 θ 方向的光，被透镜会聚于点 P，若它们的光程差 $(b+b')\sin\theta$ 恰好是入射光波长 λ 的整数倍，则这两光线为相互加强。显然，其他任意相邻两缝沿 θ 方向的光程差也等于 λ 的整数倍，它们的干涉效果也都是相互加强的。所以总体来看，光栅衍射明条纹的条件是衍射角 θ 必须满足下列关系式

$$(b+b')\sin\theta = \pm k\lambda \quad (k=0,1,2,\cdots) \tag{10-8}$$

式（10-8）通常称为光栅方程。式中对应于 $k=0$ 的条纹称为中央明纹，$k=1$，2，…的明纹分别称为第一级，第二级……明纹，正、负号表示各级明条纹对称分布在中央明纹两侧。如，对应 $k=1$ 的第一级明纹的衍射角

$$\sin\theta_1 = \frac{\lambda}{b+b'} = \frac{\lambda}{d}$$

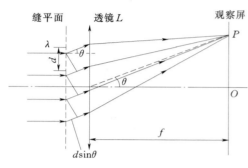

图 10.16　光栅衍射装置

第二级明纹及其他明条纹对应得衍射角可以同理得到。光栅衍射条纹的分布可用图 10.16 表示。

光栅衍射条纹是由 N 个狭缝的衍射光相互干涉形成的（图 10.17）。这就是说，在某个衍对角 θ 方向上，首先必须存在有每个缝的衍射光，然后 N 条衍射光才能产生干涉效应。换言之，即使 d 满足了光栅方程使干涉结果为一主明纹，但若该 θ 恰符合单级衍射的暗纹条件式。那么，结果就只会是暗纹。这是因为，在此方向上根本就没有衍射光射来。所以在缺级处，有

$$(b+b')\sin\theta = \pm k\lambda \quad (k=0,1,2,\cdots)$$
$$b\sin\theta = \pm k'\lambda \quad (k'=1,2,\cdots)$$

两式相除，得到

$$\frac{b+b'}{b} = \frac{k'}{k} \tag{10-9}$$

由式（10-9）可知，如果光栅常数 $(b+b')$ 与缝宽 b 构成整数比时，就会发生缺级现象。例如 $(b+b')$ 与 b 之比为 $3:1$，则在 k 与 k' 之比为 $3:1$ 的位置处就会出现缺级，即在 $k=3$，6，9，…这些主明纹应该出现的地方，实际都观察不到它们，这就是缺级现象（图 10.18）。

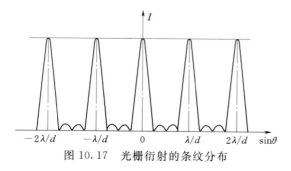

图 10.17　光栅衍射的条纹分布

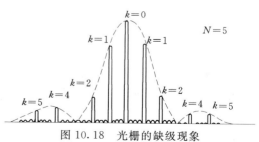

图 10.18　光栅的缺级现象

10.4.3 光栅衍射的光谱

单色光经过光栅衍射后形成各级细而亮的明纹，从而可以精确地测定其波长。如果用复色光照射到光栅上，除中央明纹外，不同波长的同一级明纹的角位置是不同的，并按波长由短到长的次序自中央向外依次分开排列，每一干涉级次都有这样的一组谱线。光栅衍射产生的这种按波长排列的谱线称为光栅光谱（图 10.19）。从光谱中还可以看出，级数较高的光谱中有部分谱线是彼此重叠的，产生光谱交叠现象。

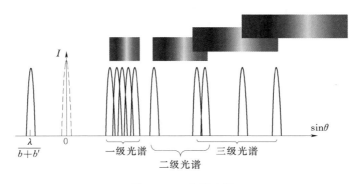

图 10.19 光栅光谱

不同种类光源发出的光所形成的光谱是各不相同的。炽热固体发射的光的光谱，是各色光连成一片的连续光谱；放电管中气体所发出的光谱，则是由一些具有特定波长的分立的明线构成的线状光谱；也有一些光谱由若干条明带组成，而每一明带实际上是一些密集的谱线，这类光谱称为带状光谱，是由分子发光产生的，所以也称分子光谱。

由于不同元素（或化合物）各有自己特定的光谱，所以由谱线的成分，可以分析出发光物质所含的元素或化合物；还可以从谱线的强度定量地分析出元素的含量。这种分析方法称为光谱分析，在科学研究和工业技术上有着广泛的应用。此外，还可以运用光栅衍射原理和信号转换技术，制成光栅秤、光栅信号显微镜等。

【例 10.3】 用白光垂直照射在每厘米有 6500 条刻线的平面光栅上，求第三级光谱的张角。

解：白光是由紫光（$\lambda_1 = 400\text{nm}$）和红光（$\lambda_2 = 760\text{nm}$）之间的各色光组成的，已知光栅常数 $b + b' = \dfrac{1}{6500}\text{cm}$。

设第三级 $k = 3$ 紫光和红光的衍射角分别为 θ_1 和 θ_2，于是由光栅公式可得

$$\sin\theta_1 = \frac{k\lambda_1}{b+b'} = 3 \times 4 \times 10^{-5} \times 6500 = 0.78$$

所以
$$\theta_1 = 51.26°$$

$$\sin\theta_2 = \frac{k\lambda_2}{b+b'} = 3 \times 7.6 \times 10^{-5} \times 6500 = 1.48$$

这说明不存在第三级的红光明纹，即第三级光谱只能出现一部分光谱。这一部分光谱

的张角是 $\Delta\theta = 90.00° - 51.26° = 38.74°$。

设第三级光谱所能出现的最大波长为 λ'（其对应的衍射角 $\theta' = 90°$），所以

$$\lambda' = \frac{(b+b')\sin\theta'}{k} = \frac{(b+b')\sin 90°}{3} = 5.13 \times 10^{-5}\,\text{cm} = 513\,\text{nm（绿光）}$$

即第三级光谱只能出现紫、蓝、青、绿等色光，波长比 513nm 长的黄、橙、红等色光则看不到。

10.5　X 射 线 的 衍 射

10.5.1　X 射线的产生

1895 年伦琴发现，受高速电子撞击的金属，会发射一种具有很强的穿透本领的辐射，称为 X 射线（又称伦琴射线）。图 10.20 是 X 射线管的结构原理图，G 为真空玻璃泡，管内密封着阴极 K 和阳极 P，由电源 E_1 对 K 供电，使之发出电子流，这些电子在高压电源 E_2 的强电场作用下，高速地撞击阳极（金属靶），从而产生出 X 射线，阳极中有冷却液，以带走电子撞击所产生的热量。

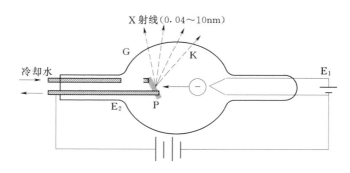

图 10.20　X 射线管

实验表明，X 射线在磁场或电场中仍沿直线前进，这说明 X 射线是不带电的粒子流。劳厄于 1912 年提出，X 射线是一种电磁波，可以产生干涉和衍射效应。现在，我们已经知道，X 射线的本质上和可见光一样，是一种波长为 0.1nm 数量级的电磁波。对于这样短的波长，通常的光学光栅已毫无用处。人们曾希望获得 X 射线使用的光栅，但既然 X 射线的波长的数量级相当于原子直径，这样的光栅无法用机械方法来制造。

10.5.2　X 射线的衍射

1912 年德国物理学家劳厄想到，晶体是由一组有规则排列的微粒（原子、离子或分子）组成的，它也许会构成一种适合于 X 射线用的天然三维衍射光栅。劳厄的实验装置如图 10.21 所示，一束穿过铅板小孔的 X 射线（波长连续分布）投射在薄片晶体上，在照相底片上发现有很强的 X 射线束在一些确定的方向上出现。这是由于 X 射线照射晶体

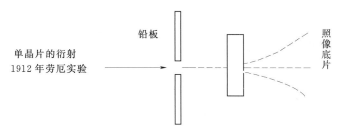

图 10.21　劳厄实验

时，组成晶体的每一个微粒相当于发射子波的中心，向各个方向发出子波，而来自晶体中许多有规则排列的散射中心的 X 射线，相加干涉而使得沿某些方向的光束加强。如图 10.22 是 X 射线通过 NaCl 晶体后投射到照相底片上形成的斑点，称为劳厄斑点。

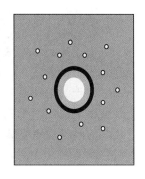

图 10.22　劳厄斑点

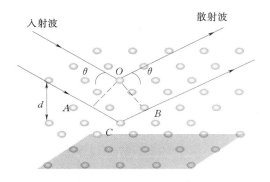

图 10.23　布喇格反射

1913 年，布喇格父子提出了一种解释 X 射线衍射的方法，并作了定量的计算，他们把晶体看成是由一系列彼此相互平行的原子层所组成的。如图 10.23 所示，小圆点表示晶体点阵中的原子（或离子），当 X 射线照射到它们时，按照惠更斯原理，这些原子就成为子波波源，向各方向发出子波，也就是说，入射波被原子散射了。在图中，设两原子平面层的间距为 d，则由两相邻平面反射的散射波的光程差为 $AC+CB=2d\sin\theta$。这里 θ 是 X 射线入射方向与原子层平面之间的夹角，称为掠射角。

所以，两反射光干涉加强的条件为

$$2d\sin\theta = k\lambda \quad (k = 0,1,2,\cdots)$$

$$(10-10)$$

从各平行层上散射的 X 射线，只有满足上述条件时才能相互加强，此时的掠射角称为布喇格角。

布拉格公式是 X 射线衍射的基本规律，它的应用是多方面的。若由其他方法测出了晶面间距 d，就可以根据 X 射线衍射实验由掠射角 θ 算出入射 X 射线的波长，从而研究 X 射线谱，进而研究原子结构。反之，若用

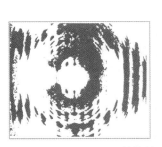

图 10.24　DNA 晶体的 X 衍射照片

已知波长的 X 射线投射到某中晶体的晶面上，由出现最大强度的掠射角 θ 可以算出相应的晶面间距 d，从而研究晶体结构，进而研究材料性能。这些研究在科学和工程技术上都是很重要的。例如对大生物分子 DNA 晶体的成千张的 X 射线衍射照片的分析，显示出了 DNA 分子的双螺旋结构（图 10.24）。

知识扩展：伦琴与 X 射线的发现

X 射线的发现者威廉·康拉德·伦琴于 1845 年出生在德国尼普镇。他于 1869 年从苏黎世大学获得哲学博士学位。在随后的 19 年间，伦琴在一些不同的大学工作，1888 年他被任命为维尔茨堡大学物理所物理学教授兼所长。1895 年伦琴在这里发现了 X 射线，并获得了 1901 年的第一届诺贝尔物理学奖。1923 年，伦琴在德国慕尼黑与世长辞。

1895 年 9 月 8 日这一天，伦琴正在做阴极射线实验。阴极射线是由一束电子流组成的，当位于几乎完全真空的封闭玻璃管两端的电极之间有高电压时，就有电子流产生。阴极射线并没有特别强的穿透力，连几厘米厚的空气都难以穿过。为了防止外界光线对放电管的影响，也为了不使管内的可见光漏出管外，伦琴用厚黑纸完全覆盖住阴极射线，这样即使有电流通过，也不会看到来自玻璃管的光。可是当伦琴接通阴极射线管的电路时，他惊奇地发现在附近的一个荧光屏上开始发光，好像受一盏灯的感应激发出来似的。他断开阴极射线管的电流，荧光屏即停止发光。由于阴极射线管完全被覆盖，伦琴很快就认识到当电流接通时，一定有某种不可见的辐射线自阴极发出。由于这种辐射线的神秘性质，他称之为"X 射线"——X 在数学上通常用来代表一个未知数。

伦琴进一步研究发现：X 射线能使许多物质发光；X 射线的行进路线是直线，它与带电粒子不同，不因磁场而偏转；X 射线可以穿透不透光物质，他特别注意到，X 射线能够透过肉体，但会被骨骼阻挡，把手放在阴极射线管和荧光屏之间，能够在荧光屏上看到手骨的影子。伦琴为了研究 X 射线的这一性质，有一次他夫人到实验室来看他时，伦琴请她把手放在用黑纸包严的照相底片上，然后用 X 射线对准照射 15min，显影后，底片上清晰地呈现出他夫人的手骨像，手指上的结婚戒指也很清楚。这是一张具有历史意义的照片，它表明了人类可借助 X 射线，隔着皮肉去透视骨骼。

在一般情况下，每当用高能电子轰击一个物体时，就会有 X 射线产生。X 射线本身并不是由电子而是由电磁波构成的。因此这种射线与可见辐射线（即光波）基本上相似，不过其波长要短得多。

1895 年 12 月 28 日伦琴向维尔茨堡物理医学学会递交了第一篇 X 射线的论文"一种新射线——初步报告"，报告中叙述了实验的装置、做法、初步发现的 X 射线的性质等等。这个报告成了轰动一时的新闻，几天后就传遍了全世界。X 射线的发现，又很快地导致了一项新发现——放射性的发现，可以说 X 射线的发现揭开了 20 世纪物理学革命的序幕。

X 射线因为波长很短，所以穿透本领很强。由于该项性质，X 射线有许多用途，最著名的应用是在医疗诊断中。X 光能穿过肌肉，但不能穿过骨头，在医学上可以用作人体的透视，检查体内的病变和骨骼情况。随着科技的发展，X 射线摄影又有了新的发展。CT、核磁共振等技术使人体内部器官的显像更精确，成为诊断的得力助手。X 射线在医疗上的另一种应用是放射性治疗，在这种治疗当中 X 射线被用来消灭恶性肿瘤或抑制其生长。

X 射线在工业上也有很多应用，例如，可以用来测量某些物质的厚度或零件探伤，检查金属部件有没有砂眼、裂纹等缺陷。X 射线还应用于许多科研领域，特别是为科学家提供了大量有关原子和分子结构的信息。

长期接触 X 射线，对身体是不利的，还可能患放射病，人们用 X 射线工作时要用含铅的橡皮围裙、手套和铅玻璃眼镜来保护身体各部分，防止 X 射线的照射。

美国《生活》杂志于 1896 年发表的这幅漫画，渲染了射线的穿透一切的威力，如图 10.25 所示。

图 10.25 X 射线的穿透威力

习 题

10.1 请填写复习简表。

项 目	光的衍射现象	单缝的夫琅禾费衍射	圆孔的夫琅禾费衍射	光学仪器的分辨本领	光栅衍射	X 射线的衍射
基本内容						
基本公式						
重点难点						
自我提示						

10.2 波长为 600nm（$1nm = 10^{-9}$ m）的单色光垂直入射到宽度为 $a = 0.10$mm 的单缝上，观察夫琅禾费衍射图样，透镜焦距 $f = 1.0$ m，屏在透镜的焦平面处。求：

(1) 中央衍射明条纹的宽度 Δx_0。

(2) 第二级暗纹离透镜焦点的距离 x_2。

10.3 用波长 $\lambda = 632.8$nm（$1nm = 10^{-9}$ m）的平行光垂直照射单缝，缝宽 $a = 0.15$ mm，缝后用凸透镜把衍射光会聚在焦平面上，测得第二级与第三级暗条纹之间的距离为 1.7mm，求此透镜的焦距。

10.4 用氦氖激光器发射的单色光（波长为 $\lambda = 632.8$nm）垂直照射到单缝上，所得夫琅禾费衍射图样中第一级暗条纹的衍射角为 5°，求缝宽度。（$1nm = 10^{-9}$ m）

10.5 某种单色平行光垂直入射在单缝上，单缝宽 $a = 0.15$mm。缝后放一个焦距 $f = 400$mm 的凸透镜，在透镜的焦平面上，测得中央明条纹两侧的两个第三级暗条纹之间的距离为 8.0mm，求入射光的波长。

10.6　（1）在单缝夫琅禾费衍射实验中，垂直入射的光有两种波长，$\lambda_1 = 400nm$，$\lambda_2 = 760nm$（$1nm = 10^{-9}m$）。已知单缝宽度 $a = 1.0 \times 10^{-2}cm$，透镜焦距 $f = 50cm$。求两种光第一级衍射明纹中心之间的距离。

（2）若用光栅常数 $d = 1.0 \times 10^{-3}cm$ 的光栅替换单缝，其他条件和上一问相同，求两种光第一级主极大之间的距离。

10.7　一束具有两种波长 λ_1 和 λ_2 的平行光垂直照射到一衍射光栅上，测得波长 λ_1 的第三级主极大衍射角和 λ_2 的第四级主极大衍射角均为 30°。已知 $\lambda_1 = 560nm$（$1nm = 10^{-9}m$），试求：

（1）光栅常数 $a + b$。

（2）波长 λ_2。

10.8　以波长 400～760nm（$1nm = 10^{-9}m$）的白光垂直照射在光栅上，在它的衍射光谱中，第二级和第三级发生重叠，求第二级光谱被重叠的波长范围。

10.9　钠黄光中包含两个相近的波长 $\lambda_1 = 589.0nm$ 和 $\lambda_2 = 589.6nm$。用平行的钠黄光垂直入射在每毫米有 600 条缝的光栅上，会聚透镜的焦距 $f = 1.00m$。求在屏幕上形成的第二级光谱中上述两波长 λ_1 和 λ_2 的光谱之间的间隔 Δl。（$1nm = 10^{-9}m$）

第11章 光 的 偏 振

11.1 光 的 偏 振 性

光的干涉和衍射现象说明了光的波动性，但还不能由此确定光是横波还是纵波，光的偏振现象进一步表明光的横波性。

11.1.1 自然光与偏振光

对于一般光源而言，包含着各个方向的光矢量，各方向光矢量 $\vec{E}$ 的振幅都相等。这样的光称为自然光，如图 11.1 (a) 所示。具体表示时，常把各个光矢量分解成相互垂直的两个光矢量分量，且两个方向的光矢量振动方向相互垂直的、振幅相等的、无固定相位差，两者不是相干的。我们可以用图 11.1 (b) 所示的方法表示自然光，为简明表示光的传播，常用和传播方向垂直的短线表示在纸面内的光振动，而用点子表示和纸面垂直的光振动。对自然光，点子和短线作等距分布，表示没有哪一个方向的光振动占优势，如图

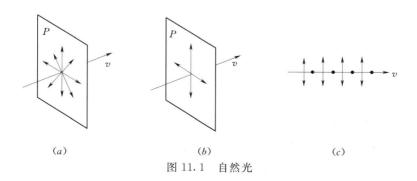

(a)   (b)   (c)

图 11.1 自然光

11.1（c）所示。

自然光经反射、折射或吸收后，可能只保留某一方向的光振动。振动只在某一固定方向上的光，称为线偏振光，简称偏振光，如图11.2（a）、（b）所示，若某一方向的光振动比与之相垂直方向上的光振动占优势，那么这种光称为部分偏振光，如图11.2（c）、（d）所示。

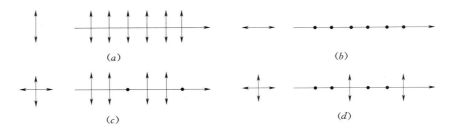

图 11.2　偏振光

（a）振动方向在纸面内的线偏振光；（b）振动方向垂直纸面的线偏振光；（c）在纸面
内的振动较强的部分偏振光；（d）垂直纸面的振动较强的部分偏振光

11.1.2　起偏与检偏

从自然光获得偏振光的过程称为起偏，产生起偏作用的光学元件称为起偏器。有些材料能对入射自然光的光矢量在某方向上的分量有强烈的吸收，而对与该方向垂直的分量吸收很少，这性质称为二向色性。把具有二向色性的材料涂敷于透明薄片上，就成为偏振片。当自然光照射在偏振片上时，它只让某一特定方向的光振动通过，这个方向称为偏振化方向。通常用记号"↕"把偏振化方向标示在偏振片上。如图11.3表示自然光从偏振片射出后，就变成了线偏振光。使自然光成为线偏振光的装置称为起偏器。起偏器不但可用来使自然光变成偏振光，还可以用来检查某一光是否为线偏振光（称为检偏），即起偏器也可作为检偏器。

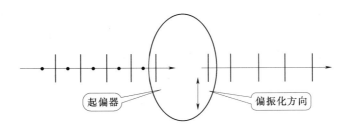

起偏器　　　　偏振化方向

图 11.3　起偏器将自然光转变为偏振光

如图11.4所示，有两块偏振片 P_1 和 P_2，当自然光垂直入射偏振片 P_1，透过的光将成为线偏振光，其振动方向平行于 P_1 的偏振化方向，强度 I_1 等于入射自然光强度 I_0 的1/2。透过 P_1 的线偏振光入射到偏振片 P_2 上，如果 P_2 的偏振化方向与 P_1 的偏振化方向平行，则透过 P_2 的光强 I_2 最强；如果两者的偏振化方向垂直，则光强最弱。将 P_2 绕中心轴慢慢转动，可以看到透过 P_2 的光强 I_2 将随 P_2 的转动而变化，由亮逐渐变暗，再由暗逐渐变亮,旋转一周将出现两次最亮和两次最暗。

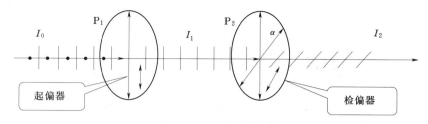

图 11.4　起偏和检偏

11.1.3　马吕斯定律

由起偏器产生的偏振光在通过检偏器以后,其光强的变化如何? 在图 11.5 中,OM 表示起偏器 Ⅰ 的偏振化方向,ON 表示检偏器 Ⅱ 的偏振化方向,它们之间的夹角为 α。自然光透过起偏器后成为沿 OM 方向的线偏振光,设其振幅为 E_0,而检偏器只允许它沿 OM 方向的分量通过,所以从检偏器透出的光的振幅为

$$E = E_0 \cos\alpha$$

由此可知,若入射检偏器的光强为 I_0,则检偏器射出的光强

$$I = I_0 \cos^2\alpha \tag{11-1}$$

式(11-1)表明,强度为 I_0 的偏振光通过检偏器后,出射光的强度为 $I_0\cos^2\alpha$。这一关系称为马吕斯定律。

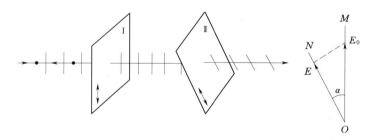

图 11.5　马吕斯定律

【例 11.1】　有两个偏振片,一个用作起偏器,一个用作检偏器。当它们偏振化方向间的夹角为 30°时,一束单色自然光穿过它们,出射光强为 I_1;当它们偏振化方向间的夹角为 60°时,另一束单色自然光穿过它们,出射光强为 I_2,且 $I_1 = I_2$。求两束单色自然光的强度之比。

解:设第一束单色自然光的强度为 I_{10},第二束单色自然光的光强为 I_{20}。它们透过起偏器后,强度都减为原来的 1/2,分别为 $\dfrac{I_{10}}{2}$ 和 $\dfrac{I_{20}}{2}$。根据马吕斯定律有

$$I_1 = \frac{I_{10}}{2} \cos^2 30°$$

$$I_2 = \frac{I_{20}}{2} \cos^2 60°$$

因 $I_1 = I_2$，两束单色自然光的强度之比为

$$\frac{I_{10}}{I_{20}} = \frac{\cos^2 30°}{\cos^2 60°} = \frac{1}{3}$$

11.2　反射光和折射光的偏振

自然光在两种介质的分界面上反射和折射时，不仅光的传播方向要改变，而且偏振状态也要发生变化。实验表明，自然光入射的反射光和折射光都是部分偏振光。反射光是垂直入射面的振动较强的部分偏振光，而折射光则是平行入射面的振动较强的部分偏振光，如图 11.6 所示。

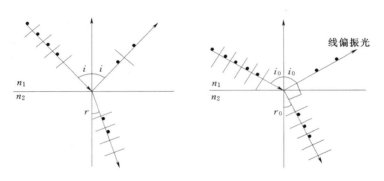

图 11.6　反射和折射时光的偏振状态

理论和实验都证明，反射光的偏振化程度和入射角有关。当入射角等于某一特定值 i_0 时，反射光是光振动垂直入射面的线偏振光。这个特定的入射角 i_0 称为起偏角，或称为布儒斯特角，而且一定满足

$$\tan i_0 = \frac{n_2}{n_1} \tag{11-2}$$

式（11-2）是 1815 年由布儒斯特从实验中得出的，称为布儒斯特定律。i_0 称为起偏角或布儒斯特角。

根据折射定律，有

$$\frac{\sin i_0}{\sin \gamma_0} = \frac{n_2}{n_1}$$

而入射角为起偏角时，又有

$$\tan i_0 = \frac{\sin i_0}{\cos i_0} = \frac{n_2}{n_1}$$

所以

即

$$\sin \gamma_0 = \cos i_0$$

$$i_0 + \gamma_0 = \frac{\pi}{2}$$

这说明，当入射角为起偏角时，反射光与折射光互相垂直。

利用光反射和折射时的偏振性可获得偏振光。单对于一般的光学玻璃，反射光的强度

约占入射光强度的 7.5％，大部分光能将透过玻璃。因此，仅靠自然光在一块玻璃的反射来获得偏振光，其强度是比较弱的。但将光通过玻璃片堆，并使入射角为起偏角，由于在各个界面上的反射光，都是光振动垂直于入射面的偏振光，所以经过玻璃片堆透射出的光中，就几乎只有平行于入射面的光振动了，因而透射光可近似地看作是线偏振光，如图 11.7 所示。

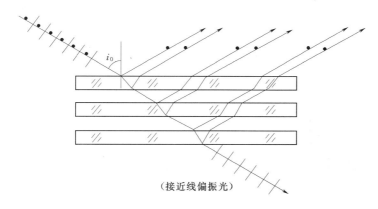

（接近线偏振光）

图 11.7　用玻璃片堆起偏

课堂思考：在拍摄玻璃窗内的物体时，由于反射光的干扰，常使照片不清楚。如何去掉反射光的干扰（图 11.8）？

图 11.8　拍摄物体时，用偏振片去掉反射光的干扰

11.3　双折射与偏振棱镜

11.3.1　双折射晶体

我们知道，一束光线在两种各向同性介质的分界面上发生折射时，只有一束折射光，且在入射面内，其方向由折射定律决定：

$$\frac{\sin i}{\sin \gamma} = \frac{n_2}{n_1} = 恒量$$

式中：i 为入射角；γ 为折射角；n_1 为第一种介质的折射率；n_2 为第二种介质的折射率。

把一块普通的玻璃放在有字的纸上，通过玻璃看到的是一个字成一个像。这是通常的光折射的结果。如果改用方解石（化学成分是 $CaCO_3$）晶片，看到的是一个字呈现两个像。这说明光进入方解石后分成了两束。不仅是方解石，对于各向异性的一些晶体，当光线进入晶体后，一束入射光线可以有两束折射光，其中一束的方向遵从上述折射定律，称为寻常光线（或 O 光），另一束折射光的方向，不遵从折射定律，其传播速度随入射光的方向变化，且在一般情况下，这束折射光不在入射面内，故称为非常光线（或 e 光）。这种现象称为双折射现象，如图 11.9 所示。能产生双折射现象的晶体称为双折射晶体。

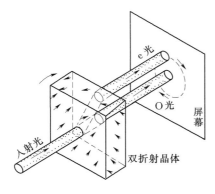

图 11.9　双折射现象

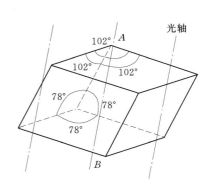

图 11.10　方解石晶体

用检偏器检验 O 光和 e 光的偏振性，结果表明，O 光和 e 光都是线偏振光。为了进一步研究 O 光和 e 光，我们简单介绍晶体的一些光学性质。

如图 11.10 为方解石晶体，它的棱边可以有任意长度，但晶体的界面总是钝角 β 约为 $102°$、锐角 γ 为 $78°$ 的平行四边形。图 11.10 中 A 和 B 是两个特殊的顶点，以它们为公共顶点的三个界面都是钝角。实验表明，光沿着这条线（或与这条线平行）的方向传播时，不产生双折射现象。这个方向称为双折射晶体的光轴。当光沿着与光轴平行的方向传播时，不会发生双折射现象。必须注意，晶体的光轴和几何光学系统的光轴是不同的，前者是晶体的一个固定的方向，而不是某一选定的直线；后者则是通过光学系统球面中心的直线。

当光线在晶体的某一表面入射时，此表面的法线与晶体的光轴所构成的平面称为主截面，方解石的主截面是一平行四边形，如图 11.11 所示。当自然光沿着图 11.12 所示的方向射入方解石晶体时，入射面就是主截面，由检偏器可以检测到 O 光、e 光都是线偏振

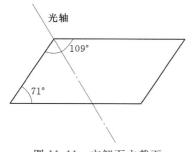

图 11.11　方解石主截面

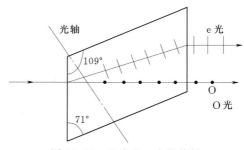

图 11.12　O 光和 e 光的偏振

光，且在这种情况下 O 光的光振动垂直于主截面，而 e 光的光振动则在主截面内。

根据折射率的定义，晶体对 O 光的折射率 $n_0 = \dfrac{c}{v_0}$，由于 O 光在各方向的传播速度 v_0 相同，所以 n_0 是由晶体材料决定的常数，与方向无关。而 e 光的晶体内各方向的传播速度不同。通常把真空中的光速 c 与 e 光沿垂直于光轴方向的传播速度 v_e 之比，称为 e 光的主折射率，即 $n_e = \dfrac{c}{v_e}$。e 光在其他方向上的折射率则介于 n_0 和 n_e 之间。

11.3.2 尼科耳棱镜

由上面可知，利用晶体的双折射现象，从一束自然光中可以获得振动相互垂直的两束偏振光，这两束偏振光分开的程度决定于晶体的厚度。但天然方解石晶体厚度有限，不可能把 O 光和 e 光分得很开。

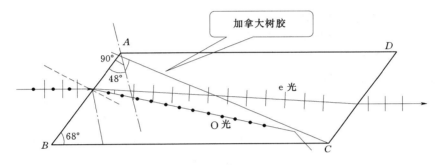

图 11.13　尼科耳棱镜原理图

尼科耳棱镜是用方解石晶体经过加工制成的偏振棱镜，由于它的特殊构造，可将 O 光和 e 光分离开来。如图 11.13 所示，$ABCD$ 是尼科耳棱镜的主截面，用通过 AC 并与主截面相垂直的平面把方解石切割成两部分，再用加拿大树胶粘合起来。尼科耳棱镜的作用原理是：对于单色钠黄光来说，方解石中 $n_0 = 1.658$，$n_e = 1.486$，加拿大树胶的折射率 n（$=1.55$）介于两者之间。当入射光到达分界面 AC 时，对 O 光而言，由于树胶的折射率小于 O 光的折射率，使 O 光产生全反射，并被涂黑了的 BC 侧面所吸收。对 e 光而言，

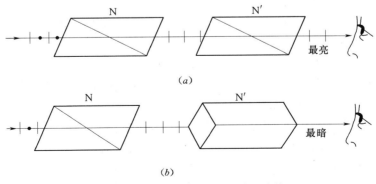

图 11.14　尼科耳棱镜的起偏和检偏
(a) $\alpha = 0$；(b) $\alpha = 90°$

情况恰相反，故 e 光透过树胶层射出。这样，自然光就转换为光振动在主截面上的偏振光了。

实验室中常用尼科耳棱镜作起偏器或检偏器。如图 11.14（a）所示，N 是尼科耳起偏器，N′ 为尼科耳检偏器，两主截面的夹角 $\alpha=0$，自然光进入后，透射出来的偏振光也能透过 N′，在 N′ 右侧处可观察到最亮的光。若把 N′ 以入射光方向为轴线转过 90°（即 $\alpha=90°$），如图 11.14（b）所示，这时，从 N 射出的偏振光入射 N′ 后，成为垂直于 N′ 主截面振动的。光而被吸收，因此 N′ 没有光透出（最暗）。继续转动 N′，在 $\alpha=180°$ 时又呈最亮，至 $\alpha=270°$ 时又为最暗。在 N′ 旋转一周的过程中，视场可得两次全明和全暗，据此可检验入射到 N′ 上的光是偏振光。

知识扩展：光的偏振的应用

1. 偏振现象在摄影技术中的应用

在摄影技术中，为了在不同自然条件下拍到理想的或具有艺术效果的照片，一般在照相机镜头前加不同的镜片。其中一种镜片是"偏光镜"。偏光镜的用途之一是为了更清楚的拍摄水中的物体和鱼类等。如在公园清澈的水塘中游荡着漂亮的金鱼，用相机拍照的最大问题是水表面反射的光线使人看不清水下的鱼。根据布儒斯特定律，自然光经水面反射后是部分偏振光，而在布儒斯特角时是平面偏振光，水的折射率为 1.33，相应的布儒斯特角为 $i_0=53°$。如图 11.15 所示，在相机的镜头前加上偏光镜，摄影者在岸上将相机以 53° 左右（估计）对准水面，旋转镜头前的偏光镜，使其偏振化方向与反射光的偏振面垂直拍照

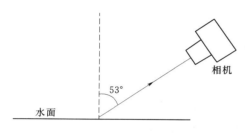

图 11.15　偏振现象在摄影技术中的应用

（此时，在取景器中看到水中的物体最清楚），则可大大减小反射光的影响，拍到清晰的金鱼照片。

2. 偏振片的应用

偏振片多是由晶体制成的。这是因为晶体具有各向异性的特点，对沿某一方向振动的光波有强烈的吸收作用，而对振动方向与该方向垂直的光波吸收很少。因此，自然光通过晶体以后就变成了偏振光。

偏振片在科学研究中有着重要的应用，如利用偏振片进行光谱分析等。日常生活中也可以随处见到偏振片的身影。在观看立体电影时，观众要戴上一副特制的眼镜，这副眼镜就是一对透振方向互相垂直的偏振片。

立体电影是用两个镜头如人眼那样从两个不同方向同时拍摄下景物的像，制成电影胶片，再通过两个放映机同步放映。放映时，从两个放映机放出的两幅图像重叠在银幕上，如果用眼睛直接观看，看到的画面是模糊不清的。因此，我们常在每架电影机前装一块偏振片。从两架放映机射出的光，通过偏振片后，就成了偏振光。左右两架放映机前的偏振片的偏振方向互相垂直，因而产生的两束偏振光的偏振方向也互相垂直。这两束偏振光投

射到银幕上再反射到观众处，偏振光方向不改变。观众用透振方向垂直的偏振眼镜观看，每只眼睛只看到相应的偏振光图像，即左眼只能看到左机放出的画面，右眼只能看到右机放出的画面，这样就会像直接观看那样产生立体感觉。立体电影具有很强的立体感，画面也非常逼真（图 11.16）。

图 11.16 立体电影的逼真效果，
使观众有身临其境之感

图 11.17 汽车车灯和窗玻璃上的偏振片

偏振片在交通安全中也有着重要应用。汽车在夜间行驶时，迎面而来的车灯的光常常使司机看不清路面，容易发生事故。但如果在每辆车的车灯玻璃上和司机坐席前的玻璃上各安装一块偏振片，并使它们的通光方向与水平方向成 45°角，则这时从对面车灯射来的偏振光，由于振动方向跟司机自己座位前的玻璃上的偏振方向正好垂直，所以不会射进司机的眼里。避免了司机的视觉眩晕，减少机动车辆夜间行驶时的交通事故隐患（图11.17）。而从自己车灯射出的偏振光，由于振动方向与自己玻璃上偏振片的通光相同，所以司机仍能看到自己车灯照亮的路面和物体。这种装置多适用于机动车辆在夜间照明和隧道、山洞等处行驶照明时使用。

3. 双折射现象的应用

天然水晶是一种固态晶体，各向异性（晶体在各个方向上表现出来的物理或化学性质不同）；而玻璃是非晶体，在各个方向上的性质相同。可利用双折射现象区分市场上的玻璃制品和水晶制品。

用一束偏振光入射待检测的样品，若该样品是玻璃，折射后偏振光的振动方向不发生改变；若该样品是天然水晶，折射后将变成振动方向相互垂直的两束光；再用偏振片检测出折射光的振动方向，即可鉴别出样品是天然水晶还是玻璃（图 11.18）。

图 11.18 鉴别水晶和玻璃

习　　题

11.1　请填写复习简表。

项　　目	偏振光	马吕斯定律	布儒斯特定律	双折射现象
基本内容				
基本公式				
重点难点				
自我提示				

11.2　两个偏振片叠在一起，在它们的偏振化方向成 $\alpha_1 = 30°$ 时，观测一束单色自然光。又在 $\alpha_2 = 45°$ 时，观测另一束单色自然光。若两次所测得的透射光强度相等，求两次入射自然光的强度之比。

11.3　两个偏振片 P_1、P_2 叠在一起，其偏振化方向之间的夹角为 30°。一束强度为 I_0 的光垂直入射到偏振片上，已知该入射光由强度相同的自然光和线偏振光混合而成，现测得连续透过两个偏振片后的出射光强与 I_0 之比为 9/16，试求入射光中线偏振光的光矢量方向。

11.4　两个偏振片 P_1、P_2 堆叠在一起，由自然光和线偏振光混合而成的光束垂直入射在偏振片上。进行了两次观测，P_1、P_2 的偏振化方向夹角两次分别为 30° 和 45°；入射光中线偏振光的光矢量振动方向与 P_1 的偏振化方向夹角两次分别为 45° 和 60°。若测得这两种安排下连续穿透 P_1、P_2 后的透射光强之比为 9/5（忽略偏振片对透射光的反射和可透分量的吸收），求：

（1）入射光中线偏振光强度与自然光强度之比。

（2）每次穿过 P_1 后的透射光强与入射光强之比。

（3）每次连续穿过 P_1、P_2 后的透射光强与入射光强之比。

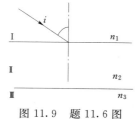
图 11.9　题 11.6 图

11.5　一束自然光以起偏角 $i_0 = 48.09°$ 自某透明液体入射到玻璃表面上，若玻璃的折射率为 1.56，求：

（1）该液体的折射率。

（2）折射角。

11.6　如图 11.9 安排的三种透光媒质 Ⅰ、Ⅱ、Ⅲ，其折射率分别为 $n_1 = 1.33$，$n_2 = 1.50$，$n_3 = 1$。两个交界面相互平行，一束自然光自媒质 Ⅰ 中入射到 Ⅰ 与 Ⅱ 的交界面上，若反射光为线偏振光。

（1）求入射角 i。

（2）媒质 Ⅱ、Ⅲ 界面上的反射光是不是线偏振光？为什么？

11.7　一束自然光自水中入射到空气界面上，若水的折射率为 1.33，空气的折射率为 1.00，求布儒斯特角。

参 考 文 献

[1]　马文蔚．物理学．北京：高等教育出版社，1999.
[2]　张三慧．大学物理学．北京：清华大学出版社，2000.
[3]　吴百诗．大学物理学．西安：西安交通大学出版社，1990.
[4]　马文蔚．物理学原理在工程技术中的应用．北京：高等教育出版社．1995.
[5]　冯庆荣．物理学．北京：化学工业出版社，2002.
[6]　金受琪．多普勒声纳导航．北京：人民交通出版社，1982.